21世纪高等学校规划教材 | 计算机科学与技术

Web数据库技术及应用

李国红 秦鸿霞 编著

清华大学出版社
北京

内容简介

本书在介绍数据库基本理论与知识的基础上，详细分析与阐述了利用 HTML 和 ASP 技术开发与管理 Web 数据库的理论与方法，并附有相应的网页代码。全书共分 7 章，第 1 章介绍数据库的基本知识，第 2 章介绍利用 HTML 组织 Web 网页的基本方法，第 3 章和第 4 章阐述利用 ASP、VBScript 和 SQL 等创建与管理 Access 数据库的相关理论与技术，第 5 章分析与论述基于 Web 的学生信息管理功能的设计与实现，第 6 章探讨基于 Web 的读者借阅系统的设计与实现，第 7 章探讨利用 ASP 访问 SQL Server、Visual FoxPro、Excel 等数据库以及在数据库中导入各类数据源的数据的技术与方法。

本书每章均附有适量思考题，可作为高等学校管理类专业学生的数据库教材，也可作为网站开发和程序设计爱好者的参考书。

图书在版编目（CIP）数据

Web 数据库技术及应用/李国红，秦鸿霞编著. —北京：清华大学出版社，2011.9
（21 世纪高等学校规划教材・计算机科学与技术）
ISBN 978-7-302-26241-1

Ⅰ. ①W…　Ⅱ. ①李…　②秦…　Ⅲ. ①互联网络－数据库管理系统－高等学校－教材
Ⅳ. ①TP393.4

中国版本图书馆 CIP 数据核字(2011)第 137754 号

责任编辑：梁　颖　薛　阳
责任校对：梁　毅
责任印制：王秀菊
出版发行：清华大学出版社　　**地　　址**：北京清华大学学研大厦 A 座
http://www.tup.com.cn　　**邮　　编**：100084
社　总　机：010-62770175　　**邮　　购**：010-62786544
投稿与读者服务：010-62795954，jsjjc@tup.tsinghua.edu.cn
质　量　反　馈：010-62772015，zhiliang@tup.tsinghua.edu.cn
印 刷 者：北京富博印刷有限公司
装 订 者：北京市密云县京文制本装订厂
经　　销：全国新华书店
开　　本：185×260　**印　张**：17　**字　数**：428 千字
版　　次：2011 年 9 月第 1 版　　**印　　次**：2011 年 9 月第 1 次印刷
印　　数：1～3000
定　　价：28.00 元

产品编号：042975-01

编审委员会成员

（按地区排序）

出版说明

随着我国改革开放的进一步深化，高等教育也得到了快速发展，各地高校紧密结合地方经济建设发展需要，科学运用市场调节机制，加大了使用信息科学等现代科学技术提升、改造传统学科专业的投入力度，通过教育改革合理调整和配置了教育资源，优化了传统学科专业，积极为地方经济建设输送人才，为我国经济社会的快速、健康和可持续发展以及高等教育自身的改革发展做出了巨大贡献。但是，高等教育质量还需要进一步提高以适应经济社会发展的需要，不少高校的专业设置和结构不尽合理，教师队伍整体素质亟待提高，人才培养模式、教学内容和方法需要进一步转变，学生的实践能力和创新精神亟待加强。

教育部一直十分重视高等教育质量工作。2007 年 1 月，教育部下发了《关于实施高等学校本科教学质量与教学改革工程的意见》，计划实施"高等学校本科教学质量与教学改革工程"（简称"质量工程"），通过专业结构调整、课程教材建设、实践教学改革、教学团队建设等多项内容，进一步深化高等学校教学改革，提高人才培养的能力和水平，更好地满足经济社会发展对高素质人才的需要。在贯彻和落实教育部"质量工程"的过程中，各地高校发挥师资力量强、办学经验丰富、教学资源充裕等优势，对其特色专业及特色课程（群）加以规划、整理和总结，更新教学内容、改革课程体系，建设了一大批内容新、体系新、方法新、手段新的特色课程。在此基础上，经教育部相关教学指导委员会专家的指导和建议，清华大学出版社在多个领域精选各高校的特色课程，分别规划出版系列教材，以配合"质量工程"的实施，满足各高校教学质量和教学改革的需要。

为了深入贯彻落实教育部《关于加强高等学校本科教学工作，提高教学质量的若干意见》精神，紧密配合教育部已经启动的"高等学校教学质量与教学改革工程精品课程建设工作"，在有关专家、教授的倡议和有关部门的大力支持下，我们组织并成立了"清华大学出版社教材编审委员会"（以下简称"编委会"），旨在配合教育部制定精品课程教材的出版规划，讨论并实施精品课程教材的编写与出版工作。"编委会"成员皆来自全国各类高等学校教学与科研第一线的骨干教师，其中许多教师为各校相关院、系主管教学的院长或系主任。

按照教育部的要求，"编委会"一致认为，精品课程的建设工作从开始就要坚持高标准、严要求，处于一个比较高的起点上。精品课程教材应该能够反映各高校教学改革与课程建设的需要，要有特色风格、有创新性（新体系、新内容、新手段、新思路，教材的内容体系有较高的科学创新、技术创新和理念创新的含量）、先进性（对原有的学科体系有实质性的改革和发展，顺应并符合 21 世纪教学发展的规律，代表并引领课程发展的趋势和方向）、示范性（教材所体现的课程体系具有较广泛的辐射性和示范性）和一定的前瞻性。教材由个人申报或各校推荐（通过所在高校的"编委会"成员推荐），经"编委会"认真评审，最后由清华大学出版社审定出版。

目前，针对计算机类和电子信息类相关专业成立了两个“编委会”，即“清华大学出版社计算机教材编审委员会”和“清华大学出版社电子信息教材编审委员会”。推出的特色精品教材包括：

(1) 21 世纪高等学校规划教材·计算机应用——高等学校各类专业，特别是非计算机专业的计算机应用类教材。

(2) 21 世纪高等学校规划教材·计算机科学与技术——高等学校计算机相关专业的教材。

(3) 21 世纪高等学校规划教材·电子信息——高等学校电子信息相关专业的教材。

(4) 21 世纪高等学校规划教材·软件工程——高等学校软件工程相关专业的教材。

(5) 21 世纪高等学校规划教材·信息管理与信息系统。

(6) 21 世纪高等学校规划教材·财经管理与应用。

(7) 21 世纪高等学校规划教材·电子商务。

(8) 21 世纪高等学校规划教材·物联网。

清华大学出版社经过三十多年的努力，在教材尤其是计算机和电子信息类专业教材出版方面树立了权威品牌，为我国的高等教育事业做出了重要贡献。清华版教材形成了技术准确、内容严谨的独特风格，这种风格将延续并反映在特色精品教材的建设中。

清华大学出版社教材编审委员会
联系人：魏江江
E-mail：weijj@tup.tsinghua.edu.cn

前 言

网络与数据库的结合使世界的面貌焕然一新。网上售票、网上办公、网上信息查询等实践活动无一不体现出现代信息社会的快速、高效和便捷。多少年前令人向往的工作方式和生活方式,如今已通通变成了神奇的现实。我们坚信,神奇现实之中必定有一股威力无比强大的力量,那就是网络和数据库;神奇现实之中也必定存在着一种前景十分诱人的技术,那就是 Web 数据库技术。

Web 数据库是指基于 B/S(浏览器/服务器)的网络数据库,它是以后台数据库为基础,加上一定的前台程序,通过浏览器完成数据的录入、查询、修改、删除、维护和使用等功能的系统。Web 数据库功能的实现离不开 Web 数据库访问技术,包括 CGI 技术、ODBC 技术、JDBC 技术以及 ASP、JSP、PHP 技术。本书主要对 ASP、ODBC 等技术及其在 Web 数据库中的应用进行系统的分析和探讨。

本书将揭开网络和数据库的神秘面纱,详细解读 Web 数据库技术及其应用。本书将从数据管理技术入手,阐述与分析数据库的基本知识、HTML 信息组织与设计、ASP 与 SQL 操作 Access 数据库基础、ASP 相关对象和组件、学生信息管理功能的设计与实现、读者借阅系统的设计与实现、ASP 访问各类数据库(SQL Server、Visual FoxPro、Excel 等的数据库)。其中,各部分的内容及每个知识点都提供了相关的示例和详细的说明,每个功能的实现都有详细的分析和相应的网页代码,使读者不但能知其然,而且能知其所以然。

本书中的示例都是作者潜心研究的结果,并经过了反复的上机验证。仿照书中所述方法和网页代码就可以开发出任意的基于 Web 的数据库应用系统或 B/S 模式下的信息管理系统。其中,书中部分知识已连续几年作为管理科学与工程专业和技术经济与管理专业研究生“信息资源管理”课程的一部分内容得到试用,收到了非常不错的效果。

本书是在作者多年教学和科研工作的基础上完成的。第 1、2、6 章由郑州大学法学院资料室秦鸿霞老师撰写,第 3、4、5、7 章由郑州大学管理工程系李国红老师撰写。李国红老师是郑州大学的硕士生导师,多年从事数据库和管理信息系统的教学与科研工作,曾编著出版过《管理信息系统设计理论与实务》和《网络环境下的科学交流模式与规律》,发表了不少相关学术论文。秦鸿霞老师是一名资深馆员兼数据库专家,是《面向网络信息:数据库和搜索引擎》的副主编,主要从事读者信息咨询和图书资料管理工作,熟悉读者借阅管理业务及流程,并积累了有关学生和读者管理的丰富经验,发表了大量系统管理方面的学术论文,主持和参与完成了多项相关科研课题。

本书撰写过程中,参考了不少文献资料。尤其是大量的 Inernet 文献资料及博友的文章,对本书的撰写提供了极大的帮助,在此对他们表示衷心的感谢。一些同类书籍在网上展示的目录资料对本书的内容编排也有深远的影响,对这些图书的作者如魏善沛、铁军、高晗、王承君等也表示深深的谢意。同时感谢为本书出版倾注了心血和汗水的梁颖编辑和所有相关工作人员。

全书叙述由浅入深，内容详略得当，既突出重点又兼顾知识的系统性，既重视理论阐述又注重功能实现，而且各种网页代码均在计算机上运行通过，每章之后都附有适量思考题。本书可作为高等学校管理类专业学生的数据库教材，也可作为网站开发和程序设计爱好者的参考书。

作　者

2011 年 4 月

目 录

第1章 数据库技术概述

1.1 数据管理技术与数据库系统

1.1.1 数据管理技术

数据库技术源于对数据的管理技术。数据管理就是指人们对数据进行收集、组织、存储、定位、加工、传播和利用等的一系列活动，它是数据处理的中心问题。数据管理技术大致经历了人工管理、文件系统、数据库管理系统三个发展阶段。

20世纪50年代中期以前，计算机主要用于科学计算，用户需要针对不同的求解问题，编制不同的应用程序，并提供各自所需数据，程序和数据是一个不可分割的整体。这一时期，程序的数据不能单独保存，也不能被别的程序所共享，数据完全由用户负责管理，这就是数据的人工管理阶段。

20世纪50年代后期至60年代中期，出现了以操作系统为核心的系统软件，操作系统提供了文件系统的管理功能。在文件系统中，数据以文件形式组织和保存，不同内容、不同结构和不同用途的数据分别保存在不同的文件中。所谓文件，就是以一个具体的名称保存在一定存储介质上的一组具有相同结构的记录的集合，而相同结构的记录是指各条记录都具有相同的相关数据项，且相同的数据项具有相同的数据类型、宽度、取值范围等。文件系统提供了文件的建立、打开、读/写和关闭等操作或功能，用户可通过文件系统提供的操作命令建立和使用相应的数据文件，而不必关心数据的物理存储的具体实现细节，数据可以与处理它的程序相分离而单独存在。文件系统的缺点表现在独立文件中的数据往往只表示客观世界中单一事物的相关数据，没有提供数据的查询和修改功能，不能反映各种相关事物之间的联系，容易导致数据的冗余和不一致性。

20世纪60年代后期，出现了数据库管理系统(Data Base Management System, DBMS)。DBMS是一种大型的数据处理软件，支持对大量或超大量数据的存储、管理和控制，为用户或应用程序提供了良好的数据库语言。数据库语言包括数据定义语言和数据操纵语言，数据定义语言用于定义数据模式、建立新的数据库，而数据操纵语言用于实现数据的查询、插入、删除和修改等功能。数据库是为了满足某些应用的需要，而在计算机系统中建立起来的相互关联的数据的集合，这些数据按照一定的数据模型组织与存储，并能为所有的应用业务所共享。DBMS使数据真正独立于应用程序，把数据作为一种共享资源为各种应用系统提供服务，从而将数据管理水平提高到一个崭新的高度。DBMS 是当前数据管理的主要形式。

数据库技术是 20 世纪 60 年代末发展起来的一项重要技术，它的出现使数据的处理进入一个崭新的时代。60 年代末出现了被称为第一代数据库的层次数据库和网状数据库，70 年代则出现了被誉为第二代数据库的关系数据库。自 70 年代提出关系数据库模型和关系数据库后，数据库技术便得到了蓬勃发展。同时由于关系数据库结构简单且易于在计算机上实现，已逐渐淘汰第一代数据库，成为当今最流行的商用数据库系统。

我国的数据库技术起步较晚，从 20 世纪 70 年代后期才开始引进数据库系统，但发展十分迅速，特别是 dBaseⅢ、FoxBASE＋、FoxPro 等关系数据库在我国最为流行，应用最广。80 年代以来，特别是 90 年代以来，数据库技术的研究如火如荼，涌现出了许多不同类型的新型数据库系统，例如面向对象的数据库、分布式数据库、多媒体数据库、工程数据库、并行数据库、Web 数据库等。数据库技术被认为是计算机信息处理以及管理信息系统的核心技术。

1.1.2 数据库和数据库系统

1. 数据库的概念

数据库是为满足某一组织中许多用户的不同应用的需要，而在计算机系统中建立起来的相互关联的数据的集合，这些数据按照一定的数据模型组织、描述与存储，具有较小的冗余度、较高的数据独立性和可扩展性，并能为各用户或所有的应用业务所共享。这里的组织是指一个独立存在的单位，可以是学校、公司、银行、工厂、部门或机关等；数据的集合是指组织运行的各种相关数据，如订单数据、库存数据、经营决策数据、计划数据、生产数据、销售数据、成本核算数据等，这些数据的集合以相应的名称进行分类组织和存储，就构成该组织的一个庞大的数据库。

因此，也可以认为，数据库是指长期存储在计算机硬件平台上的有组织的、可共享的相关数据集合。

2. 数据库系统的组成

数据库系统是指一个完整的、能为用户提供信息服务的系统，由计算机系统和计算机网络、数据库和数据库管理系统、数据库应用软件系统、数据库开发管理人员和用户四大部分组成。

1）计算机系统和计算机网络

数据库是针对各种应用需要而在计算机系统中建立起来的相关数据的集合，数据的组织、查询和管理都离不开计算机系统的支持，加之现代数据库系统要实现网络环境下的远程数据共享、传递和利用，计算机网络也成为现代数据库系统的必备要素。计算机系统和计算机网络中相关的硬件设施和系统软件，构成了数据库系统的基本的物质基础。

2）数据库和数据库管理系统

数据库是指长期存储在计算机硬件平台上的有组织的、可共享的相关数据集合，对这些数据的定义、操纵和管理，是靠数据库管理系统（DBMS）实现的。

DBMS 是数据库建立、使用、维护和配置的软件系统，是一种由专业计算机公司提供的、介于数据库与用户应用系统之间的、通用的管理软件，是数据库系统的核心。市场上流行的 DBMS 包括 Oracle、Sybase、SQL Server、Informix、Access、Visual FoxPro 等。

DBMS 通常由三部分组成，即数据描述语言 DDL(Data Description Language)、数据操纵语言 DML(Data Manipulation Language)、数据库管理例行程序。DDL 是提供给数据库管理员和应用程序员使用的，如 SQL 语言的 create、alter、drop 等语句，用于对数据库中的数据对象进行定义和管理，包括建立数据库、定义或修改数据模式(模式或全局逻辑数据结构、子模式或局部逻辑数据结构、存储模式或物理存储结构)、定义数据保密码以及有关安全性、完整性的规定。DML 也称为数据子语言 DSL，是提供给用户或应用程序员使用的，如 SQL 语言的 insert、delete、update、select 等语句，用于完成对数据库中数据的插入、删除、修改或查询等操作。数据库管理例行程序随系统而异，一般包括系统运行控制程序、语言翻译处理程序及 DBMS 的公用程序。其中，系统运行控制程序包括系统控制、数据存取、并发控制、数据更新、合法性检验、完整性控制、通信控制等的程序；语言翻译处理程序包括 DDL 翻译、DML 处理、终端查询语言解释、数据库控制语言解释等的程序；公用程序包括定义公用程序(模式定义、子模式定义、保密定义、信息格式定义等的公用程序)和维护公用程序(如数据库重构、故障恢复、统计分析、信息格式维护、日志管理、转存编辑打印等的公用程序)。

由此可见，DBMS 主要实现数据库定义功能、数据操纵功能、数据库运行管理功能、数据库的建立和维护功能。一般来说，大型 DBMS 功能较强较全，小型 DBMS 功能较弱。

3) 数据库应用软件系统

数据库应用软件系统是一种基于数据库的应用软件系统，它是针对广大用户的某种特殊应用需要，利用某种 DBMS 建立和开发的数据库应用软件，如读者借阅系统、学生信息系统等。

4) 数据库开发管理人员和用户

数据库应用系统开发人员是对数据库应用系统进行设计与开发的高级专业软件人员，包括系统分析员、系统程序员，系统分析员负责系统的需求分析和规范说明，而系统程序员负责设计系统程序和编码。

数据库管理员(即 DBA)是专业的数据库设计与维护人员，其职责是负责全面管理和控制数据库系统，具体包括定义和存储数据库数据、定义数据的安全性要求和完整性约束条件、监督和控制数据库的使用和运行、数据库的维护和系统性能的改进。

数据库用户则是指通过计算机终端查询和使用数据库中的数据的人，其职责就是在规定的权限内安全地使用系统的数据资源，并允许向 DBA 提出改进和完善数据库系统的合理化建议，通过使用系统更好地发挥数据库的作用。

3. 数据库系统的特点

(1) 数据结构化。数据库系统实现整体数据的结构化，这是数据库的主要特征之一，也是数据库系统与文件系统的本质区别。

(2) 数据的共享性高，冗余度低，易扩充。数据库的数据不再面向某个应用而是面向整个系统，因此可以被多个用户、多个应用以多种不同的编程语言共享使用。由于数据面向整个系统，是有结构的数据，不仅可以被多个应用共享使用，而且容易增加新的应用，这就使得数据库系统弹性大，易于扩充。

(3) 数据独立性高。数据独立性包括数据的物理独立性和数据的逻辑独立性。DBMS 的模式结构和二级映像功能使得内模式改变时概念模式不变，概念模式改变时外模式不变，保证了数据库中的数据具有很高的物理独立性和逻辑独立性。

(4) 数据由 DBMS 统一管理和控制。数据库的共享是并发的共享,即多个用户可以同时存取数据库中的数据甚至可以同时存取数据库中同一个数据。为此,DBMS 必须提供统一的数据控制功能,包括数据的安全性保护、数据的完整性检查、并发控制和数据库恢复。

1.1.3 数据模型与数据模式

1. 数据模型

数据模型是描述现实世界中客观对象及其相互联系的工具,是一组严格定义的概念的集合。它强调数据库的框架、数据结构的格式,但不关心具体对象的数据。

数据模型由数据结构、数据操作和数据的完整性约束规则三部分组成,这三个组成部分称为数据模型的三要素。数据结构主要描述系统中客观对象的数据组织形式(如各对象的数据项组成、数据类型、关键字等)及数据之间的相互联系,是对系统静态特性的描述;数据操作描述对各种对象的实例允许进行的操作(数据的查询、插入、删除、修改等)及有关的操作规则,是对系统动态特性的描述;完整性约束规则主要描述数据及其联系应满足的约束条件和依存规则。

针对不同的数据对象和应用目的,将数据模型分为概念(数据)模型、逻辑(数据)模型和物理(数据)模型三类。概念模型描述一个单位的概念化结构,将现实世界抽象为信息世界,如实体-联系模型(E-R 模型)、面向对象模型(OO 模型)等,这类模型与 DBMS 无关,不依赖于具体的计算机系统,仅用于数据库的设计。逻辑模型反映数据的逻辑结构,包括字段、记录、文件等,如关系数据模型、层次数据模型、网状数据模型,这类模型与 DBMS 有关,通常需要严格的形式化定义,以便在计算机上实现。物理模型反映数据的存储结构,包括存储介质的物理块、指针、索引等,它不仅与 DBMS 有关,而且与计算机系统的硬件和操作系统有关。

2. 数据模式

数据模式是指以选定的某种数据模型为工具,对一个具体系统被处理的具体数据进行描述,反映了一个系统内各种事务的结构、属性、联系和约束。数据模式的取值称为实例,反映数据库在特定时刻的状态。

数据模式按层次级别划分为内模式、概念模式和外模式,称为三级数据模式结构。数据库中描述数据物理结构的为内模式(或存储模式),描述全局逻辑数据结构的为概念模式(或模式),描述局部逻辑数据结构的为外模式(或子模式)。内模式是用物理数据模型对数据进行的描述,规定了数据项、记录、数据集、指引元、索引和存取路径等一切数据的物理组织,以及记录的位置、虚拟数据、块的大小与溢出区等,一个数据库只有一个内模式。概念模式是数据库中全部数据的逻辑表示和特性描述,是数据库的框架和结构,主要定义记录、数据项、数据完整性约束及记录之间的联系,整个数据库只有一个概念模式。外模式是用逻辑数据模型对用户用到的那部分数据进行的描述,是数据库用户看到的数据视图,用户的不同应用需求对应有不同的外模式,每个外模式中的记录型都是概念模式中的记录型的子集。这三种数据模式均由 DBMS 实现。

DBMS 提供了这三级数据模式结构的二级映像功能,保证了程序与数据的独立性。首先，概念模式与内模式之间有概念模式/内模式映像，如果内模式或存储模式改变，可通过修改此映像使概念模式保持不变，从而不必修改程序，这称为程序与数据的物理独立性。其次，外模式与概念模式之间有外模式/概念模式映像，如果概念模式改变，可通过修改此映像使外模式保持不变，从而不必修改程序，这称为程序与数据的逻辑独立性。

1.2 关系数据库

1.2.1 关系数据库的基本概念

关系数据库是以二维表的形式来描述实体及实体间联系的数据库，一个关系就是一张二维表，所以又被称为关系表。作为二维表，不允许出现表中套表的情况。作为关系表，表中不允许出现完全相同的行，也不能出现完全相同的列，但行的顺序或列的顺序无关紧要。表的行称为元组或记录，列称为属性或字段。

在一个表的全部属性中至少存在一个这样的属性或最小属性集，元组在该属性或最小属性集上取特定的值可以唯一标识一个特定的元组，具有这种特征的属性或最小属性集称为候选关键属性。需要选择某个候选关键属性作为主属性，主属性也称为主键或主码。

在有的数据表中存在这样的属性集，该属性集内的属性是由另外两个或多个数据表的全部主属性或主键组成的，像这样在数据表中由来自其他数据表的主键构成的属性集称为外键。外键也称为外码，用于描述不同表之间元组的联系。

例如，读者借书数据库中存在三个二维表，分别是读者表、图书表、借阅表，如表 1-1～表 1-3 所示，其中，读者编号、图书编号分别是读者表、图书表的主键，它们都是借阅表的外键。这些二维表中，没有完全相同的行和列，也不存在表中套表的情况，各表中列的顺序不影响对各记录的理解，行的顺序也不影响各表对相关信息的表达。因此，该读者借书数据库属于关系数据库的范畴，库中的三个表对应于三个关系。

表 1-1 读者表(读者编号为主键)

读者编号	姓名	性别	出生日期	单位	是否学生	电话号码	E-mail
D0001	张三	男	1988-8-8	郑州大学法学院	False	98765432	zs88@zzu. edu. cn
D0003	张三	女	1991-1-1	郑州大学法学院	True	12345678	zs@zzu. edu. cn
D0002	李四	男	1990-11-2	郑州大学商学院	True	11112222	ls@zzu. edu. cn

表 1-2 图书表(图书编号为主键)

图书编号	图书名称	内容提要	作者	出版社	定价	类别	ISBN	版次	库存数	在库数	在架位置
T0001	管理信息系统设计理论与实务	本书以…	李国红	经济科学出版社	30	管理	978-7-5058-8646-9	2009 年 11 月第 1 版	20	10	1
T0002	企业信息资源管理	企业是…	秦铁辉	北京大学出版社	36	管理	7-301-10557-6/G. 1840	2006 年 9 月第 1 版	2	2	2
T0003	信息组织	作为…	Arlene G. Taylor	机械工业出版社	35	管理	7-111-18971-X	2006 年 6 月第 1 版	4	3	2

表 1-3　借阅表(读者编号、图书编号为外键)

读者编号	图书编号	借阅日期	归还日期	还书标记
D0001	T0001	2010-3-10	2010-4-9	1
D0003	T0001	2010-4-9	2010-5-2	1
D0001	T0002	2010-9-8		

1.2.2　关系数据库设计

1. 数据存储的规范化

规范化是指在一个数据结构中没有重复出现的组项,第一范式是数据存储规范化的最基本的要求,而范式表示的是关系模式的规范化程度。数据存储的逻辑结构一般按第三范式的要求进行设计,通常要将第一范式和第二范式的关系转换为第三范式。

1) 第一范式(1NF)

如果在一个数据结构中没有重复出现的数据项或空白值的数据项,则称该数据结构是规范化的。任何满足规范化要求的数据结构都称为第一规范化形式,简称第一范式(First Normal Form),记作 1NF。

任何一个规范化的关系都自动称为第一范式(1NF)。凡属于第一范式的关系应满足的基本条件是元组中的每一个分量都必须是不可分割的数据项。不符合 1NF 的关系如表 1-4 所示,符合 1NF 的关系如表 1-5 所示。

表 1-4　不符合 1NF 的关系

学号	姓名	成绩	
		英语成绩	数据库成绩
20100701001	张三	80	92
20100701002	李四	65	80
20100701003	王五	91	70

表 1-5　符合 1NF 的关系

学号	姓名	英语成绩	数据库成绩
20100701001	张三	80	92
20100701002	李四	65	80
20100701003	王五	91	70

2) 第二范式(2NF)

如果一个规范化的数据结构,它所有的非关键字数据项都完全函数依赖于它的整个关键字,则称该数据结构是第二范式的,记为 2NF。也可以这样定义:2NF 指满足第一范式,且所有非主属性完全依赖于其主码的关系。

要理解 2NF 的概念,必须首先理解“函数依赖”、“完全函数依赖”和“关键字”(或“主码”)的含义。如果在一个关系 R(A,B,C)中,数据元素 B 的取值依赖于数据元素 A 的取值,则称 B 函数依赖于 A(简称 B 依赖于 A),或称 A 决定 B,用 A→B 表示。假如 A 是由若干属性组成的属性集,且 A→B,但 B 不依赖于 A 的任何一个子集,则称 B 完全函数依赖于 A。关键字或主码是关系中能唯一标识每个元组(或记录)的最小属性集。

2NF 同时满足如下两个条件:①元组中的每一个分量都必须是不可分割的数据项(满足 1NF);②所有非主属性完全依赖于其主码。如表 1-6 所示的关系,主码为(读者编号,图书编号),但由于“图书编号”→“图书名称”,存在非主属性“图书名称”部分依赖于主码的情况,因而不符合 2NF。可将该关系分解为如表 1-7~表 1-9 所示的三个符合 2NF 的关系。

如果一个规范化的数据结构,其关键字仅由一个数据元素组成,那么它必然属于第二范式。

表 1-6 不符合 2NF 的关系

读者编号	姓名	图书编号	图书名称	借阅日期	归还日期
20100701001	张三	B0001	Web 数据库	2010-09-10	2010-09-20
20100701002	李四	B0002	管理信息系统	2010-09-15	2010-09-20
20100701003	王五	B0003	大学英语	2010-09-20	2010-10-07
20100701003	王五	B0001	Web 数据库	2010-09-21	

表 1-7 符合 2NF 的“读者”关系

读者编号	姓名
20100701001	张三
20100701002	李四
20100701003	王五

表 1-8 符合 2NF 的“图书”关系

图书编号	图书名称
B0001	Web 数据库
B0002	管理信息系统
B0003	大学英语

表 1-9 符合 2NF 的“读者借书”关系

读者编号	图书编号	借阅日期	归还日期
20100701001	B0001	2010-09-10	2010-09-20
20100701002	B0002	2010-09-15	2010-09-20
20100701003	B0003	2010-09-20	2010-10-07
20100701003	B0001	2010-09-21	

3) 第三范式(3NF)

如果一个数据结构中任何一个非关键字数据项都不传递依赖于它的关键字,则称该数据结构是第三范式的,记为 3NF。也可以这样定义:3NF 指满足第二范式,且任何一个非主属性都不传递依赖于任何主关键字的关系。

要理解 3NF,必须首先理解“传递依赖”的含义。假设 A、B、C 分别是同一个数据结构 R 中的三个数据元素,或分别是 R 中若干数据元素的集合。如果 C 函数依赖于 B,B 又函数依赖于 A,则 C 也函数依赖于 A,称 C 传递依赖于 A,说明数据结构 R 中存在传递依赖关系。

3NF 这种关系同时满足如下三个条件:①元组中的每一个分量都必须是不可分割的数据项(满足 1NF);②所有非主属性完全函数依赖于其主码(满足 2NF);③任何一个非主属性都不传递依赖于任何主关键字。如表 1-10 所示的关系中,“图书编号”是主码,因而也是主关键字,满足 2NF,由于存在函数依赖关系“图书编号”→“出版社”和“出版社”→“出版社地址”,存在传递依赖关系,所以不符合 3NF。可将其分解为如表 1-11 和表 1-12 所示的消除了传递依赖关系的两个 3NF 关系。

表 1-10 不符合 3NF 的关系

图书编号	图书名称	作者	出版社	出版社地址
B0001	Web 数据库	赵六	郑州大学出版社	郑州市大学路 aa 号
B0002	管理信息系统	赵六	经济科学出版社	北京市阜成路 bb 号
B0003	大学英语	吴七	郑州大学出版社	郑州市大学路 aa 号

表 1-11 符合 3NF 的"图书"关系

图书编号	图书名称	作者	出版社
B0001	Web 数据库	赵六	郑州大学出版社
B0002	管理信息系统	赵六	经济科学出版社
B0003	大学英语	吴七	郑州大学出版社

表 1-12 符合 3NF 的"出版社"关系

出版社	出版社地址
郑州大学出版社	郑州市大学路 aa 号
经济科学出版社	北京市阜成路 bb 号

4) 按 3NF 要求设计数据存储的逻辑结构

除 1NF、2NF、3NF 外，还有 BCNF(Boyce-Codd Normal Form)、4NF、5NF。但从应用的角度看，建立 3NF 的数据存储结构就可以基本满足应用要求，因此一般按 3NF 的要求对数据存储的逻辑结构进行设计。

与 1NF、2NF 及非规范化的数据存储结构相比，3NF 由于实现按"一事一地"的原则存储，提高了访问及修改的效率，提高了数据组织的逻辑性、完整性和安全性。

5) 数据存储结构的规范化步骤

将非规范化的数据结构转换为 3NF 形式的数据结构，可采用以下步骤。

(1) 去掉重复的组项，转换成 1NF。将原关系分解为若干符合 1NF 的关系，即分解为几个二维表形式的数据结构。

(2) 去掉部分函数依赖，转换成 2NF。确定能够唯一标识每个元组的关键字(即主码)；如果关键字或主码包含不止一个数据项，且有非主属性不完全依赖于其主码，则应消除部分依赖关系，将符合 1NF 的关系分解为若干符合 2NF 的关系。

(3) 去掉传递依赖，转换成 3NF。就是消除传递依赖关系，转换成若干符合 3NF 的关系。

6) 规范化作用

(1) 数据冗余度减小，节约数据的存储空间。

(2) 便于修改和维护。3NF 的数据结构能保证数据的一致性，避免出现数据插入异常、更新异常、删除异常等问题，提高数据组织的逻辑性、完整性和安全性。

(3) 按照 3NF 的要求以尽可能简单的形式表达数据项之间的关系，将有助于对数据及其关系的理解，有助于系统设计阶段的物理设计。

2. 数据库概念结构设计

概念结构设计的任务是根据用户需求，并结合有关数据存储的规范化理论，设计出数据库的概念数据模型(简称概念模型)。概念模型是一个面向问题的数据模型，它明确表达了用户的数据需求，反映了用户的现实环境，与数据库的具体实现技术无关。

概念模型最常用的表示方法是实体-联系方法（Entity-Relationship Approach，简称 E-R 方法），E-R 方法用 E-R 图（Entity-Relationship Diagram，也称为 ERD）描述某一组织的信息模型（即概念数据模型）。用 E-R 图表示的概念数据模型称为 E-R 模型，或称为实体-联系模型。E-R 模型中涉及以下几个极为重要的概念。

（1）实体。实体是观念世界中描述客观事物的概念。实体可以是人，也可以是物或抽象的概念；可以指事物本身，也可以指事物之间的联系。如读者借阅系统中，一个读者、一本图书、一本期刊等都可以是实体。

（2）属性。实体是由若干属性组成的，属性是指实体具有的某种特性。如读者实体可由读者编号、姓名、性别、出生日期、单位、是否学生、电话号码、E-mail 等属性来刻画，图书实体可以有图书编号、图书名称、内容提要、作者、出版社、定价、类别、ISBN、版次、库存数、在库数、在架位置等属性。

（3）联系。现实世界的事物总是存在这样或那样的联系，这种联系必然在信息世界中得到反映。信息世界中，事物之间的联系可分为两类，即实体内部的联系（如组成实体的各属性之间的联系）和实体之间的联系。如读者和图书之间的“借书”联系就属于实体之间的联系。

（4）关键字。关键字也称为键，是实体集中能唯一标识每个实体的属性或属性集合的最小集，如果只有一个这样的属性或属性集合，则称为主关键字或主键；如果存在几个这样的属性或属性集合，则应选择其中一个属性或属性集合为主关键字，其他能够唯一标识每个实体的属性或最小属性集称为候选关键字或候选键。如“读者编号”、“图书编号”属性分别是“读者”、“图书”实体的主关键字。

E-R 图是描述实体与实体间联系的图，使用的基本图形符号包括矩形、椭圆、菱形、线段。其中，矩形代表实体，矩形框内标注实体名称；椭圆代表属性，椭圆内标明属性名；菱形代表实体间的联系，菱形内标注联系名；线段用于将属性与实体相连、属性与联系相连或实体与联系相连，实体与联系相连的线段上还要标明联系的类型，即一对一联系（1∶1）、一对多联系（1∶n）或多对多联系（m∶n）。

例如，班级管理系统中，学生、班级、班长为实体，一个班级有多名学生，一名学生只能属于一个班级，班级与学生之间是一对多联系；另外，一个班级仅有一个班长，一个班长只能是一个班的班长，班级与班长之间又构成一对一联系，如图 1-1 所示。

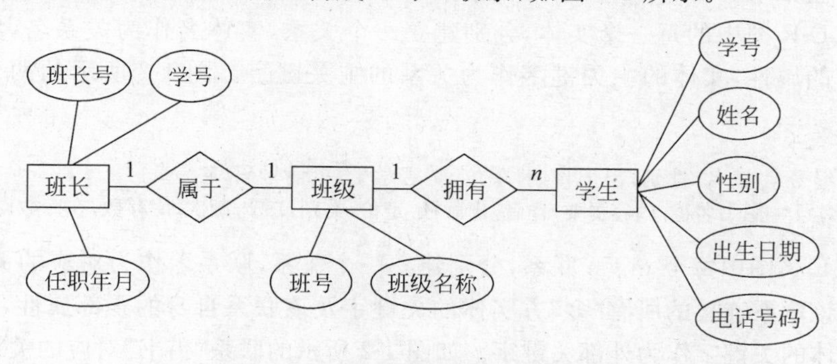

图 1-1　班级管理系统的 E-R 模型

又如，读者借书系统中，"读者"与"图书"分别为实体，"借书"为联系，一个读者可以借多本图书，一本图书可以被不同的读者所借阅，"借书"联系为多对多联系，其 E-R 图如图 1-2 所示。这里为了节省空间和减少图的复杂性，改用椭圆表示属性集，椭圆内标明实体或联系的所有相关属性，标有 * 号的属性表示实体的主关键字，即"读者编号"、"图书编号"分别是"读者"、"图书"实体的主关键字。

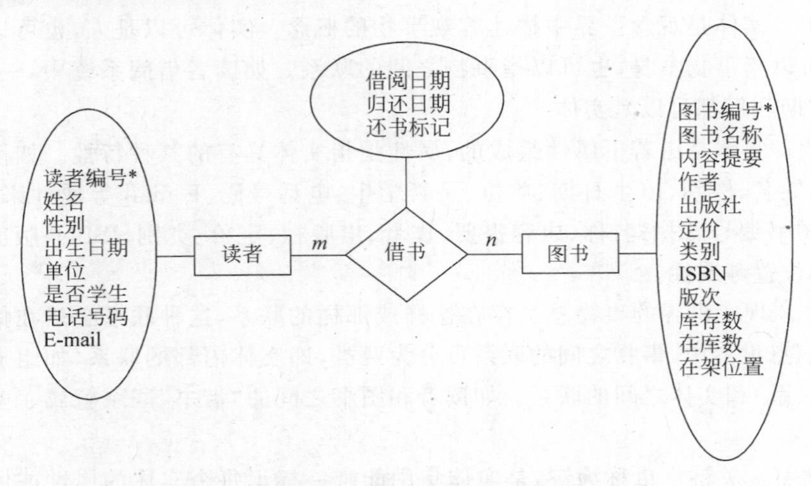

图 1-2 读者借书系统的 E-R 模型

3. 数据库逻辑结构设计

逻辑结构设计的任务是把 E-R 图表达的概念数据模型按一定的方法转换为某个具体的 DBMS 所能接受的形式，或者说把 E-R 图表达的概念数据模型转换为由若干个对应的"关系"所构成的关系模型（或称逻辑数据模型）。

为便于描述，这里把关系表示为"关系名（主关键字*，非主属性 1，非主属性 2，…，非主属性 n，外部关键字）"的形式。其中，主关键字在关系模型中也称为主码、主键等，是能够唯一标识每个元组或每条记录的属性或属性集合的最小集；外部关键字也称为外键、外码，用于将两个或多个实体联系起来。如果一个关系 R 的某个属性集，是由另外两个或多个关系的所有关键字属性组成的，则这个属性集称为关系 R 的外部关键字。将 E-R 图转换为关系模型的基本方法如下。

(1) 对应 E-R 图中的每一个实体，分别建立一个关系，实体名作为关系名，实体的属性作为对应关系的属性，实体的主关键字作为关系的主关键字。图 1-2 所示的两个实体分别对应两个关系：

读者(读者编号*,姓名,性别,出生日期,单位,是否学生,电话号码,E-mail)
图书(图书编号*,图书名称,内容提要,作者,出版社,定价,类别,ISBN,版次,库存数,在库数,在架位置)

(2) 对应 E-R 图中每个 m：n 联系，分别建立一个关系，联系名作为对应的关系名，关系的属性包括与该联系连接的所有"多"方实体的关键字及该联系自身的全部属性，与联系有关的各"多"方实体的关键字作为外部关键字。如图 1-2 所示的联系"借书"对应的关系为：

借书(读者编号,图书编号,借阅日期,归还日期,还书标记)

(3) 对E-R图中每个1∶1联系，可以在两个实体类型转换成的两个关系的任意一个关系中，加入另外一个关系的关键字和联系的属性。例如，图1-1所示的E-R图对应两个关系：

班长(班长号*，学号，任职年月，<u>班号</u>)
班级(班号*，班级名称)

图1-1所示的E-R图也可对应以下两个关系：

班长(班长号*，学号，任职年月)
班级(班号*，班级名称，<u>班长号</u>)

(4) 对E-R图中每个1∶n联系，分别让"1"的一方的关键字及"联系"的属性插入"n"的一方，"1"方的关键字作为"n"方的外部关键字。对于图1-1来说，应将"班级"实体的关键字"班号"插入到"学生"实体对应的关系中，最终形成如下的"学生"关系：

学生(学号*，姓名，性别，出生日期，电话号码，<u>班号</u>)

1.2.3 数据表的基本操作

对于关系数据库，有三种最基本的数据操作，即选择、投影和连接。从表中选择若干行或元组的操作称为选择，选择若干列的操作称为投影，而从多个表中按照主键与外键的值相等来选择相关列并生成一组新的元组的操作称为连接。例如，从读者表(表1-1)中选择男性读者的元组如表1-13所示，从读者表(表1-1)中选择读者编号、姓名、性别、电话号码、E-mail的投影操作如表1-14所示，将读者表(表1-1)、借阅表(表1-3)、图书表(表1-2)进行连接和投影操作生成的新表如表1-15所示。

表1-13 选择操作

读者编号	姓名	性别	出生日期	单 位	是否学生	电话号码	E-mail
D0001	张三	男	1988-8-8	郑州大学法学院	False	98765432	zs88@zzu. edu. cn
D0002	李四	男	1990-11-2	郑州大学商学院	True	11112222	ls@zzu. edu. cn

表1-14 投影操作

读者编号	姓 名	性 别	电话号码	E-mail
D0001	张三	男	98765432	zs88@zzu. edu. cn
D0003	张三	女	12345678	zs@zzu. edu. cn
D0002	李四	男	11112222	ls@zzu. edu. cn

表1-15 连接和投影操作

读者编号	姓名	单位	图书名称	作者	出版社	借阅日期	归还日期	还书标记
D0001	张三	郑州大学法学院	管理信息系统设计理论与实务	李国红	经济科学出版社	2010-3-10	2010-4-9	1
D0003	张三	郑州大学法学院	管理信息系统设计理论与实务	李国红	经济科学出版社	2010-4-9	2010-5-2	1
D0001	张三	郑州大学法学院	企业信息资源管理	秦铁辉	北京大学出版社	2010-9-8		

1.2.4 数据库的完整性和安全性

1. 数据库的完整性

数据库中的数据应该是完整、正确和彼此相容的，这称为数据库的完整性，完整性靠定义数据的约束规则来实现。数据的约束规则包括属性、元组和数据库(表间)约束。

属性约束就是指定字段的数据类型、宽度、小数位数、字段有效性规则等。例如，性别属性的数据类型为字符型、宽度为2、字段有效性规则为：性别="男" .OR. 性别="女"。

元组约束就是指定表中各元组都应遵循的记录有效性规则，这种记录有效性规则就是由于元组的各属性之间相互制约的关系使得元组应满足的限制条件。例如，借阅表中，各元组应满足以下记录有效性规则：归还日期>=借阅日期。注意，对于不同类型的数据库，规则的写法可能会有所不同，比如同样内容的数据库表，在Access中设置的记录有效性规则为：归还日期>=借阅日期。而在Visual FoxPro中设置的记录有效性规则应为：归还日期>=借阅日期 .OR. 归还日期={/}。其中，{/}在Visual FoxPro中表示空日期。

数据库(表间)约束就是指定在一个数据库表中插入、修改或删除数据时由于受其他表中数据的影响而使数据库遵循的完整性约束规则，这种规则包括级联和限制规则，级联规则规定了在父表中更新关键字值(或删除记录)时，子表中会自动更新相关联记录的相应外键的值(或自动删除相关记录)；限制规则规定了子表中有相关记录存在时不能修改父表中相关记录的关键字值(或删除父表的相关记录)，同时规定了子表中增加记录时必须保证父表中存在相关记录(即主键值与外键值相等的记录)。例如，在借阅表(子表)中插入记录时，读者编号必须存在于读者表(父表)中，表明读者是合法读者，同样，图书编号必须存在于图书表(父表)中，表明图书已登记，否则，读者不能借书；又如，在读者表中删除记录时，要求在借阅表中不能有该读者编号的记录存在，否则不允许删除。

2. 数据库的安全性

数据库中的数据应该是安全的，应保护数据库以防止不合法使用，这称为数据库的安全性。安全性靠系统提供的访问控制机制来保证。

访问控制机制一般包括登录验证、规定数据访问权限。登录验证机制是指用户使用系统前必须先注册为合法用户，主要确定用户名、密码及其他身份信息；注册成功后，用户便可通过用户名和密码登录和使用系统，未注册的用户不能正常登录和使用系统。规定数据访问权限是指数据库系统对各用户赋予数据浏览或更新权限；用户对数据只能进行权限内的操作，一切越权操作将被系统拒绝。

3. 数据恢复

(1) 事务恢复。事务是一组不可分割的操作，这组操作要么全执行，要么一个也不执行，向数据库表中添加一个新的元组就可以理解为一个事务。当一个作用于数据库的事务已经开始，但因某种原因尚未完成时，就应撤销该事务，使数据库恢复到事务开始前的状态，这称为事务恢复。事务恢复的主要目的是防止未完成的事务对数据库的数据进行不完整的修改，保证事务的原子特性。一般来说，如果要修改数据库中的数据，可先把修改的所有操作放在一个临时表中，然后作为一个事务提交(COMMIT)到正式的数据库中，当事务未能完成时，发布回滚(ROLLBACK)命令，完成回滚操作，从而使数据库恢复到事务开始前的数据状态。事务恢复有两种方式，一是显式方式，采用系统和用户的交互作用来进行，由用户负责发布提交命令和回滚命令；二是隐含方式，事务恢复的一切过程都是由数据库系统自动完成的。

(2) 介质恢复。当数据库遇到不能被恢复的故障时，需要用备份系统来恢复当前系统。这就要求经常(或定期)进行系统备份，将相关数据备份到相关的存储介质上，以便恢复系统时使用。这种利用存储介质上备份的数据来恢复当前系统的方式称为介质恢复。介质恢复的基本思想就是进行系统备份。

(3) 日志文件恢复。日志文件是用来记录对数据库每一次更新活动的文件，文件中一般包含执行更新操作的事务标识、更新前数据的旧值、更新后数据的新值等内容。建立日志文件，并结合使用备份的系统副本才能有效恢复数据库。当数据库发生故障或遭到破坏后，可利用备份的系统副本把数据库恢复到系统数据被备份时的正确状态，然后利用日志文件把已完成的事务重做处理，对故障发生时尚未完成的事务进行撤销处理，即可把数据库恢复到故障发生前某一时刻的正确状态。

4. 并发操作与并发控制

1) 并发操作

两个或多个事务同时作用于一个数据库称为并发操作。这里的“同时”是一个相对的概念，表示自一个事务从开始操作数据库到该事务终止期间，其他事务也在这个时间段的某个时刻操作该数据库。并发操作可能会发生以下问题：丢失更新、未提交依赖、不能重复读、不一致性分析。

(1) 丢失更新。两个事务同时对一个数据库表的同一个元组进行有条件修改，其中一个事务对元组的修改被另一事务对元组的修改所覆盖，称为丢失更新。比如，读者编号为D0002的读者借图书编号为T0001的图书，对于表1-1～表1-3所示的数据库表，以下操作序列构成第一个事务：将图书表中T0001号图书的在库数减1；在借阅表中增加一条读者编号为D0002、图书编号为T0001、借阅日期为当前日期的借阅记录。同样，读者编号为D0003的读者借图书编号为T0001的图书，以下操作序列构成第二个事务：将图书表中T0001号图书的在库数减1；在借阅表中增加一条读者编号为D0003、图书编号为T0001、借阅日期为当前日期的借阅记录。假设t1时刻，D0002号读者借书，读出图书表中T0001号图书的在库数为10，第一个事务还未完成；在t2时刻，D0003号读者通过另一终端借书，读出图书表中T0001号图书的在库数为10，第二个事务也未完成；在t3时刻，第一个事务修改图书表，将D0002号读者借书的数据反映到图书表中，即T0001号图书在库数改为9；在t4时刻，第二个事务修改图书表，由于t2时刻读出的T0001号图书的在库数为10，所以第二个事务将D0003号读者借书后的T0001号图书的在库数改为9；在其他时刻，第一个事务、第二个事务分别将D0002、D0003号读者的借阅数据添加到借阅表中。按理说，两人借书后，图书表中T0001号图书的在库数应为8，但由于并发操作，使第二个事务获得的实施修改前的数据(10)和实际数据(9)不一致，而第一个事务在t3时刻对数据库的修改被第二个事务在t4时刻的修改所覆盖，从而造成更新丢失。这样，图书表中最终T0001号图书的在库数为 9 也就不足为怪了，如表 1-16 所示。

表 1-16　丢失更新

时刻	第一个事务(更新数据)	第二个事务(更新数据)
t1	读出图书表中 T0001 号图书的在库数为 10	
t2		读出图书表中 T0001 号图书的在库数为 10
t3	T0001 号图书在库数改为 9	
t4		图书表中 T0001 号图书在库数改为 9
t5	D0002 号读者的借书数据添加到借阅表	
t6		D0003 号读者的借书数据添加到借阅表
最终	t3 时刻所做的修改被覆盖	修改前读取的在库数 10 与实际值 9 不一致

(2) 未提交依赖。又称读"脏"数据，即两个事务同时作用于一个数据库表，第一个事务进行数据更新时，第二个事务正好检索到此数据，但紧接着又撤销了第一个事务的更新操作，使第二个事务检索到一个数据库中不存在的数据("脏"数据)。对于表 1-2 所示的图书表，未提交依赖举例如表 1-17 所示。

表 1-17　未提交依赖

时刻	第一个事务(撤销更新)	第二个事务(数据检索)
t1	修改 T0001 号图书的在库数为 9	
t2		查出 T0001 号图书的在库数为 9
t3	撤销修改操作，T0001 号图书的在库数恢复为 10	
最终		检索到在库数为 9，实际应为 10

(3) 不能重复读。第一个事务读取某一数据，第二个事务读取并修改了同一数据，第一个事务为了校对目的再读此数据，得到不一致的结果，即不能重复读原数据。对于表 1-2 所示的图书表，不能重复读举例如表 1-18 所示。

表 1-18　不能重复读

时刻	第一个事务(校对数据)	第二个事务(数据更新)
t1	读出 T0001 号图书的在库数为 10	
t2		修改 T0001 号图书的在库数为 9
T3	为校对再读出 T0001 号图书的在库数为 9	
最终	两次读取数据不同，不能重复读第一次的数据	

(4) 不一致性分析。两个事务同时作用于一个数据库表，第一个事务对数据库进行求和统计后，第二个事务对该数据库进行了更新，造成第一个事务的统计结果和实际情况不符。对于表 1-2 所示的图书表，不一致性分析举例如表 1-19 所示。

表 1-19　不一致分析

时刻	第一个事务(统计求和)	第二个事务(数据更新)
t1	统计图书表中所有图书的在库数为 15	
t2		修改 T0001 号图书的在库数为 9
最终	在库数统计结果为 15，实际为 14	

2）并发控制

要解决这些问题，就必须进行并发控制。并发控制就是用正确的方式调度并发操作，避免造成数据的不一致性，使一个事务的执行不受其他事务的干扰。并发控制的基本策略就是数据封锁，即在正式更新数据前，先封锁记录或整个数据表，使数据更新期间其他事务暂时无法访问该记录或数据表，数据更新完成后再撤销数据封锁。这样，便可保证并发操作结果的正确性。

1.3 Access 数据库

1.3.1 创建数据库与数据表

创建 Access 数据库就是利用 Access 建立扩展名为.mdb 的数据库文件，然后在该数据库文件对应的数据库窗口中设计与创建相关的数据表，并建立表间联系。例如，建立读者借阅数据库文件 duzhejieyue.mdb（简称 duzhejieyue 数据库），在库中建立读者表 duzhe（简称 duzhe 表），建立过程如下：

打开 Microsoft Office Access 2003，选择执行“文件”菜单下的“新建”命令，则窗口右侧出现“新建文件”窗格，单击该窗格“新建”下的“空数据库…”，会出现“文件新建数据库”对话框，在“保存位置”下拉列表中选择磁盘驱动器，在文件夹列表中选择并双击文件保存目录，再在“文件名”对应的文本框中输入 duzhejieyue.mdb，如图 1-3 所示。

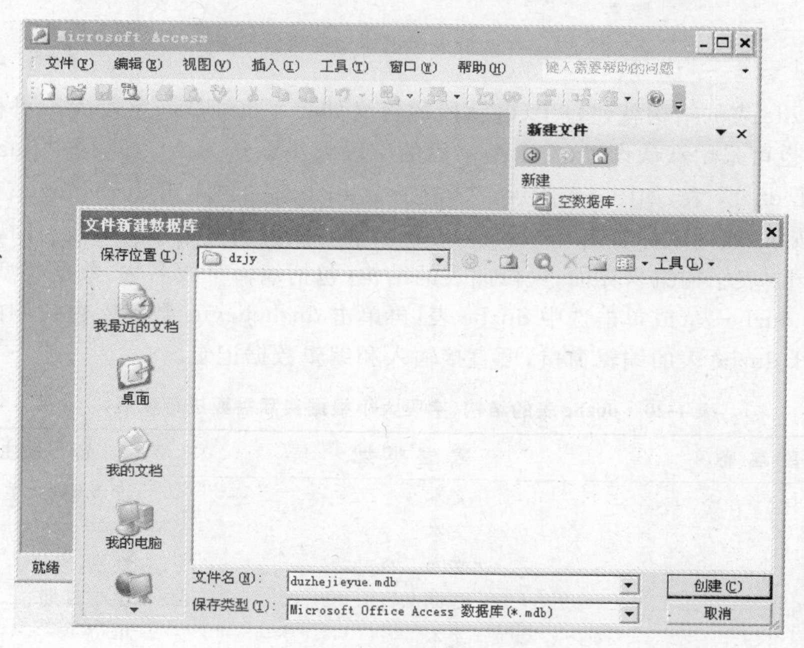

图 1-3 建立数据库文件

单击“创建”按钮，进入 duzhejieyue 数据库设计窗口，如图 1-4 所示。双击“使用设计器创建表”，出现表结构定义界面（表名默认为“表 1”），输入 duzhe 表的字段名称，并选择各字段数据类型,定义字段属性等,然后选择读者编号对应的字段 dzbh,利用鼠标右击该字段,在出现的快捷菜单选择执行"主键"命令,即可将 dzbh 设置为主键(设置为主键后,该字段不允许有重复值出现);最后,单击常用工具栏的"保存"按钮,在出现的"另存为"对话框输入表名称 duzhe,再单击"确定"按钮,就可以看到图 1-4 中的"表 1"变成了"duzhe"。

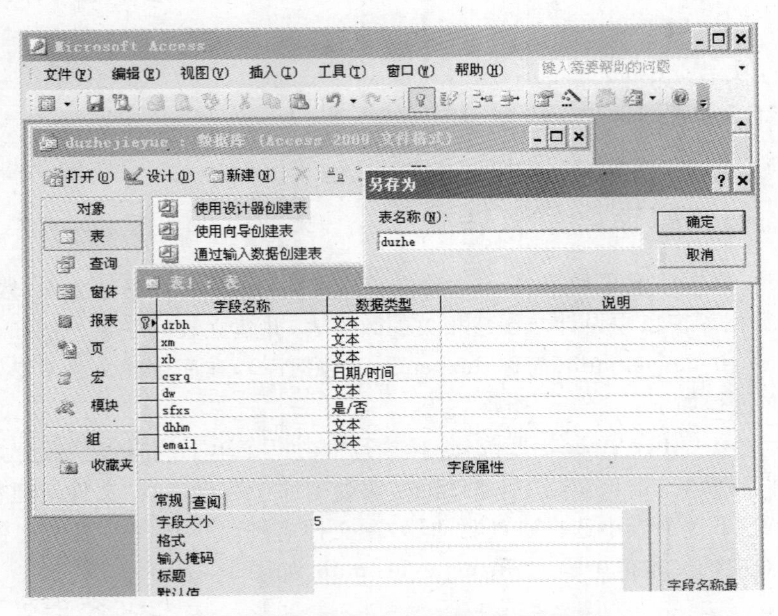

图 1-4 在数据库中创建和编辑数据表

这样,duzhe 表的结构就建好了(各字段的含义如表 1-20 所示,字段大小可根据实际应用需要设置,也可采用默认设置,文本型字段的字段大小默认为 50),同时在 duzhejieyue 数据库中增加了 duzhe 表,如图 1-5 所示。单击选中 duzhe 表,再单击 duzhejieyue 数据库窗口中的"设计"按钮(或用鼠标右击 duzhe 表,再在出现的快捷菜单选择执行"设计视图"命令),即可打开 duzhe 表结构编辑界面,可修改表的结构(包括编辑字段名称、数据类型、其他相关属性)。双击 duzhe 表(或单击选中 duzhe 表,再单击 duzhejieyue 数据库窗口中的"打开"按钮),即可打开 duzhe 表的编辑窗口,可直接输入和编辑数据记录。

表 1-20 duzhe 表的结构(字段大小根据实际需要进行设置)

字段名称	数据类型	备注
dzbh	文本	读者编号,主键
xm	文本	姓名
xb	文本	性别
csrq	日期/时间	出生日期
dw	文本	单位
sfxs	是/否	是否学生
dhhm	文本	电话号码
email	文本	E-mail

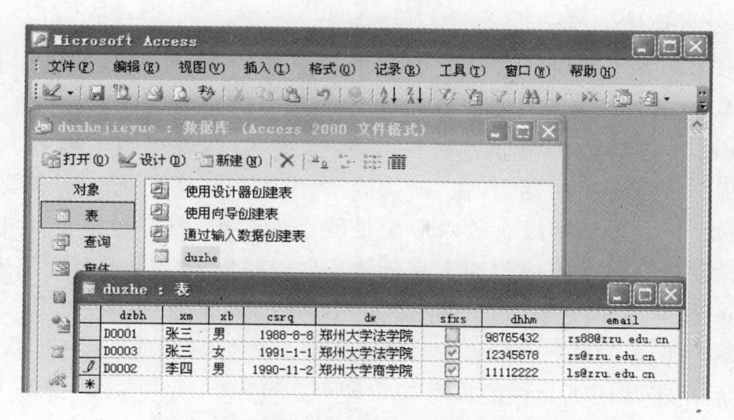

图 1-5 在数据表中输入和修改记录

可以用同样的方法，在 duzhejieyue 数据库中创建图书表 tushu（简称 tushu 表）和借阅表 jieyuetushu（简称 jieyuetushu 表），其中 tushu 表中的图书编号字段 tsbh 设置为主键（该字段不能出现重复值），表的结构如表 1-21 和表 1-22 所示。

表 1-21 tushu 表的结构（字段大小根据实际需要进行设置）

字段名称	数据类型	备注
tsbh	文本	图书编号，主键
tsmc	文本	图书名称
nrty	备注	内容提要
zz	文本	作者
cbs	文本	出版社
dj	数字（单精度型）	定价
lb	文本	类别
isbn	文本	ISBN 书号
bc	文本	版次
kcs	数字（整型）	库存数
zks	数字（整型）	在库数
zjwz	文本	在架位置

表 1-22 jieyuetushu 表的结构（字段大小根据实际需要进行设置）

字段名称	数据类型	备注
dzbh	文本	读者编号，外键
tsbh	文本	图书编号，外键
jyrq	日期/时间	借阅日期
ghrq	日期/时间	归还日期
hsbj	文本	还书标记

1.3.2 设置数据表的字段属性

设置数据表的字段属性在表结构创建或编辑界面进行，主要包括设置字段的大小、格式、小数位数、输入掩码、标题、有效性规则和错误提示文本、默认值、索引以及是否必填字段、是否允许空字符串等。

可按以下步骤和方法设置 duzhe 表中字段的标题、有效性规则及错误提示文本、默认值。在 duzhejieyue 数据库界面，用鼠标右击 duzhe 表，在出现的快捷菜单中单击“设计视图”命令，出现 duzhe 表结构的设计界面。然后，选择字段，可根据需要在“常规”选项卡的“标题”栏设置所选字段对应的标题，在“默认值”栏设置当新增记录时该字段的默认取值，或者在“有效性规则”栏设置该字段有效时应满足的条件或规则（字段需要用中括号括住），在“有效性文本”栏设置当输入或修改为不满足该条件或规则的字段值时应出现的错误提示信息。例如，duzhe 表中性别字段 xb 的标题为“性别”、默认性别值为“男”、有效性规则为“[xb]="男" OR [xb]="女"”、有效性文本为“性别只能为"男"或"女"!”，设置界面如图 1-6 所示，设置完毕后单击常用工具栏的保存按钮即可。

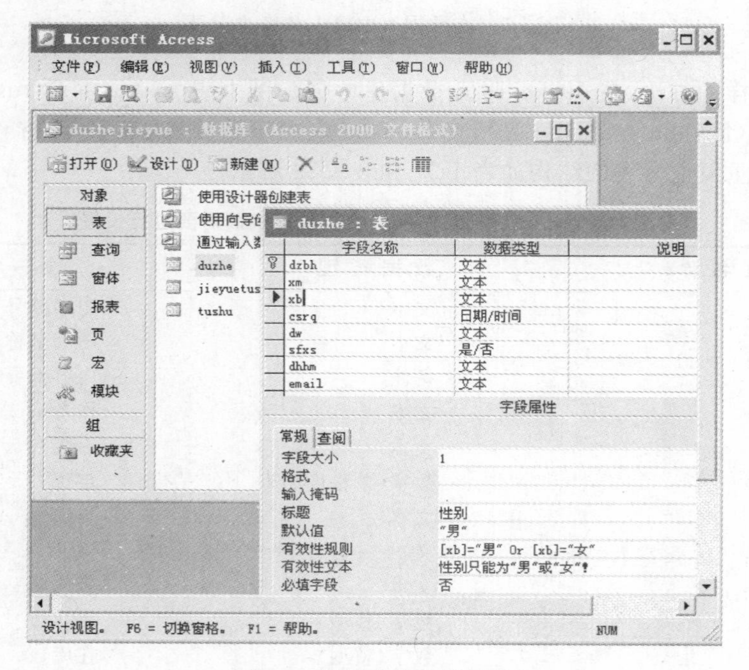

图 1-6 设置数据表的属性

这样设置后，再打开 duzhe 表（在数据库设计窗口双击 duzhe 表即可打开），可以看到各列的标题正好是上述设置好的各字段对应的标题；当在 duzhe 表中新增记录时，性别默认为“男”；将读者编号为 D0001 的记录的性别修改为“国”时，也会出现错误提示，如图 1-7 所示。

图 1-7 设置相关字段属性后及字段值违反有效性规则时的提示界面

1.3.3　设置数据表的有效性规则和说明

设置数据表的有效性规则和说明在表属性对话框中进行。例如，在 duzhejieyue 数据库界面，用鼠标右击 jieyuetushu 表，在出现的快捷菜单中单击“设计视图”命令，出现 jieyuetushu 表结构的设计界面。然后，在“视图”菜单下单击“属性”命令，就会出现“表属性”对话框，如图 1-8 所示。

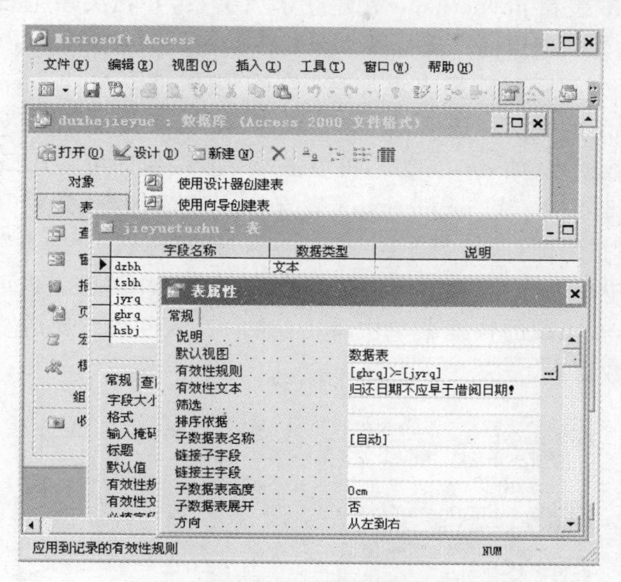

图 1-8　设置表的有效性规则及说明

在“有效性规则”栏输入有效表达式，如归还日期的值应不小于借阅日期，根据 jieyuetushu 表中对归还日期与借阅日期字段的定义，可输入表达式“[ghrq]＞＝[jyrq]”，也可单击其右侧的省略号按钮，在弹出的“表达式生成器”中输入(或选择输入)表达式，再单击“确定”按钮完成有效性表达式的输入。

在“有效性文本”栏输入错误提示信息，如“归还日期不应早于借阅日期!”(不包括引号)。这样，当在 jieyuetushu 表中输入或修改记录时，如果不符合上述有效性规则，就会自动提示该信息。例如，某记录对应的借阅日期为“2010-3-10”，当修改(或输入)归还日期为“2010-3-9”时，就会提示“归还日期不应早于借阅日期!”，如图 1-9 所示。

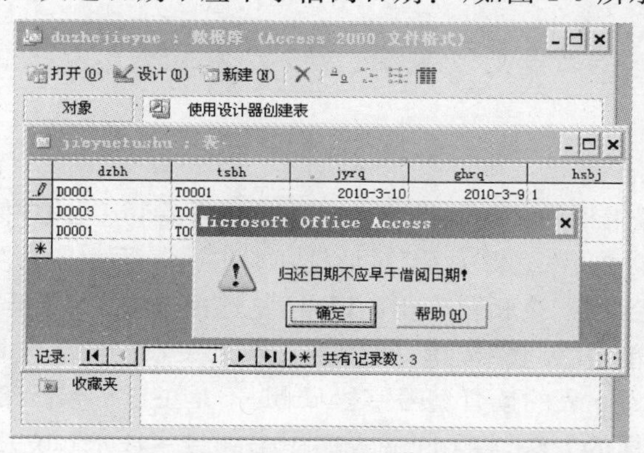

图 1-9　记录违反表的有效性规则时的信息提示界面

1.3.4 设置表间关系和参照完整性

1. 建立表间关系和编辑参照完整性

为保持各数据表数据记录的一致性，从而保证数据库的完整性，可分别为 duzhe 表和 jieyuetushu 表、tushu 表和 jieyuetushu 表建立永久关系，并在关系上设置参照完整性。永久关系建立后，将作为数据库的一部分被永久地存储在数据库文件中。

首先，将建立永久关系的数据表添加到"关系"编辑框。在 duzhejieyue 数据库设计窗口，单击"工具"菜单下的"关系"选项，会出现"关系"编辑框和"显示表"对话框，在"显示表"的"表"选项卡选择数据表(如 duzhe 表)，再单击"添加"按钮即可将选择的数据表添加至"关系"编辑框中，分别将 duzhe 表、jieyuetushu 表、tushu 表添加到"关系"编辑框后单击"显示表"对话框的"关闭"按钮即可，如图 1-10 所示。可以用鼠标右击"关系"编辑框中的数据表，在出现的快捷菜单中单击"隐藏表"，将该数据表从"关系"中隐藏；也可用鼠标右击"关系"编辑框中的空白处，在出现的快捷菜单中单击"显示表"，再在出现的"显示表"对话框中向"关系"编辑框添加数据表。

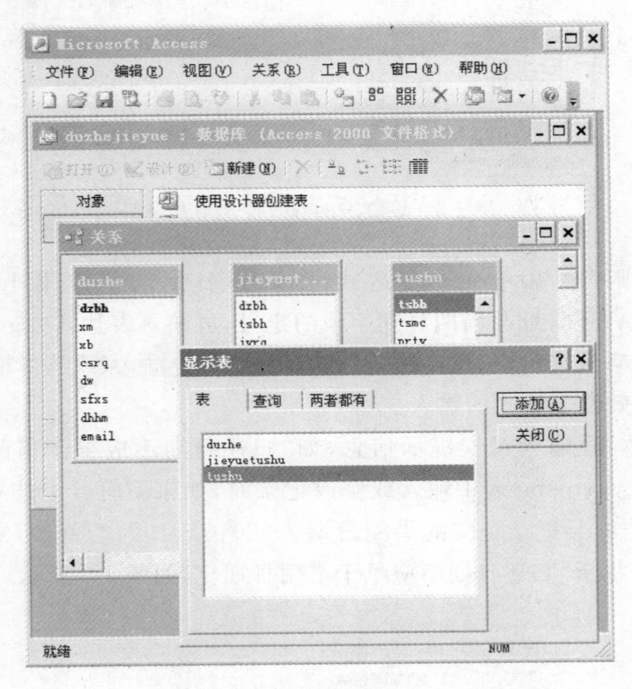

图 1-10 向关系编辑框添加数据表

然后，将"关系"编辑框中 duzhe 表的读者编号字段 dzbh(主键)拖动到 jieyuetushu 表的读者编号字段 dzbh，会弹出"编辑关系"对话框，如图 1-11 所示。将"实施参照完整性"复选框及"级联更新相关字段"、"级联删除相关记录"复选框选中(如果不需要实施参照完整性则不必选中复选框)，再单击"创建"按钮，就建立了永久关系。由于 duzhe 表中读者编号字段 dzbh 为主键，jieyuetushu 表的读者编号字段 dzbh 不是主键或候选键，这样建立的关系为一对多关系。可按照同样的方法，将 tushu 表的图书编号字段 tsbh(主键)拖动到 jieyuetushu

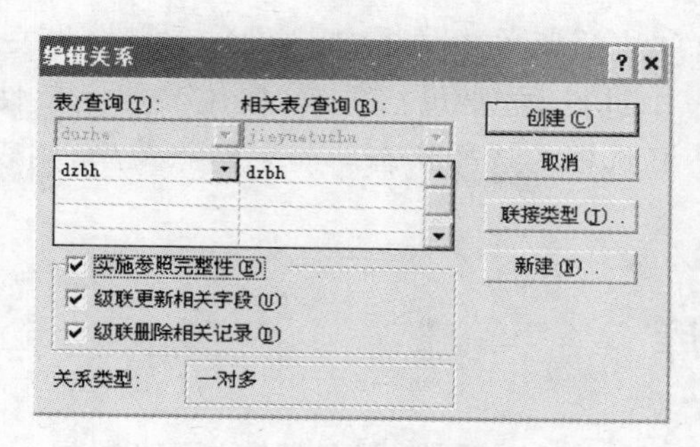

图 1-11　编辑关系

表的图书编号字段 tsbh,并设置"实施参照完整性"为"级联更新相关字段"、"级联删除相关记录",从而建立起 tushu 表与 jieyuetushu 表之间的一对多永久关系,如图 1-12 所示。

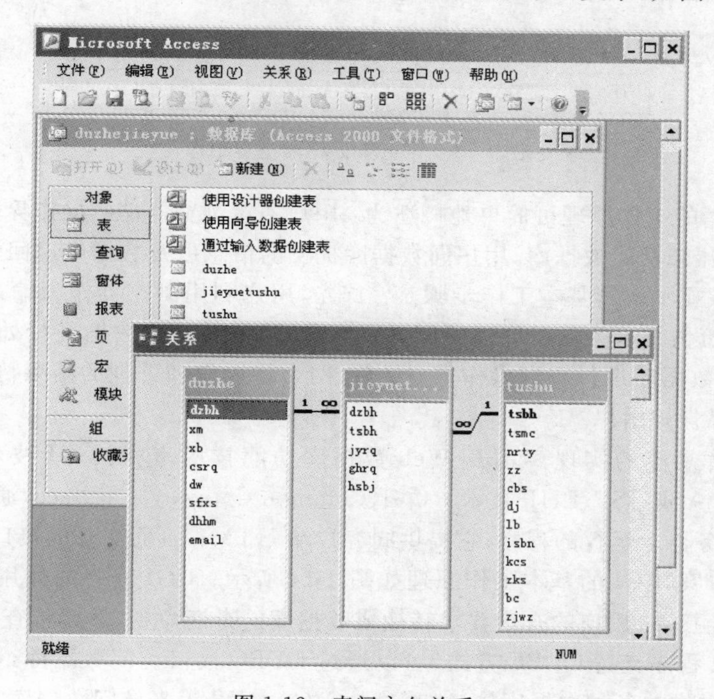

图 1-12　表间永久关系

由于将参照完整性设置为"级联更新相关字段"和"级联删除相关记录",当在 duzhe 表中更改读者编号为"D0001"的值后(如改为"D1111"),则 jieyuetushu 表中所有读者编号为"D0001"的字段值均会自动地进行相应的更改(如均改为"D1111");当删除 duzhe 表中读者编号为"D0003"的读者记录时,jieyuetushu 表中所有读者编号为"D0003"的记录也都会自动地进行删除。

2. 编辑和删除关系

关系一旦建立,就可以选择执行"工具"菜单下的"关系"命令打开关系编辑框。任何时候,都可以在关系编辑框用鼠标右击关系线,在弹出的快捷菜单中单击"编辑关系"命令来编辑此关系，也可以在弹出的快捷菜单中单击“删除”命令删除此关系。其中，编辑关系在如图 1-11所示的编辑关系框中进行，主要包括更改“实施参照完整性”、“级联更新相关字段”和“级联删除相关记录”等复选框的选择状态。如果删除关系，则表间的参照完整性规则也随之被删除。

1.4 Web 数据库

Web 数据库一般指基于 B/S(浏览器/服务器)的网络数据库，它是以后台数据库为基础，加上一定的前台程序，通过浏览器完成数据存储、查询等操作的系统。简单地说，Web 数据库就是跨越计算机，在网络上创建、运行的数据库，它由数据库服务器(Database Server)、中间件(Middleware)、Web 服务器(Web Server)、浏览器(Browser)等 4 部分组成，如图 1-13所示。

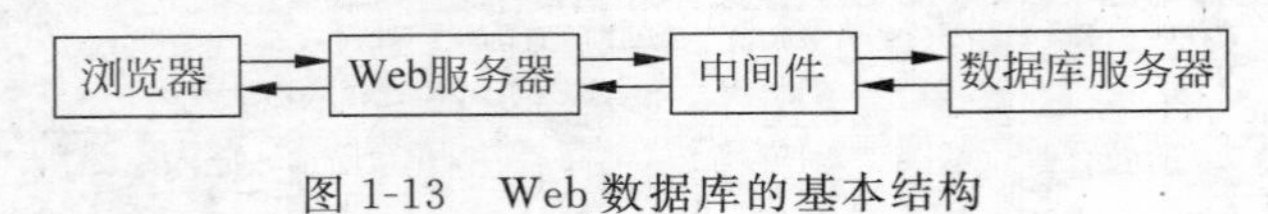

图 1-13　Web 数据库的基本结构

Web 数据库的工作原理可简单地概述为：用户通过浏览器端的操作界面以交互的方式经由 Web 服务器来访问数据库，用户向数据库提交的信息以及数据库返回给用户的信息都是以网页的形式显示。其基本工作步骤是：首先，用户利用浏览器作为输入接口输入所需数据；其次，浏览器将这些数据传送给网站；再次，网站对这些数据进行处理，比如将数据存入数据库、对数据库进行查询操作等；最后，网站将操作和处理的结果传回给浏览器，通过浏览器将结果告知用户。

Web 数据库功能的实现离不开 Web 数据库访问技术，包括 CGI 技术、ODBC 技术、JDBC 技术以及 ASP、JSP、PHP 技术。CGI(Common Cateway Interface，通用网关接口)是一种在 Web 服务器上运行的程序，它提供同客户端 HTML 页面交互的接口，是最早的访问数据库的解决方案，CGI 的基本工作原理如图 1-14 所示。CGI 程序的作用是，建立网页与数据库之间的连接，将用户的查询要求转换成数据库的查询命令，然后将查询结果通过网页返回用户。CGI 程序支持 ODBC 方式，可以通过 ODBC 接口访问数据库，也可以通过数据库系统对 CGI 提供的各种数据库接口如 Perl、C/C++、VB 等来访问数据库。

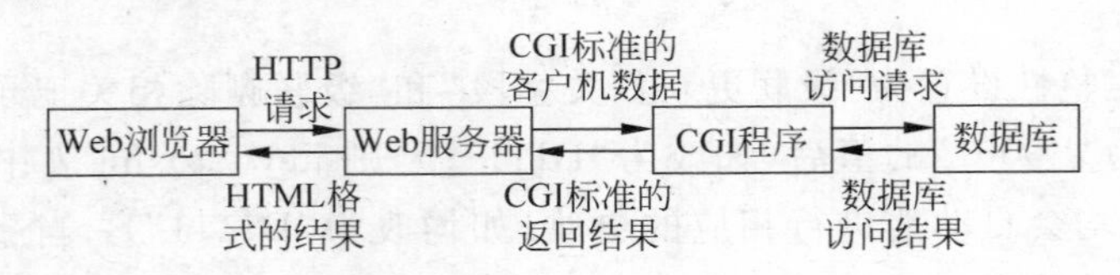

图 1-14　CGI 工作原理

ODBC(Open Database Connectivity，开放数据库互接)是一种使用 SQL 的应用程序接口(API，即 Application Program Interface)，为访问各种 DBMS(Database Management System，数据库管理系统)的数据库应用程序提供了一个统一接口，使应用程序和数据源之间完成数据交换。ODBC 由应用程序、驱动程序管理器、驱动程序和数据源等部分组成，如

图 1-15 所示。其中，应用程序通过 ODBC 接口访问不同数据源中的数据，而每个不同的数据源类型由一个或一些特定的驱动程序支持，驱动程序管理器的作用则是为应用程序装入合适的驱动程序。

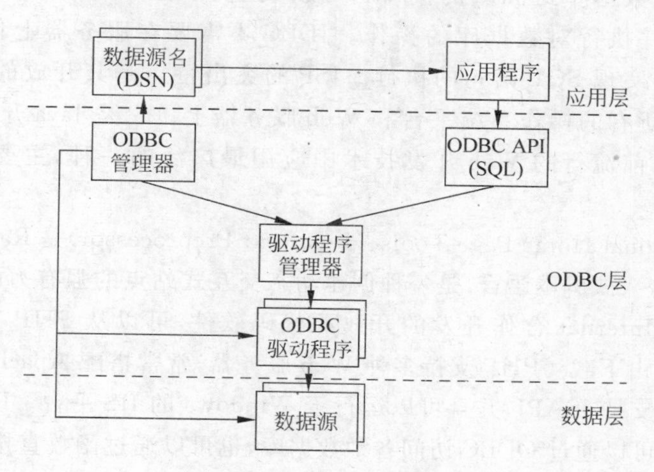

图 1-15　ODBC 的结构

利用 ODBC 可以方便地实现 Web 应用程序和数据库之间的数据交换。Web 服务器通过 ODBC 驱动程序向 DBMS 发出 SQL 请求，DBMS 接收到标准的 SQL 查询指令，执行后将查询结果通过 ODBC 传递至 Web 服务器，Web 服务器再将结果以 HTML 网页传给 Web 浏览器，其基本工作原理如图 1-16 所示。

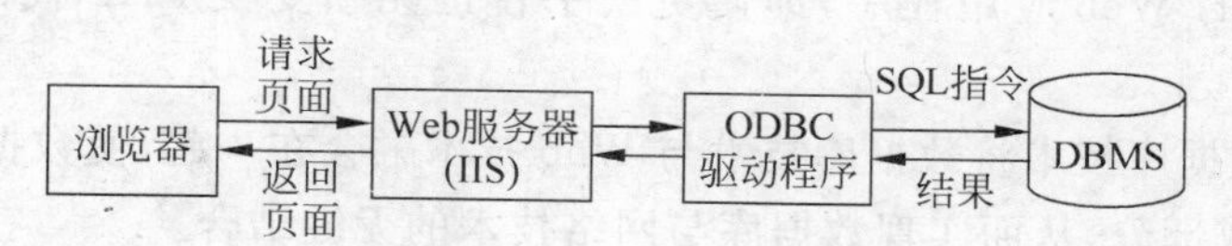

图 1-16　Web 服务器通过 ODBC 访问数据库

与 ODBC 类似，JDBC 也是一种特殊的 API，是用于执行 SQL 语句的 Java 应用程序接口，它规定了 Java 如何与数据库之间交换数据的方法。采用 Java 和 JDBC 编写的数据库应用程序具有与平台无关的特性。

ASP(即 Active Server Pages)是 Microsoft 开发的动态网页技术，主要应用于 Windows NT＋IIS 或 Windows 9x＋PWS 平台，是一种 Web 服务器端的开发环境。利用 ASP 可以产生和运行动态的、交互的、高性能的 Web 服务应用程序。ASP 支持多种脚本语言，除了 VBScript 和 JScript 外，也支持 Perl 语言，并且可以在同一 ASP 文件中使用多种脚本语言以发挥各种脚本语言的最大优势。但 ASP 默认只支持 VBScript 和 JScript，若要使用其他脚本语言，必须安装相应的脚本引擎。ASP 支持在服务器端调用 ActiveX 组件 ADO 对象实现对数据库的操作。在具体的应用中，若脚本语言中有访问数据库的请求，可通过 ODBC 与后台数据库相连，并通过 ADO 执行访问数据库的操作。

JSP(即 Java Server Pages)是由 Sun 公司提出、多家公司合作建立的一种动态网页技术或 Web 开发技术。JSP 技术有点类似 ASP 技术，它是在传统的 HTML 网页文件中插入 Java 程序段(Scriptlet)和 JSP 标记(tag)，从而形成 JSP 文件(*.jsp)。用 JSP 开发的 Web

应用是跨平台的，既能在 Linux 下运行，也能在其他操作系统下运行。目前 JSP 支持的脚本语言只有 Java，并且使用 JDBC 实现对数据库的访问。目标数据库必须有一个 JDBC 的驱动程序，即一个从数据库到 Java 的接口，该接口提供了标准的方法使 Java 应用程序能够连接到数据库并执行对数据库的操作。JDBC 不需要在服务器上创建数据源，通过 JDBC、JSP 就可以实现 SQL 语句的执行。JSP 的突出特点是其开放的、跨平台的结构，可以运行在几乎所有的操作系统平台和 Web 服务器上。它是 Java 开发 Web 程序的基础与核心，也是目前流行的 Web 开发技术中应用最广泛的一种，主要用于开发企业级 Web 应用。

PHP(即 Personal Home Page Tools、Hypertext Preprocessor)是 Rasmus Lerdorf 推出的一种跨平台的嵌入式脚本语言，是一种创建动态交互式站点的强有力的服务器端脚本语言。PHP 是通过 Internet 合作开发的开放源代码软件，可以从 PHP 官方网站(http://www.php.net)自由下载。PHP 支持多种 Web 服务器，常常搭配 Apache(Web 服务器)一起使用，不过它也支持 ISAPI，并且可以运行于 Windows 的 IIS 平台。PHP 支持目前绝大多数数据库，它既可以通过 ODBC 访问各种数据库，也可以通过函数直接访问数据库，数据库操作简单高效。PHP 提供有许多与各类数据库(包括 Sybase、Oracle、SQL Server 等)直接互连的函数，其中与 SQL Server 数据库互连被认为是最佳组合。PHP 借用了 C、Java、Perl 语言的语法，结合 PHP 自身的特性，能够快速地生成动态页面。其代码可以直接嵌入 HTML 代码，可以在 Windows、UNIX、Linux 等流行的操作系统和 IIS、Apache、Netscape 等 Web 服务器上运行。PHP 可以使用户独自在多种操作系统下迅速地完成一个简单的 Web 应用程序，即使更换平台也无须变换 PHP 代码，极其适合网站开发。

总之，Web 数据库技术将数据库技术与 Web 技术融合在一起，使数据库系统成为 Web 的重要的有机组成部分，从而实现数据库与网络技术的无缝结合。

思考题

1. 什么是数据库，什么是数据库系统，数据库系统主要由哪几部分组成？
2. 什么是数据库管理系统，数据库管理系统有哪些主要功能？
3. 什么是关系数据库？有何特点？
4. 什么是主键？什么是外键？各有何作用？
5. 如何理解 1NF、2NF、3NF？数据存储规范化有什么作用？
6. 什么是数据库的完整性和安全性？如何保证数据库的完整性和安全性？
7. 如何在 Access 中设置数据表的字段有效性规则和记录有效性规则？
8. 什么是 Web 数据库？Web 数据库主要由哪些部分组成，其基本工作原理是什么？
9. 比较重要的 Web 数据库访问技术有哪些？
10. 数据库与数据表的操作：

(1) 利用 Access 创建学生选课数据库(文件名为 xsxk.mdb)，在库中建立学生表、课程表、选课表(表名分别为 xuesheng、kecheng、xuanke)，表的结构如表 1-23～表 1-25 所示。

表 1-23 xuesheng 表的结构

字段名称	数据类型	备注
xh	文本	学号,主键
xm	文本	姓名
csrq	日期/时间	出生日期
xb	文本	性别
yx	文本	院系
bh	文本	班号

表 1-24 kecheng 表的结构

字段名称	数据类型	备注
kch	文本	课程号,主键
kcm	文本	课程名
js	文本	教师
xf	数字(单精度型)	学分
xq	数字(整型)	学期

表 1-25 xuanke 表的结构

字段名称	数据类型	备注
xh	文本	学号,外键
kch	文本	课程号,外键
cj	数字(单精度型)	成绩

(2) 为 xuesheng 表的各字段设置中文标题,并为性别字段 xb 设置字段默认值和有效性规则,使得输入新记录时,性别默认值为"男",且输入或修改性别的值不为"男"或"女"时,能提示"性别不对"。设置好后,输入一些记录进行验证。

(3) 建立 xuesheng 表、xuanke 表、kecheng 表之间的永久关系,并将"实施参照完整性"设置为"级联更新相关字段"、"级联删除相关记录"。设置好后,先为各数据表输入若干条相关记录;然后,修改 xuesheng 表中某个学号(或 kecheng 表中的某个课程号),检查 xuanke 表中的相关记录有何变化;最后,删除 xuesheng 表(或 kecheng 表)中的某条记录,检查 xuanke 表中的相关记录是否已被删除。

第2章 HTML信息组织

2.1 HTML的工作原理

1. HTML的执行过程

HTML(HyperText Markup Language)是超文本标记语言,它通过HTML标记符来标识在网页中显示的内容,是WWW的描述语言。由HTML描述网页基本内容、特性及布局的纯文本文件称为HTML文件。HTML结合使用其他的Web技术如脚本语言、CGI、组件等,可以设计出功能强大的网页,是网络信息组织与管理的基础。

HTML的执行是在B/S(浏览器/服务器)模式下进行的,其大致执行过程如图2-1所示。具体包括以下几个步骤。

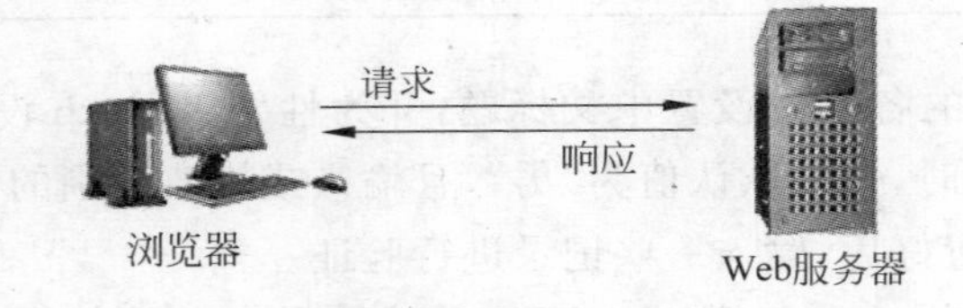

图2-1 普通HTML的执行过程

(1) 用户在浏览器的地址栏中输入HTML文件的网址,并按Enter键触发这个HTML的申请;

(2) 浏览器将这个HTML的请求发送给Web服务器;

(3) Web服务器接收来自浏览器端的请求,并根据.htm或.html的后缀名判断这是HTML请求;

(4) Web服务器从硬盘或内存中读取正确的HTML文件;

(5) HTML文件被送回浏览器;

(6) 用户的浏览器解释该HTML文件并将结果显示出来。

2. IIS的安装

计算机作为Web服务器,要提供网络信息服务,必须安装IIS(Windows 2000以上版本)或PWS(Windows 98),安装Windows操作系统时Server版会默认安装IIS,非Server版需要通过“Windows组件向导”安装IIS。Windows XP安装IIS的步骤大致如下。

在控制面板，双击“添加或删除程序”图标，打开“添加或删除程序”对话框，单击左侧的“添加/删除 Windows 组件”选项，弹出“Windows 组件向导”对话框，在“组件”列表中勾选“Internet 信息服务(IIS)”前的复选框，如图 2-2 所示。

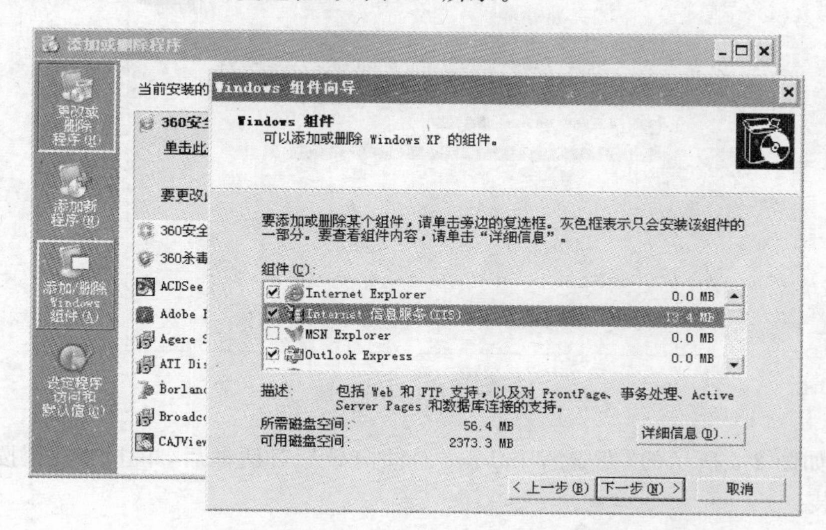

图 2-2　勾选“Internet 信息服务(IIS)”前的复选框

单击“详细信息”按钮，在弹出的“Internet 信息服务”对话框，勾选“万维网服务”复选框并单击“详细信息”按钮，再在弹出的“万维网服务”对话框勾选全部选项，单击“确定”按钮，返回“Internet 信息服务”对话框，再单击“确定”按钮(如图 2-3 所示)，可返回“Windows 组件向导”对话框(见图 2-2)。

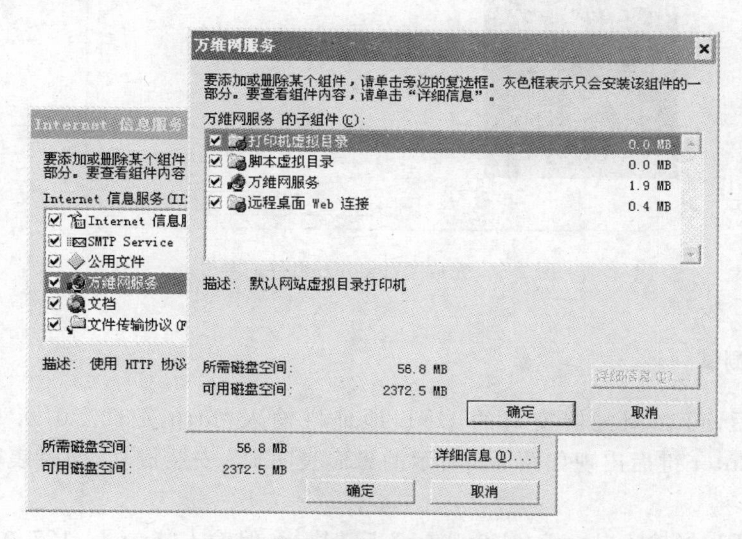

图 2-3　勾选“万维网服务”对话框的全部选项

单击“Windows 组件向导”对话框的“下一步”按钮(见图 2-2)，按提示将 Windows XP 安装光盘插入驱动器中(或单击“浏览”按钮选择 IIS 安装文件所在的文件夹)，单击“确定”按钮，即执行 IIS 安装，如图 2-4 所示。

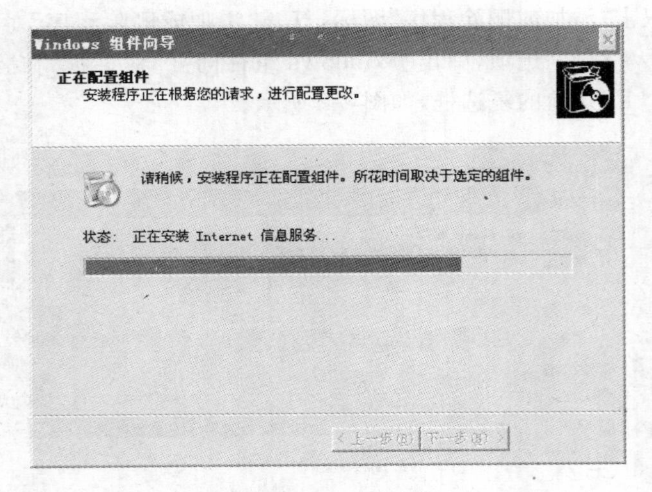

图 2-4 执行 IIS 安装

待出现如图 2-5 所示的“完成‘Windows 组件向导’”对话框后，单击“完成”按钮便完成了 IIS 的安装。

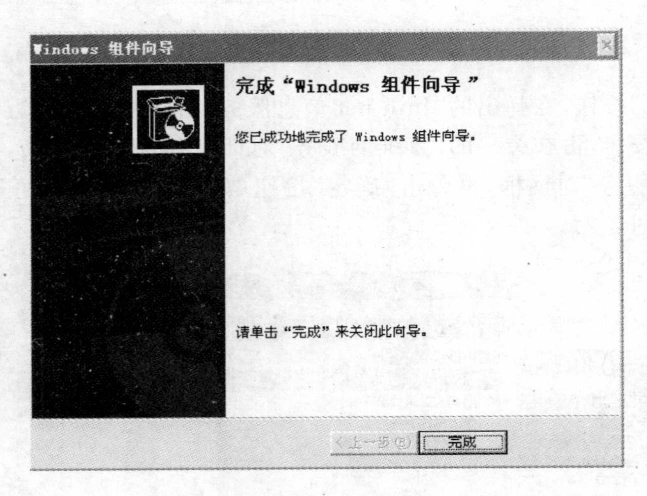

图 2-5 完成“Windows 组件向导”

3. 服务器测试

安装完成后，可在浏览器窗口的 URL 地址栏输入“http://127.0.0.1”或“http://localhost”，按 Enter 键后出现如图 2-6 所示的界面表明 IIS 安装成功，同时表明服务器测试成功。

有时，在 URL 栏输入“http://localhost”正常执行，但输入“http://127.0.0.1”弹出“连接到 127.0.0.1”窗口，要求输入用户名和密码。解决办法是：在 IE 浏览器窗口，单击“工具”菜单下的“Internet 选项”命令，在弹出的“Internet 选项”对话框选择“安全”选项卡，再选中“Internet”，单击“自定义级别”按钮，则出现“安全设置”对话框，再在“设置”列表框的“用户验证”下选择“自动使用当前用户名和密码登录”，最后单击“确定”按钮即可。

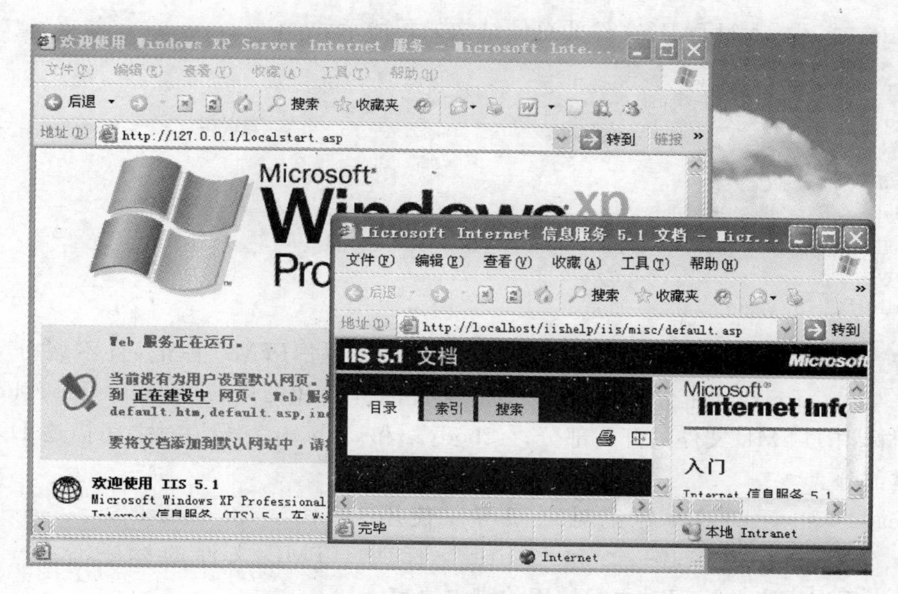

图 2-6　服务器测试成功

IIS 安装和测试成功后，还可在浏览器地址栏输入"http://本机 IP 地址"、"http://localhost"、"http://计算机名"(不包括引号)等来访问主页。如果在 Windows 桌面的"开始"菜单选择"运行"选项，在出现的"运行"对话框输入 inetmgr 命令，再单击"确定"按钮即可进入 Internet 信息服务控制台。在 Internet 信息服务控制台，单击左侧区域的"+"号节点展开目录树，再用鼠标右击"默认网站"，在出现的快捷菜单中选择"属性"，则打开"默认网站属性"对话框。在"主目录"选项卡(参见第 3.1.2 节图 3-2)将本地路径设置为主页文件的存储路径(默认为 C:\inetpub\wwwroot)，在"网站"选项卡将 IP 地址设置为用于本计算机上网的 IP 地址(默认为"全部未分配")，则在浏览器 URL 地址栏只能以"http://本机 IP 地址"的形式访问主页。如果安装了域名解析器，则也可以使用"http://服务器域名"的形式访问主页。本书中的例子一律使用"http://127.0.0.1"的形式。

4. HTML 文件的执行

建立 HTML 文件，并将 HTML 文件保存在服务器端默认的文件夹 C:\inetpub\wwwroot 下，在浏览器端的 URL 地址栏输入"http://服务器域名或 IP 地址/HTML 文件名"格式的网址(例如，IP 为 127.0.0.1，HTML 文件为 aa.htm，则网址为 http://127.0.0.1/aa.htm)，按 Enter 键即可执行此 HTML 文件，并看到其网页的效果。

2.2　编辑 HTML 文件

2.2.1　HTML 文件的基本结构

HTML 文件是纯文本文件，可以用任何文本编辑软件(如 Windows 自带的记事本软件)或网页制作软件(如 EditPlus、FrontPage、Dreamweaver 等)进行编辑，HTML 文件的扩展名为.htm或.html，HTML文件的总体结构如下所示。

```
<html>
<head>
网页的标题及属性
</head>
<body>
文件主体
</body>
</html>
```

其中，由小于号“<”和大于号“>”括起来的内容为HTML标记，且不区分大小写；<html>与</html>标记分别表示HTML文件的开始和结束；<head>和</head>标记对用于标识HTML文件的开头部分；<body>和</body>标记对之间描述HTML文件的主体部分。

<head>和</head>标记对之间可以使用<title>和</title>、<script>和</script>等标记对，<title>和</title>标明HTML文件的标题，<script>和</script>用来定义此标记对之间使用的脚本语言。

<body>标记中可以设置一些属性，如表2-1所示。

表 2-1 <body>标记中的属性

属性	用途	备注
<body bgcolor="#rrggbb">	设置背景颜色	“#rrggbb”是用6个十六进制数表示的RGB颜色。也可以使用表示颜色的常量名：green、blue、grey、white、red、black、…
<body text="#rrggbb">	设置文本颜色	
<body link="#rrggbb">	设置超链接颜色	
<body vlink="#rrggbb">	设置已使用的超链接的颜色	
<body alink="#rrggbb">	设置正在被点击超链接的颜色	

另外，HTML文件中还可以插入注释，注释位于“<!--”与“-->”之间。

2.2.2 编辑网页正文

设置标题用标记对<h1>…</h1>、<h2>…</h2>、<h3>…</h3>、<h4>…</h4>、<h5>…</h5>或<h6>…</h6>。

划分段落用<p align="left">…</p>，其中align用于设置对齐方式，取值可以是left、right、center。

换行用
标记，增加空格用“ ”(不包括引号)标记。

设置字体字号用<font face="宋体" size="10"> …</font>，其中face用于设置字体，size用于设置字号。

设置粗体用标记对<b>…</b>，斜体用<i>…</i>，下划线用<u>…</u>。

设置打字机风格文本用<tt>…</tt>，引用方式文本用<cite>…</cite>、强调文本用<em>…</em>，加重文本用<strong>…</strong>。

另外，还可以在正文中创建超链接，插入图像、音乐、视频，或使用列表、表格、表单、框架等。

2.3 建立超链接

1. 创建外部超链接

创建外部超链接格式是：<A href="链接到的目标网址" target="属性值">在网页上显示的链接到目标网页的文字描述</A>。例：

<a href = "http://www.zzu.edu.cn" target = "_blank">郑州大学</a>

其中，target 取不同的属性值时，目标网页将显示在不同的浏览器窗口中，target 属性取值及用途如表 2-2 所示。

表 2-2 外部超链接中 target 属性取值及用途

属　性	用　途
Target="框架名称"	将目标网页显示在"框架名称"的框架中
Target="_blank"	将链接的内容打开在新的浏览器窗口中
Target="new"	将链接的内容打开在新的浏览器窗口中
Target="_parent"	将链接的内容作为上一个页面
Target="_self"	将链接内容显示在当前窗口(默认)
Target="_top"	将框架中链接目标的内容显示在无框架窗口

2. 创建内部超链接

先定义一个被称为"标签名"的标签，然后找到"标签名"这个标签。例如，网页中某书签内容对应的标签名为"标签 A"，可以用以下方式定义和使用该标签。

定义标签：<a name="标签 A">书签内容</a>

使用标签：<a href="#标签 A">单击此处将使浏览器跳到"标签 A"对应的书签内容处</a>

3. 创建邮件链接

格式：<a href="mailto:E-mail 地址">邮件链接文本</a>

如：<a href="mailto:qinhxia@yahoo.com.cn">秦鸿霞</a>

2.4 插入图像和水平线

1. 在网页中插入图像

1) 利用<img>标记添加图像

在 HTML 网页文件中利用<img>标记插入图像，插入的图像格式有 gif、jpg、png 三种。基本格式是：<img src="图像的 URL">。

如果插入图像超链接，则基本格式是：<a href="链接目标的 URL"><img src="图像的 URL" border=0>…</a>，其中 border=0 表示图像周围不出现边框。

2）设置图像格式与布局

为使图像的格式和布局更合理，可利用<img>标记设置图像的以下相关属性。

- 设置图片的宽度和高度。<img width="图片宽度" height="图片高度">。
- 设定图片边沿空间，<img hspace="图片左右空间" vspace="图片上下空间">。
- 设定其他属性，alt="描述图形的文字"，border="图片边框厚度"，lowsrc="先显示的低解析度图片"，align="对齐方式"（可选值：top、middle、bottom、left、right，默认值是 bottom）。

2. 加入水平线

在网页中加入水平线，可使用<hr>标记，还可按以下方式使用。

```
<hr align=对齐方式 width=水平线宽度 size=水平线厚度 color=颜色代码 noshade>
```

其中，宽度和厚度的单位是像素，宽度也可以使用占浏览器窗口的百分比表示，noshade 表示水平线没有阴影。

3. 基本标记用法举例

用纯文本编辑软件在主目录下建立 HTML 标记举例文件 biaojijuli.htm，该文件中的内容如下：

```
<!--注释:这是一个具有基本标记的 HTML 网页-->
<html>
<head>
<title>HTML 标记举例</title>
</head>
<body text="green">
<p>绿色文本</p>
<p><a href="#标签 A">单击此处将使浏览器跳到"超链接"处</a></p>
<h1>最大的标题</h1>
<h3>使用 h3 的标题</h3>
<h6>最小的标题</h6>
<p><b>粗体字文本</b>;
    <i>斜体字文本</i>;
    <u>下加一划线的文本</u></p>
<p><tt>打字机风格的文本</tt>;
    <cite>引用方式的文本,通常是斜体</cite>; <em>强调的文本</em></p>
<p><strong>加重的文本 </strong>;
    <b><i>粗体加斜体字的文本</i></b>;
    <i><b>斜体加粗体字的文本</b></i></p>
<p><font size="+1" color="red">size 取值+1、Color 取值 red 时的文本
    </font></p>
<hr>
<a name="标签 A">超链接</a>
<a href="http://www.sina.com.cn">新浪网</a>
<a href="http://www.163.com" target="_blank">网易网站</a>
<a href="mailto:qinhxia@yahoo.com.cn">联系我</a>
<a href="http://www.qq.com">
<img src="C:/Inetpub/wwwroot/1-1.bmp" border="0" alt="QQ"></a>
</body>
</html>
```

利用 Windows 自带的记事本软件编辑 biaojijuli. htm 文件的界面如图 2-7 所示，利用 EditPlus 编辑 biaojijuli. htm 文件的界面如图 2-8 所示，其运行结果如图 2-9 所示。

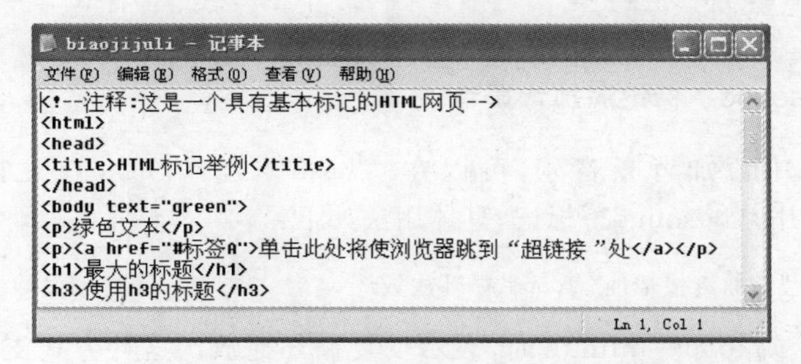

图 2-7　标记举例文件 biaojijuli. htm 的记事本编辑界面

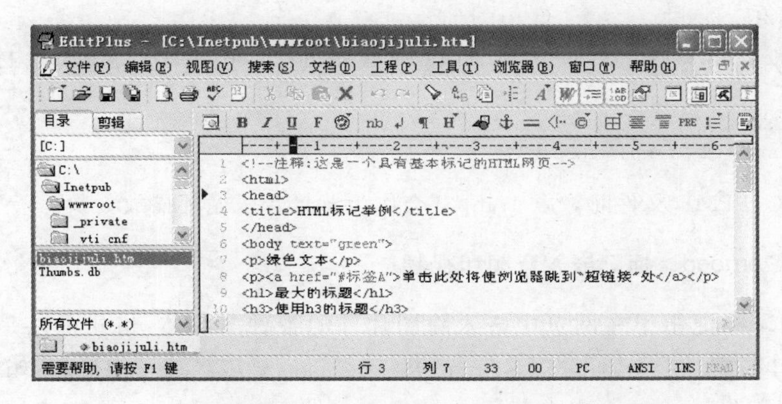

图 2-8　标记举例文件 biaojijuli. htm 的 EditPlus 编辑界面

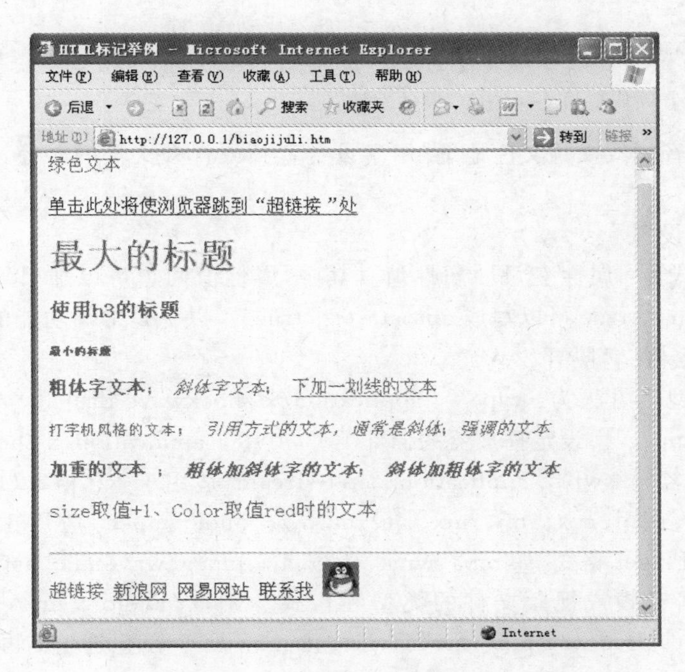

图 2-9　HTML 标记举例效果

2.5 添加音乐和视频

1. 利用<bgsound>标记添加背景音乐

要在 HTML 中添加背景音乐，可以在<head>与</head>之间或<body>与</body>之间使用<bgsound>标记，具体用法如下：

```
<bgsound src="歌曲链接地址" loop=循环次数>
```

当 loop=－1 或 loop=infinite 时，表示反复循环播放。这种方式支持 IE 浏览器和搜狗高速浏览器等，音乐文件下载完成后自动播放，一般用于添加 mid 音乐或较小的 mp3、wav 格式的音乐。

例如，“歌 1.mp3”在主目录下，某 HTML 文件的<body>与</body>标记对中含以下代码：

```
<bgsound src="歌 1.mp3" loop=3>
```

则执行该 HTML 文件时，“歌 1.mp3”会作为背景音乐循环播放 3 次。

2. 利用<embed>标记嵌入音频和视频

<embed>标记用于在网页中嵌入除图片外的各种多媒体，格式可以是 Midi、Wav、AIFF、AU、mp3 等。<embed>定义的音频或视频可以一边缓冲一边播放，始终播放，直至关闭当前窗口为止。

1）常用语法

<embed>标记的常用语法结构如下：

```
<embed src="音频或视频文件地址" 属性=值 …></embed>
```

其中，src="音频或视频文件地址"用于设定音频或视频文件的路径，可以设置为相对路径或绝对路径。

2）常用属性设置

属性设置格式为：属性变量=属性值。其中，属性值两边可以加引号，也可以不加引号。例如，autostart=true 可以写成 autostart="true"。以下是常用功能的属性设置，各属性可以取的值由竖线“|”隔开。

（1）插件类型。语法为：type="application/x-shockwave-flash"|"application/octet-stream"|"audio/mpeg"。设定播放器的插件类型，其中，"application/x-shockwave-flash"适用于 Flash（扩展名为.swf），"application/octet-stream"适用于 RP 格式（RealPlayer 格式，如 rax、ram、rmm、rsml、rvx、rmj、rmx、rjt、rm 等），"audio/mpeg"适用于 WMP 格式（即 Windows Media Player 格式，如 mp3、wma、wmv、avi、mpeg、wav、midi、asf、aiff、au 等）。另外，type 还可根据音频或视频文件的类型和格式分别取"audio/x-pn-realaudio-plugin"、"audio/x-ms-wma"、"video/x-ms-wmv"、"video/x-msvideo"等值，这里不再赘述。在不清楚播放器插件类型的情况下，建议暂不设定 type 的值。如果不设置 type 属性，则使用系统中

与 src 指定的音频或视频文件匹配的默认类型。

(2) 自动播放。语法为：autostart＝true|false。规定音频或视频文件在下载完之后是否自动播放，true 表示自动播放，false(默认)表示不自动播放。

(3) 循环播放。语法为：loop＝true|false|正整数。规定音频文件是否重复播放及重复播放次数，true 表示循环播放，false 表示播放一次即停止，正整数表示循环播放次数。

(4) 播放面板显示。语法为：hidden＝true|false。规定播放面板是否隐藏，true 表示隐藏面板，false 表示显示面板。

(5) 播放面板大小。语法为：width＝宽度 height＝高度。设定播放面板的宽度和高度，取值为正整数(单位为像素)或百分数。如果要隐藏播放器，可把 width 和 height 的数值设置成 0 或者 1。

(6) 播放面板对齐方式。语法为：align＝top|bottom|center|baseline|left|right|texttop|middle|absmiddle|absbottom。规定播放面板与当前行中的对象的对齐方式，top 为播放面板的顶部与当前行中的最高对象的顶部对齐，bottom 为播放面板的底部与当前行中的对象的基线对齐，center 为播放面板居中，baseline 为播放面板的底部与文本的基线对齐，left 为播放面板居左，right 为播放面板居右，texttop 为播放面板的顶部与当前行中的最高的文字顶部对齐，middle 为播放面板的中间与当前行的基线对齐，absmiddle 为播放面板的中间与当前文本或对象的中间对齐，absbottom 为播放面板的底部与文本的底部对齐。

(7) 播放面板外观。语法为：controls＝console|controlpanel|smallconsole|playbutton|pausebutton|stopbutton|volumelever。规定播放面板的外观，console(默认)为一般正常面板，controlpanel 为精简面板，smallconsole 为较小的面板，playbutton 表示只显示播放按钮，pausebutton 表示只显示暂停按钮，stopbutton 表示只显示停止按钮，volumelever 表示只显示音量调节按钮。

(8) 音量大小。语法为：volume＝0～100 之间的整数。规定音频或视频文件的音量大小，未定义则使用系统本身的设定。

(9) 说明文字。语法为：title＝说明的内容。设定音频或视频文件的说明文字。

3) 应用举例

<embed>标记中最重要的属性是 src，最常使用的属性是 autostart、hidden、loop、width、height，各属性在标记中的顺序可以是任意的。假设要播放的音乐文件为“歌 1. mp3”，视频文件为“视频 1. wmv”，保存在主目录下。可在 HTML 网页的<body>与</body>之间插入以下代码，达到音乐或视频的播放目的。

- <embed src＝"歌 1. mp3" autostart＝true hidden＝true loop＝true></embed>

说明：“歌 1. mp3”作为背景音乐自动循环播放，隐藏了播放器。

- <embed src＝"歌 1. mp3" loop＝true width＝200 height＝60></embed>

说明：出现播放面板，可以控制它的开与关，可循环播放“歌 1. mp3”，可随时暂停或停止播放，还可以调节音量的大小。mp3、rm、ra、ram、asf、mid 等都可用这个播放器(如播放视频，则需要调整播放器宽度和高度)。

- <embed width＝"100" height＝"20" type＝"audio/x-pn-realaudio-plugin" autostart＝"true" controls＝"ControlPanel" src＝"歌 1. mp3"></embed>

说明：利用 audio/x-pn-realaudio-plugin 插件在精简面板中自动播放“歌 1. mp3”，可通

过面板中的“播放/暂停”按钮确定是否再次播放和暂停，可随时单击“停止”按钮终止播放，可调整音量大小。

• <embed volume＝"100" width＝250 height＝25 autostart＝"false" controls＝"playbutton" src＝"歌 1.mp3"></embed>

说明：播放器只有一个“播放/暂停”按钮，单击时播放或暂停播放。

• <embed src＝"视频 1.wmv" width＝"300" height＝"260" autostart＝"true"></embed>

说明：在视频播放器中自动播放一次“视频 1.wmv”，结束后可通过播放面板的按钮决定是否再次播放。

• <embed src＝"视频 1.wmv" volume＝"100"></embed>

说明：通过播放面板确定是否播放“视频 1.wmv”，音量调整为 100，播放结束后可再次通过播放面板的按钮决定是否再次播放。

2.6 使用列表

1. 编号列表

编号列表是一种对列表项目从小到大进行编号的列表形式。编号列表由<OL>和</OL>标记对定义，每一个列表项由<Li>进行标记。OL 是 Ordered List 的缩写，<Li>是 List Item 的缩写。编号列表的格式是：

```
<OL type = L>
<Li>编号列表项
…
</OL>
```

说明：<OL>中 type 可取值 A、a、I、i、L，编号显示方式分别为大写英文字母（如 A、B、C 等）、小写英文字母（如 a、b、c 等）、大写罗马数字（如 Ⅰ、Ⅱ、Ⅲ 等）、小写罗马数字（如 ⅰ、ⅱ、ⅲ 等）、阿拉伯数字（如 1、2、3 等），在各编号之后有一圆点。如果<OL>中不指定 type 属性，则默认为阿拉伯数字。

2. 符号列表

符号列表是指列表项目不用序号指定，而由某种特定符号进行标识的列表形式。符号列表由<UL>和</UL>标记对定义，每一个列表项由<Li>进行标记。UL 是 Unordered List 的缩写。符号列表的格式是：

```
<UL type = disc>
<Li>符号列表项
…
</UL>
```

说明：<UL>中 type 可取 disc、circle、square，项目符号分别对应于圆点、圆圈、方块。如果<UL>中不指定 tpye 属性，则默认为圆点。

3. 自定义列表

自定义列表是由构成列表项的词汇和对词汇的说明组成的列表形式。自定义列表由<DL>和</DL>标记对定义，列表项的词汇由<Dt>进行标记，词汇的说明或解释由<Dd>进行标记。DL是Definition List的缩写。自定义列表的格式是：

```
<DL>
<Dt>词汇 1 <Dd>说明内容 1
…
</DL>
```

说明：<Dt>和<Dd>标记通常成对出现在网页文件内，词汇的说明内容以首行缩进方式显示在浏览器窗口。

4. 定义嵌套列表

不同类型的列表可以相互嵌套，但要注意内外层嵌套不要出现交叉。例如，包含嵌套列表的文件qiantaoliebiao.htm中的内容如下：

```
<HTML><HEAD><TITLE></TITLE></HEAD>
<BODY>
<DL>
    <Dt>软件组成
    <Dd>系统软件
    <OL><Li>操作系统<Li>数据库管理系统<Li>程序设计语言
    </OL>
    <DD>应用软件
    <UL type = square>
        <Li>辅助教学软件<Li>辅助设计软件<Li>字处理软件
        <Li>信息管理软件<Li>自动控制软件
    </UL>
</DL>
</BODY>
</HTML>
```

假设qiantaoliebiao.htm文件保存在主目录下，其运行结果如图2-10所示。

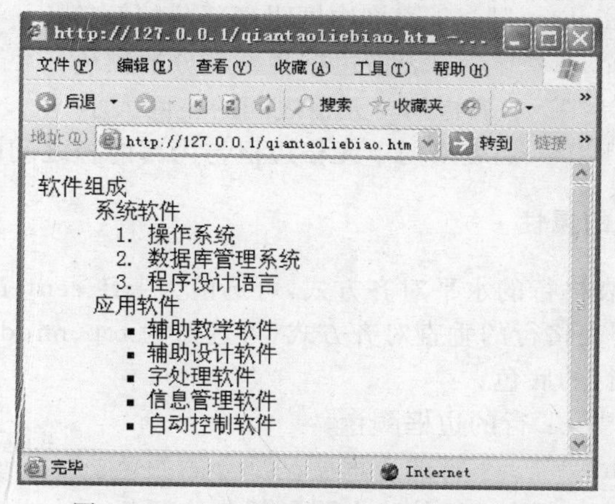

图 2-10 qiantaoliebiao.htm 的运行结果

2.7 使用表格

1. 表格概述

许多数据报表都是以表格形式输出的。例如，如图 2-11 所示的就是一个简单的表格，该表格对应的 HTML 文件中的代码如下：

姓名	学号	数据库成绩
黄飞鸿	20090101001	89

图 2-11　一个简单的表格

```
<table border = 1 align = "center">
<tr>
<td>姓名</td><td>学号</td><td>数据库成绩</td>
</tr>
<tr>
<td>黄飞鸿</td><td> 20090101001 </td><td> 89 </td>
</tr>
</table>
```

表格由<table>和</table>定义，表格中的一行由<tr>和</tr>标记对说明，行中各单元格的内容由<td>和</td>进行标记或由<th>和</th>进行标记。这些标记对具有许多属性，通过设置这些属性的值可以得到不同的表格效果。

2. 设置表格属性

<table bgcolor="">：表格背景色；
<table border="">：表格边框宽度，默认为 0；
<table width="">：整个表格的宽度，可取绝对值（单位为像素）或百分数（总宽度的百分比）；
<table bordercolor="">：表格边框的颜色；
<table bordercolorlight="">：表格边框明亮部分的颜色；
<table bordercolordark="">：表格边框阴影部分的颜色；
<table cellspacing="">：表格的单元格之间的空间大小；
<table cellpadding="">：表格的单元格边框与内部内容之间的空间大小。

3. 设置表格的一行的属性

<tr align="">：表格行的水平对齐方式，可选值为 left、center、right；
<tr valign="">：表格行的垂直对齐方式，可选值为 top、middle、bottom；
<tr bgcolor=""：行的底色；
<tr bordercolor="">：行的边框颜色；
<tr bordercolorlight="">：行的边框明亮部分的颜色；
<tr bordercolordark="">：行的边框阴影部分的颜色。

4. 设置单元格的属性

<td width="">：单元格的宽度，可取绝对值(如 70)或百分数(如 70%)；
<td height="">：单元格的高度；
<td colspan="">：向右合并的单元格数；
<td rowspan="">：向下合并的单元格数；
<td align="">：单元格水平对齐方式，可取值为 left、center、right；
<td valign="">：单元格垂直对齐方式，可取值为 top、middle、bottom；
<td bgcolor="">：单元格的底色；
<td bordercolor="">：单元格的边框颜色；
<td bordercolorlight="">：单元格边框的明亮部分的颜色；
<td bordercolordark="">：单元格边框的阴影部分的颜色；
<td background="">：单元格的背景图片(与 bgcolor 任用其一)。

5. 标题单元格

用<th></th>代替<td></td>，可以使单元格的内容以加粗的形式显示。<th>…</th>的效果与<td><b>…</b></td>的效果相同。

6. 表格总标题

<caption align="">：可取值为 left(左对齐)、center(居中)、right(右对齐)、top(表格上方)、middle、bottom(表格下方)，align 属性的默认对齐方式为表格上方居中。

7. 应用举例

假设表格文件 biaoge.htm 保存在主目录下，biaoge.htm 中的内容如下：

```
<Table Width = "300" Border = "1" Cellspacing = "0" Cellpadding = "2"
Align = "center" Bgcolor = "#FFC4E1" BorderColor = "#0000FF">
<Caption>单元格合并示例</Caption>
  <Tr Align = "center">
      <Td colspan = "3">学生信息</Td></Tr>
  <Tr Align = 'center'>
      <Th>姓名</Th><Th>学号</Th>
     <Th>数据库成绩</Th></Tr>
  <Tr Align = "center"><Td rowspan = '2'>黄飞鸿
  </Td>
      <Td>20090101001 </Td><Td>89 </Td></Tr>
  <Tr Align = "center"><Td>20090101003 </Td>
     <Td>65 </Td></Tr>
  <Tr Align = "center"><Td>张三丰</Td>
      <Td>20090101002 </Td><Td>92 </Td></Tr>
</Table>
```

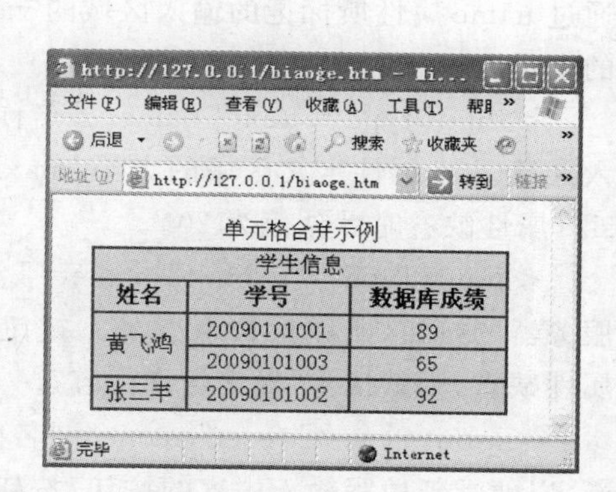

图 2-12 网页文件 biaoge.htm 对应的表格

biaoge.htm 的运行结果如图 2-12 所示。

2.8 使用表单

1. 表单的基本结构

与用户进行交互时，通常采用表单的形式进行处理。用户可在表单中输入数据或信息，然后单击“提交”或“确定”之类的按钮，表单上的数据或信息就会传送到服务器上进行处理。在 HTML 中，定义表单的语法结构如下：

```
<form action="处理程序的网址" method="数据提供方式" name="该表单的名称">
    …
    <input type=submit>
    <input type=reset>
</form>
```

表单由<form>和</form>定义，<form>标记中的 action 属性用于指定处理该表单的 ASP 程序的 URL 地址，method 属性用于定义当前表单把数据提供给其 ASP 处理程序的方式或者处理该表单的 ASP 程序从表单获取数据的方法，可取值为 GET 或 POST。在 GET 方式下，传送的数据量一般限制在 1KB 以下，在 ASP 处理程序中使用 Request. QueryString 集合读取表单数据。而在 POST 方式下，传送的数据量比 GET 方式大得多，而且 ASP 处理程序使用 Request. Form 集合来读取表单的数据。

<input type=submit>之类由<input>进行标识的是表单的输入区域，每个输入区域形成表单的一个构成元素，一个表单就是由若干个表单元素或输入区域构成的。

2. 表单的用户输入区域

表单是包含多种不同表单元素的输入区域，可通过表单输入区域实现信息和数据的输入。最常用的表单输入标记是<input>标记，输入区的类型由 type 属性指定，输入区的名称由 name 属性进行标记，输入区的默认值由 value 属性指定，有的输入区还可以根据实际需要指定一些其他属性，不需要的属性可以不指定，没有指定的属性的值取默认值。服务器通过 name 属性所标记的输入区域的 value 属性值来获得该区域中的数据。常用表单元素的表示方法及主要用途或功能如下：

<input type="text" name="名称" size="值" maxlength="最大值">：单行文本输入区域，size 属性定义区域的大小，maxlength 属性定义可输入的最大字符数或汉字个数。size 属性缺省时默认值为 20。

<input type="submit" name="名称" value="值">：将表单输入区的内容提交给服务器的按钮(或称 submit 按钮)，按钮上显示的内容就是 value 属性指定的“值”。若 value 属性缺省，则默认为“提交查询内容”。

<input type="reset" name="名称" value="值">：将表单输入区的内容清除或刷新，以便重新填写输入内容的按钮，按钮上显示的内容是 value 属性指定的“值”。若 value 属性缺省，则默认为“重置”。

<input type="checkbox" name="名称" checked>：复选框，checked 表示默认情况

下被选中,缺省 checked 时默认情况下复选框不被选中。

<input type="hidden" name="名称">:隐藏区域,用于预设或保存某些要传送的信息,用户无法在此区域中输入数据。

<input type="image" src="URL 地址" name="名称">:使用图像来代替 submit 按钮,src 属性指定图像的源文件名。

<input type="password" name="名称">:输入密码的区域,当在该区域输入密码时,密码字符显示为"●"号(不包括引号)。

<input type="radio" name="名称" checked>:单选按钮,checked 表示默认情况下被选中,缺省 checked 时默认情况下单选按钮不被选中。

<input type="file" name="名称" size="值">:文件输入区域,由一个文本框和一个显示为"浏览…"的按钮组成,size 属性的"值"决定所显示的文本框的大小,size 属性缺省时默认为 20。可直接通过键盘输入文件名(含路径),也可通过单击"浏览…"按钮,在出现的"选择文件"对话框中选择所需文件,再单击"打开"按钮即可。

常用表单元素表示示例及其表现形式如表 2-3 所示。

表 2-3 常用表单元素举例

常用表单元素表示示例	类 型	表现形式
<input type="text" name="xm">	单行文本输入区域	
<input type="submit" value="提交">	提交按钮	提交
<input type="reset" value="重填">	重置按钮	重填
<input type="checkbox" name="fxk" checked>	复选框	
<input type="hidden" name="yc">	被隐藏的区域	
<input type="image" src="1-1. bmp">	单击时执行提交的图像区域	
<input type="password" name="mm">	密码输入区域	
<input type="radio" name="dx" checked>	单选按钮	
<input type="file" name="w" size="12">	文件输入区域	浏览...

3. 表单的列表框

列表框包括滚动列表框和下拉列表框,在滚动列表框中可以选择多个列表项,但下拉列表框中只能选择一个列表项。表单的列表框由<select>和</select>定义,列表项由<option>指定,其基本格式如下:

```
<select name="列表框名称" size="值" multiple align="对齐方式">
    <option value="值 1" selected>列表项 1
    <option value="值 2">列表项 2
    …
</select>
```

其中,<select>标记具有 name、multiple、size 和 align 等属性,multiple 表示可以选择两个或两个以上的列表项,缺省时默认为只能选 1 个列表项;size 属性用于设置列表的高度(即显式显示的列表项数),不含 multiple 属性时默认值为 1,含 Multiple 属性时默认值为 4;align 用于设置对齐方式,可取值为 top(顶端对齐)、middle 或 center(居中对齐)、bottom

(底端对齐)、left(左对齐)、right(右对齐),默认为底端对齐。<option>标记具有 value 和 selected 属性,value 用于为<option>标记指定的列表项赋值; selected 用于指定默认选中的列表项。假设列表项 n 对应于<option>标记中 value="值 n"的项,则选中列表项 n 时,<select>标记中 name 属性设置的"列表框名称"对应的 value 属性值就等于"值 n"。例如,网页文件 liebiao. htm 保存在主目录下,该文件中的代码如下:

```
<Form Action = "liebiao.asp" method = "post">
请选择您的爱好:
<Select name = "aihao" multiple Size = "3" align = "top">
   <option Value = "tiyu">体育
   <option Value = "yinyue" selected>音乐
   <option Value = "wudao">舞蹈
   <option Value = "diannaoyouxi">电脑游戏
</select>
<P>请选择您的专业:
<Select name = "zhuanye" Size = "1">
   <option Value = "电子商务">电子商务
   <option Value = "物流管理">物流管理
   <option Value = "工业工程" selected>工业工程
   <option Value = "工程管理">工程管理
</select>
<P>     
<Input Type = Submit Value = "提交">
<Input Type = Reset Value = "重置">
</form>
```

说明:文件 liebiao. htm 中,<P>是段落标记,在这里主要用于换行和保持一定的段间距," "(不包括引号)表示空格,主要作用是使"提交"按钮的左边留有一定的"空间"。由<Form Action="liebiao. asp" method="post">可知,处理表单的 ASP 文件是同目录下的 liebiao. asp,采用 POST 方式接收来自表单提供的数据。

liebiao. htm 的运行结果如图 2-13 所示。其中,上边的列表框可选择多项,选择(或取消选择)的方法是按下 Ctrl 键不放,逐个单击待选列表项即可;若选择连续的列表项,也可先选中连续选项的第一项,再按下 Shift 键不放,单击连续选项的最后一项即可。

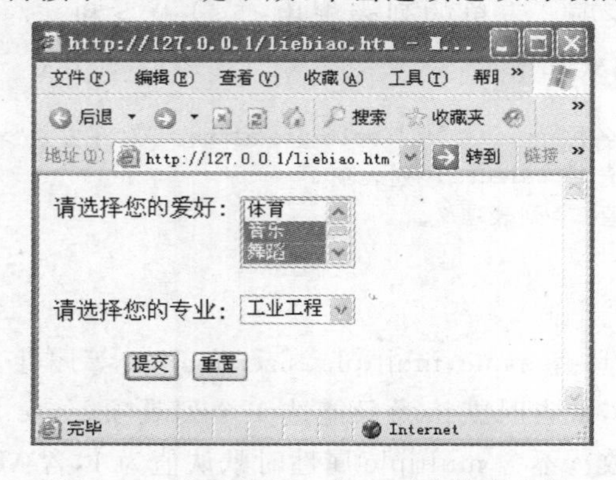

图 2-13 文件 liebiao. htm 对应的列表框

4. 多行输入文本框

输入内容较多或分多行进行输入时，就需要创建允许输入多行文字的文本框，多行输入文本框由<textarea>和</textarea>进行定义，使用于<form>与</form>标记对之间。基本格式如下：

```
<textarea name="文本框名称" cols="列数" rows="行数">
  …
</textarea>
```

其中，<Textarea>标记具有 name、cols、rows 属性，cols 和 rows 分别用于设置多行文本框中允许输入的字符的列数和行数。例如，网页文件 duohangwenbenkuang.htm 保存在主目录下，该文件中的代码如下：

```
<Form Action="duohangwenbenkuang.asp" Method="post">
请输入留言:
<p>
<Textarea name="ly" Cols="40" Rows="4">
请在这里输入您的看法和见解
</Textarea>
<p>
<Input Type=Submit Value="提交">
<Input Type=Reset Value="重置">
</Form>
```

则文件 duohangwenbenkuang.htm 的运行结果如图 2-14 所示。

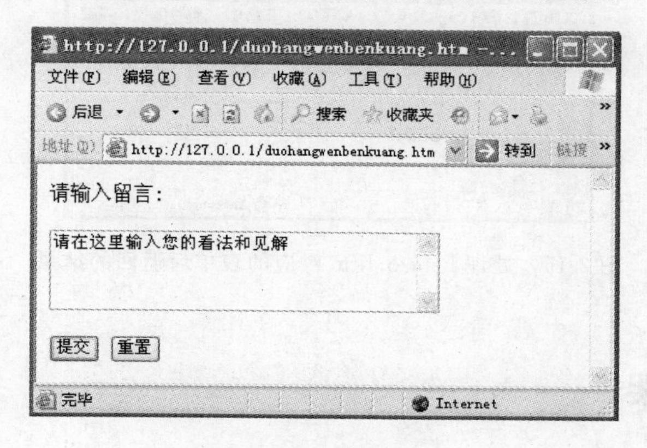

图 2-14　多行文本框

5. 表单的处理

如前所述，表单标记<form>中的 action 属性指定了处理此表单的 ASP 文件的 URL，浏览器端单击由<input type=submit>定义的提交按钮时，表单输入区域的内容被传递到服务器，服务器执行指定的 ASP 文件，并根据 ASP 文件的代码对表单的内容进行处理。ASP 文件中，可以利用 Request 对象接收浏览器端提交的表单数据，利用 Response 对象将服务器端处理后的数据发送到客户端浏览器。

当表单标记<form>中的 method 属性指定用 GET 方式时，ASP 读取表单数据的方式是：Request. QueryString("表单元素的 name 属性指定的名称")；

当表单标记<form>中的 method 属性指定用 POST 方式时，ASP 读取表单数据的方式是：Request. form("表单元素的 name 属性指定的名称")。

不管表单标记<form>中的 method 属性指定用 GET 方式，还是用 POST 方式，ASP 都可以采用以下方式读取表单的数据：Request("表单元素的 name 属性指定的名称")。

ASP 文件中，将服务器的处理结果返回客户端的浏览器，通常用以下方式：Response. write "待返回到浏览器端的数据、表达式或变量"。也可以写成以下形式：Response. write ("待返回到浏览器端的数据、表达式或变量")。例如，文件 liebiao. asp 与前述 liebiao. htm 都保存在主目录下，liebiao. asp 中的代码如下：

```
<%
strAihao = request.Form("aihao")
strZhuanye = request.Form("zhuanye")
response.write("爱好:" + strAihao)
response.write "<br>"
response.write "专业:" + strZhuanye
%>
```

这时，运行 liebiao. htm，出现如图 2-13 所示的列表框界面，选中“爱好”列表框中的“音乐”和“舞蹈”，选中“专业”下拉列表框中的“工业工程”，再单击“提交”按钮，则服务器执行 liebiao. asp，浏览器端看到的结果如图 2-15 所示。

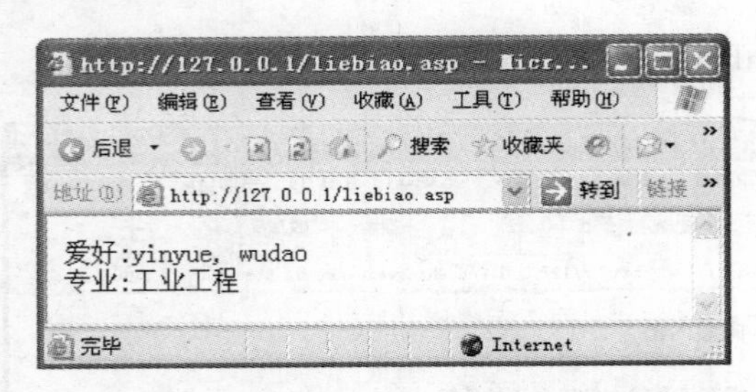

图 2-15 处理 liebiao. htm 对应的表单后返回的结果

2.9 使用框架

1. 框架标记

框架是在浏览器窗口中分隔成的若干独立的、用于显示目标网页的区域，各区域中的网页称为框架网页。使用框架需要在<frameset>和</frameset>之间，用<frame>对框架网页进行标记，其基本结构如下：

```
<frameset rows = "行模式" cols = "列模式">
    <frame src = "目标文件的 URL">
    …
</frameset>
```

说明：<frameset rows="行模式" cols="列模式">具体可表示为不同的形式，如：

```
<frameset rows=" *, *, * ">
<frameset cols="40%, * ">
<frameset rows="40%, * " cols="50%, *,200">
```

其中，rows属性规定了各框架在浏览器窗口中占用的纵向划分区域的位置和大小，取值可以包含百分数、绝对像素值、星号，这些取值的总个数表示框架从上到下排列的行数，百分数表示框架占据浏览器窗口纵向的比例，绝对像素值表示框架占据浏览器窗口纵向的绝对大小，星号表示将纵向未被划分的空间平均分配给相关框架。

cols属性规定了各框架在浏览器窗口中占用的横向划分区域的位置和大小，所包含的取值中百分数、绝对像素值、星号的总个数表示框架从左至右排列的列数，百分数表示框架占据浏览器窗口横向的比例，绝对像素值表示框架占据浏览器窗口横向的绝对大小，星号表示将横向未被划分的空间平均分配给相关框架。

所有框架将按照cols属性的值从左到右排列，按rows属性的值从上到下排列。

另外，框架结构可以嵌套，但不再使用<body>和</body>标记对。例如，框架文件kuangjia.htm保存在主目录下，运行结果如图2-16所示，该文件中的内容如下：

```
<html>
<head><title></title></head>
<frameset cols=" *,25%">
   <frameset cols="50%, * " rows="250, * ">
      <frame src="http://www.jlu.edu.cn">
      <frame src="http://www.njust.edu.cn">
      <frame src="http://www.nju.edu.cn">
      <frame src="http://www.zzu.edu.cn">
   </frameset>
   <frame src="http://www.edu.cn">
</frameset>
</html>
```

需要说明的是，完全相同的框架效果，网页中的代码不一定要完全相同。例如，文件kuanjia1.htm的运行结果与图2-16所示的效果相同，而kuanjia1.htm中的代码如下：

```
<html>
<head><title></title></head>
<frameset cols="37.5%, *,25%">
   <frameset rows="250, * ">
      <frame src="http://www.jlu.edu.cn">
      <frame src="http://www.nju.edu.cn">
   </frameset>
   <frameset rows="250, * ">
      <frame src="http://www.njust.edu.cn">
      <frame src="http://www.zzu.edu.cn">
   </frameset>
   <frame src="http://www.edu.cn">
</frameset>
</html>
```

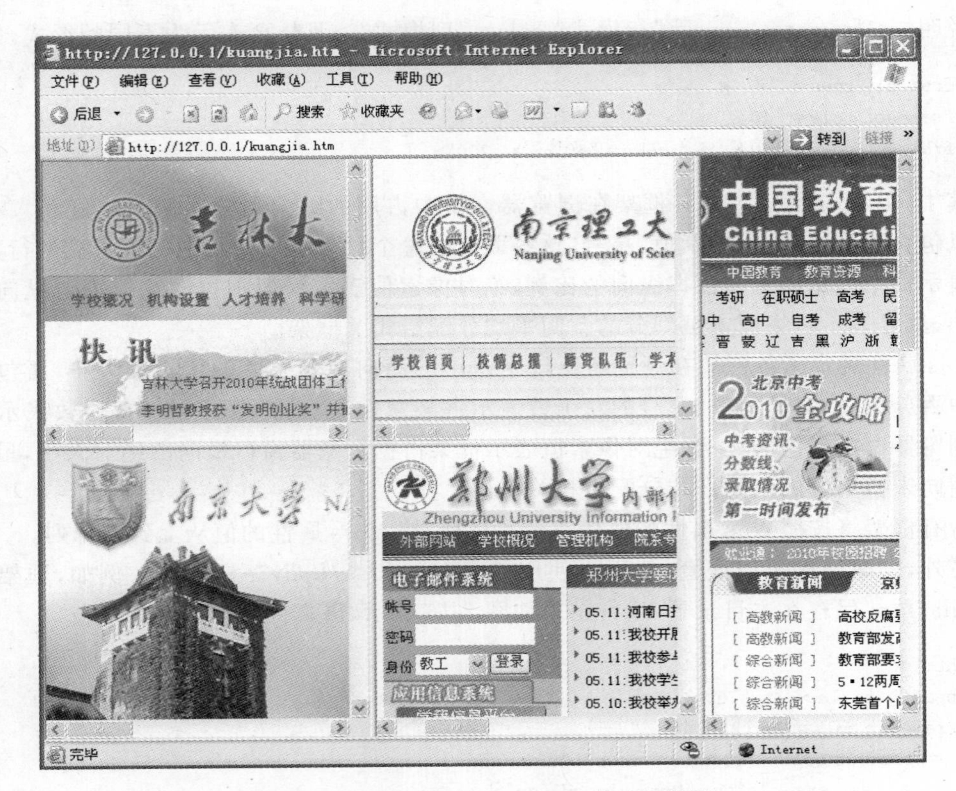

图 2-16 框架示例(kuangjia.htm 的运行结果)

2. 确立框架目标

如果单击框架网页内的超链接，使链接目标的网页显示在指定的目标框架内，就需要先为目标框架命名，再在目标网页对应的超链接中使用 target 指定目标框架的名称。确定目标框架网页的通用格式如下：

```
<frame name = "框架网页名称">
<a href = URL target = "框架网页名称">
```

除可以使用由<frame>的 name 属性指定的框架网页名称外，还可以使用一些特殊的框架网页名称。_blank 表示空白框架网页，将链接目标的内容打开在新的浏览器窗口中；_self 表示当前框架网页，将链接目标的内容显示在当前窗口中(默认值)；_parent 表示父框架网页，将链接目标的内容作为上一个页面；_top 表示整个浏览器窗口本身，将框架中链接目标的内容显示在没有框架的窗口中。注意框架网页名称区分大小写。例如，kuangjia2.htm 中的内容如下：

```
<html>
<head><title></title></head>
<frameset cols = "140, * ">
    <frame src = "a.htm">
    <frame src = "http://www.edu.cn" name = "edu">
</frameset>
```

```
</html>
```

a. htm 中的内容如下：

```
<a href = "http://www.jlu.edu.cn" target = "edu">吉林大学</a>
<p><a href = "http://www.njust.edu.cn" target = "edu">南京理工大学</a>
<p><a href = "http://www.nju.edu.cn" target = "_blank">南京大学</a>
<p><a href = "http://www.zzu.edu.cn" target = "edu">郑州大学</a>
```

这时，kuangjia2. htm 运行后，单击"郑州大学"超链接的结果如图 2-17 所示。

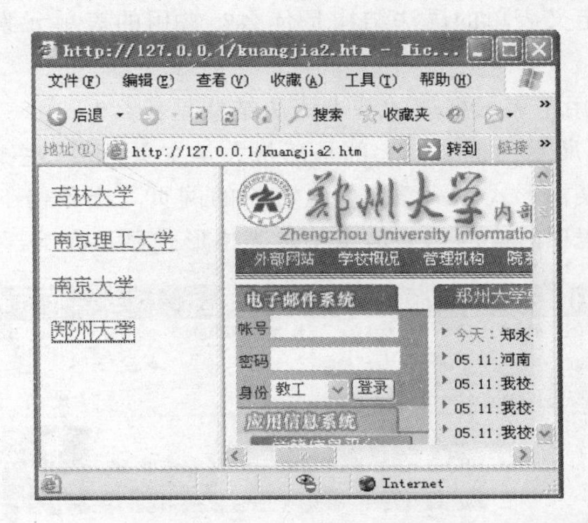

图 2-17　kuangjia2. htm 的运行结果（单击"郑州大学"链接后）

3. 设置框架网页的外观

通常情况下，框架网页的外观可以采用 HTML 的默认设置，也可以根据情况对框架网页的边框、页间距和滚动条等进行自定义设置。

(1) 设置边框。利用<frame>的 frameborder 属性设置。例如，<frame frameborder =Yes>表示在浏览器窗口显示框架网页边框，<frame frameborder=No>表示不显示框架网页边框。

(2) 设置框架网页间距。利用<frameset>的 framespacing 属性设置。例如，<frameset cols="10%，*" framespacing=50>表示框架网页间距设置为 50 像素。

(3) 设置滚动条。利用<frame>的 scrolling 属性设置。例如，<frame src="框架网页的网址" scrolling=Yes>，scrolling 属性的值可以为 Yes、No 或 Auto，默认值为 Auto。

思考题

1. 什么是 HTML，HTML 的执行过程大致包括哪几个步骤？

2. HTML 文件的基本结构如何？其包含哪些常用的标记或标记对？表示标题、换行、段落、空格、水平线的标记分别是什么？可以利用哪些编辑软件创建与修改 HTML 文件？

3. 什么是 IIS？如何安装与测试 IIS？如何执行 HTML 文件？

4. 如何在 HTML 文件中创建外部超链接、内部超链接和邮件链接？

5. 如何在网页中插入图像？哪几种格式的图像可以插入 HTML 网页中？

6. 用于在 HTML 网页中嵌入音乐和视频的标记是什么？你认为该标记最重要和常用的属性分别是什么？各有什么作用？试举例说明如何在网页中嵌入音乐和视频。

7. 什么是编号列表、符号列表、自定义列表？如何在网页中使用这些列表？

8. 一个完整的表格包括哪几部分？在网页中定义一个表格时，需要使用哪些标记对？你认为这些标记对中常用的属性有哪些？起什么作用？

9. 在 HTML 中，定义表单的语法结构是什么？常用的表单元素有哪些类型？如何使用这些表单元素？

10. 什么是框架？用于表示框架的基本语法结构是什么？

11. 设计如图 2-18 所示的框架。上部是郑州大学主页，下部左侧是带有超链接的符号列表，下部右侧最初以表格形式显示学生信息对应的网页。当单击下部左侧框架的某个列表项的超链接时，该列表项对应的相关信息将以表格形式显示在下部右侧的框架中。

图 2-18 框架

第3章 ASP与SQL基础

3.1 ASP 基础

3.1.1 ASP 工作原理

1. 基本概念

(1) 脚本。脚本是指嵌入到 Web 页中的程序代码，所使用的编程语言称为脚本语言。按照执行方式和位置的不同，脚本分为客户端脚本和服务器端脚本。客户端脚本在客户端计算机上被 Web 浏览器执行，服务器端脚本在服务器端计算机上被 Web 服务器执行。脚本语言是一种解释型语言，客户端脚本的解释器位于 Web 浏览器中，服务器端脚本的解释器则位于 Web 服务器中。静态网页只能包含客户端脚本，动态网页则可以同时包含客户端脚本和服务器端脚本。

(2) 动态网页。动态网页是指网页内含有脚本语言程序代码，并会被服务器执行的网页。脚本由一系列脚本命令组成，如同一般的程序，可以将一个值赋给某个变量，将一系列命令定义为一个过程，还可以命令 Web 服务器将一些数据发送到客户端浏览器。浏览动态网页时，服务器要先执行网页中的程序，然后将执行的结果传送到客户端浏览器中，由于服务器执行程序时的条件不同，浏览器端最终看到的网页内容也有区别。与动态网页相对应，不包含程序代码的纯粹用 HTML 语言编写的网页是静态网页，服务器不执行任何程序就把 HTML 页面文件传送给客户端的浏览器，任何时候在浏览器端看到的同一静态网页的内容都是完全相同的。

(3) ASP。即 Active Server Pages，是 Microsoft 开发的动态网页技术。它内含于 IIS 中，是一种 Web 服务器端的开发环境。通过在普通 HTML 页面中嵌入 ASP 脚本语言，可产生和执行动态的、交互的、高性能的 Web 应用程序。ASP 和 PHP、JSP 一样被认为是目前最常见的主流动态网页开发技术之一(参见第 1.4 节“Web 数据库”)。ASP 采用脚本语言 VBScript 或 JScript 作为自己的开发语言。

2. ASP 运行环境

ASP 是一种服务器端的脚本语言，只有在服务器环境下才能正常运行。服务器端只需在 Windows NT 或 Windows 2000、Windows XP 及更高版本的操作系统上添加和安装 IIS

组件即可(或在 Windows 98 上安装 PWS),客户端只需有一个普通的浏览器就可以了。

3. ASP 执行过程

ASP 的执行过程如图 3-1 所示,其大致工作流程是:客户端浏览器首先向服务器发送 ASP 文件请求,然后由服务器读取 ASP 文件内容,将要运行的 ASP 代码挑出来逐行解释执行,再将脚本的执行结果与静态 HTML 代码合并,形成最终的网页页面发送给客户端浏览器。具体来说,ASP 的执行过程包括以下几个步骤。

(1) 用户在浏览器的地址栏中输入一个 ASP 动态网页的 URL 地址,并按 Enter 键向 Web 服务器发送该 URL 地址对应的 ASP 文件请求;

(2) Web 服务器接收来自浏览器端的请求后,根据. asp 的后缀名判断这是 ASP 请求,并从硬盘正确的目录或内存中读取相应的 ASP 文件;

(3) 服务器端的 ASP 执行环境(应用程序扩展 asp. dll)从头至尾查找、解释并执行 ASP 文件中包含的服务器端脚本命令,即解释和执行“<%”和“%>”标记对以及<script language="脚本语言名称" runat="server">和</script>标记对之间的脚本(或代码),并将脚本的执行结果与静态 HTML 代码合并,形成一个最终的 HTML 文件(页面代码);

(4) Web 服务器将最终的 HTML 页面代码在 HTTP 响应中传送给客户端 Web 浏览器;

(5) 用户的客户端 Web 浏览器解释这些 HTML 页面代码并将结果显示出来。

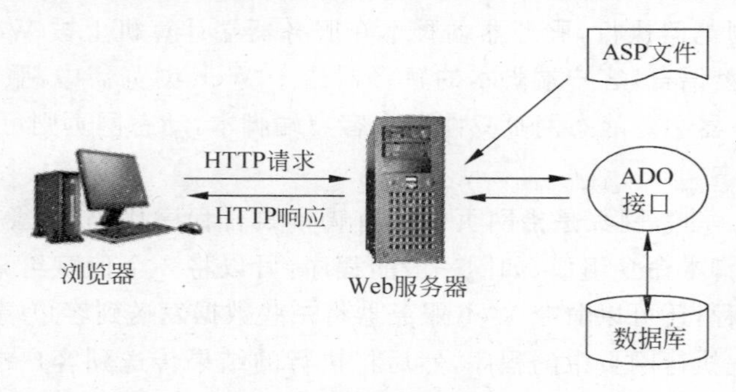

图 3-1 ASP 执行过程

4. ASP 的特点

ASP 是 Microsoft 公司开发的服务器端的脚本环境,是目前非常流行的开放式的 Web 服务器应用程序开发技术。ASP 既不是一种语言,也不是一种开发工具,而是一种技术框架,其主要功能是为生成动态、交互且高效的 Web 服务器应用程序提供一种功能强大的方法或技术。ASP 代码,包括所有嵌在普通 HTML 中的脚本程序,都将在服务器端执行。当程序执行完毕,服务器仅将执行的结果返回给客户端浏览器,从而减轻了客户端浏览器的负担,大大提高了交互的速度。ASP 具有以下一些特点:

(1) 使用 VBScript、JScript 等简单易懂的脚本语言,结合 HTML 代码,即可快速地完成网站的应用程序。

(2) 无须 compile 编译,容易编写,可在服务器端直接执行。

(3) 使用普通的文本编辑器,如 Windows 的记事本,即可进行编辑设计。

(4) 与浏览器无关,用户端只要使用可执行 HTML 的浏览器,即可浏览 Active Server Pages 所设计的网页内容。Active Server Pages 所使用的脚本语言(VBScript、JScript)均在 Web 服务器端执行,用户端的浏览器不需要能够执行这些脚本语言。

(5) ASP 能与任何 ActiveX Scripting 语言相容。除了可使用 VBScript 或 JScript 语言来设计外,还通过 plug-in 的方式,使用由第三方提供的其他脚本语言,譬如 REXX(即 Restructured Extended Executor)、Perl(即 Practical Extraction and Report Language)、Tcl(即 Tool Command Language)等。脚本引擎是处理脚本程序的 COM(Component Object Model)组件。

(6) ASP 的源程序,不会被传到客户浏览器,因而可以避免所写的源程序被他人剽窃,也提高了程序的安全性。

(7) 可使用服务器端的脚本来产生客户端的脚本。

(8) 组件导向(Object-oriented)。

(9) ActiveX Server Components(ActiveX 服务器元件)具有无限可扩充性。可以使用 Visual Basic、Java、Visual C++、COBOL 等编程语言来编写所需要的 ActiveX Server Component。

3.1.2 配置 ASP 运行环境

1. IIS 配置

安装 IIS 后,选择 Windows 桌面的"开始"菜单下的"控制面板",再依次双击"管理工具"、"Internet 信息服务",从而打开 Internet 信息服务控制台。然后,在"默认网站"名称上单击右键,选"属性"命令,再在"属性"对话框的各选项卡进行相关设置。例如,在"主目录"选项卡设置的界面如图 3-2 所示。

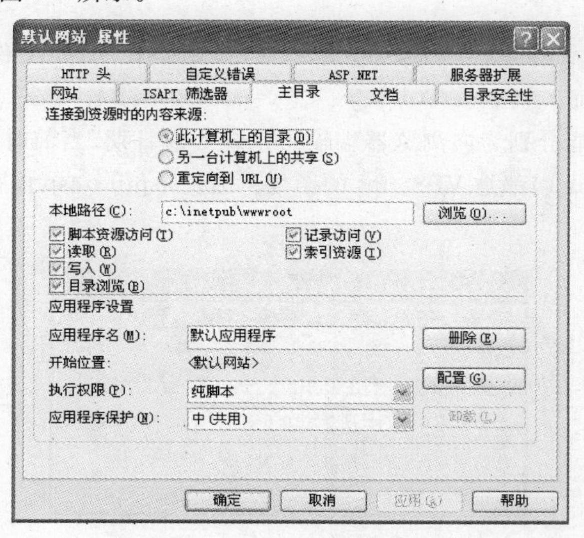

图 3-2 默认网站属性设置界面

2. 创建虚拟目录

在 Internet 信息服务控制台左侧的“默认网站”选项上单击右键，在弹出的快捷菜单中选择“新建”子菜单下的“虚拟目录”命令，即可按向导提示的步骤完成创建虚拟目录的操作。具体参见第 5.1 节“学生信息管理概述”。

3.1.3 ASP 程序

1. 创建 ASP 程序

ASP 文件的后缀是.asp，其中包含实现动态功能的 VBScript 或 JScript 语句，如果去掉那些 VBScript 或 JScript 语句，它和标准的 HTML 文件无任何区别。

在 ASP 程序中，脚本通过分隔符将文本和 HTML 标记区分开来。ASP 用分隔符“<%”和“%>”来包括脚本命令。

一个 ASP 文件中一般包含 HTML 标记、VBScript 或 JScript 语句的程序代码，以及 ASP 语法。

ASP 程序可用“记事本”或其他文本编辑软件进行编辑与保存，扩展名为.asp。例如，文件 aspfile.asp 中的内容如下：

```
<%@ Language = VBScript %>
<html>
<body>
您访问本页面的日期是<% = date() %>!<br>
您访问本页面的时间是<% = time() %>!<br>
您访问本页面的日期时间是<% = now() %>!
</body>
</html>
```

说明：<%@ Language=VBScript %>的作用是在 ASP 文件中指定本网页采用 VBScript 脚本语言，而<%=date()%>、<%=time()%>、<%=now()%>表示服务器运行的代码，其功能分别为向浏览器端输出系统当前日期、当前时间、当前日期时间，其中，date()、time()、now()都是 VBScript 的函数。假设 aspfile.asp 保存在主目录下，则运行结果如图 3-3 所示。

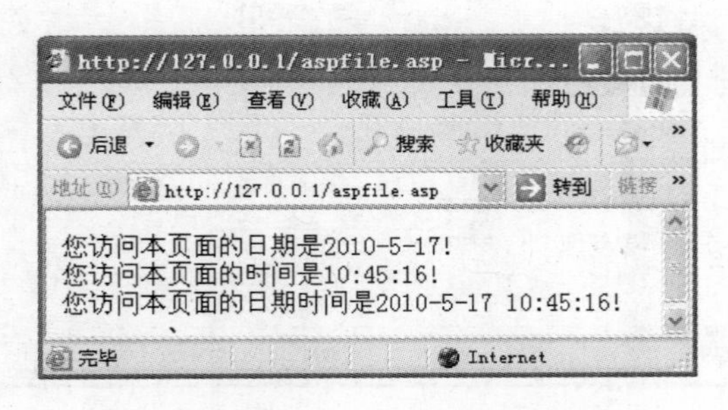

图 3-3 aspfile.asp 文件的运行结果

2. 编写ASP程序的注意事项

(1) 字母不分大小写;

(2) "<%"与"%>"的位置是相对随便的,可以和ASP语句放在一行,也可以单独成为一行;

(3) ASP语句必须分行书写,即每行只能写一个语句;

(4) ASP语句过长时,可以直接书写,使之自动换行(不按Enter键);也可在按Enter键之前加一下划线_,从而将一行写成多行。

(5) 在ASP中,使用rem或'符号来标记注释语句。

3.2 VBScript(ASP的脚本语言)

3.2.1 ASP和脚本语言

ASP支持多种脚本语言,但需要事先声明才能使用。声明ASP所使用的脚本语言,通常有三种方法。

1. 通过IIS指定一个默认的脚本语言

选择Windows XP桌面"开始"菜单下的"运行"命令,在出现的运行对话框中输入并执行inetmgr,可打开"Internet信息服务"控制台。在"Internet信息服务"控制台用鼠标右击网站名称,选"属性",在"主目录"选项卡单击"配置",再在"应用程序配置"的"选项"卡内将默认ASP语言设置为"VBScript"或"JScript"。系统默认的语言为VBScript。

2. 在ASP文件中加以声明

要为某个网页指定脚本语言(例如指定为VBScript),可在网页文件的开始部分使用语句<%@ language=VBScript %>,而且该语句必须放在所有其他语句之前。

3. 在<script>标记中加入所需的语言

指定网页中的某一部分采用特定的脚本语言,可使用<script language="脚本语言">与</script>标记对。例如,指定在服务器端执行VBScript代码,可用以下形式:

```
< script language = "VBScript" runat = "Server">
    …
</script >
```

指定VBScript代码在客户端执行,可用以下形式:

```
< script language = "VBScript">
    …
</script >
```

3.2.2 VBScript 的基本元素

1. 数据类型

VBScript 的数据类型为 Variant 型，也叫变体类型。大多数情况下，Variant 类型会按照最适用于其包含的数据的方式进行操作。如 a="1"，VBScript 会把 a 当成字符串对待，b=a+1 则自动将 a 转换为整数变量再参与运算。

Variant 类型细分为多种子类型：Empty、Null、Boolean、Byte、Integer、Currency、Long、Single、Double、Date、Time、String、Object、Error。

2. 运算符

算术运算符：+、-、*、/、\、Mod、^。

连接运算符：&。例如：

```
<% money = 56
   strTemp = "应收金额 = " & money
%>
```

关系运算符：>、<、>=、<=、<>、=。

逻辑运算符：Not、And、Or、Xor、Eqv、Imp。

优先顺序：算术>连接>关系>逻辑运算符。

3. 常量

常量是固定不变的数据，可以用 Const 声明。例如：<% const pi=3.1415926 %>。

4. 变量

变量是其数据值可以发生改变的量，可以用 Dim 声明变量。例如：<% Dim strName, strPassword, a %>。

可以用<% option explicit %>强制显式声明变量。例如：

```
<% @ language = VBScript %>
<% option explicit %>
<% Dim strUserName %>
```

5. 数组

可以用 Dim 声明数组。例如：Dim lngSum(19), intCounters(4,7)。

3.2.3 流程控制结构

1. 选择结构

选择结构有三种基本形式。第一种形式是，当条件成立时，执行语句序列，否则什么也不执行，其程序流程图和 N-S 图如图 3-4 所示，基本表示形式如下。

```
If 条件 Then
    语句序列
End If
```

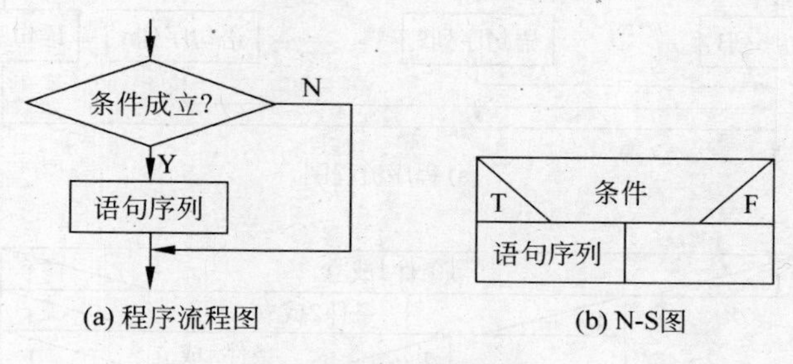

图 3-4 选择结构(一)

第二种选择结构的程序流程图和 N-S 图如图 3-5 所示,相应的 VBScript 语法结构如下:

```
If 条件 Then
    语句序列 1
Else
    语句序列 2
End If
```

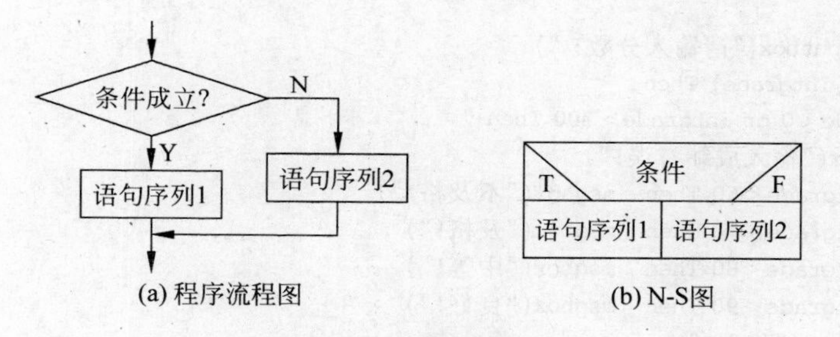

图 3-5 选择结构(二)

第三种选择结构的程序流程图和 N-S 图如图 3-6 所示,相应的 VBScript 语法结构如下:

```
If 条件 1  Then
    语句序列 1
ElseIf 条件 2  Then
    语句序列 2
...
ElseIf 条件 n  Then
    语句序列 n
Else
    语句序列 n + 1
End If
```

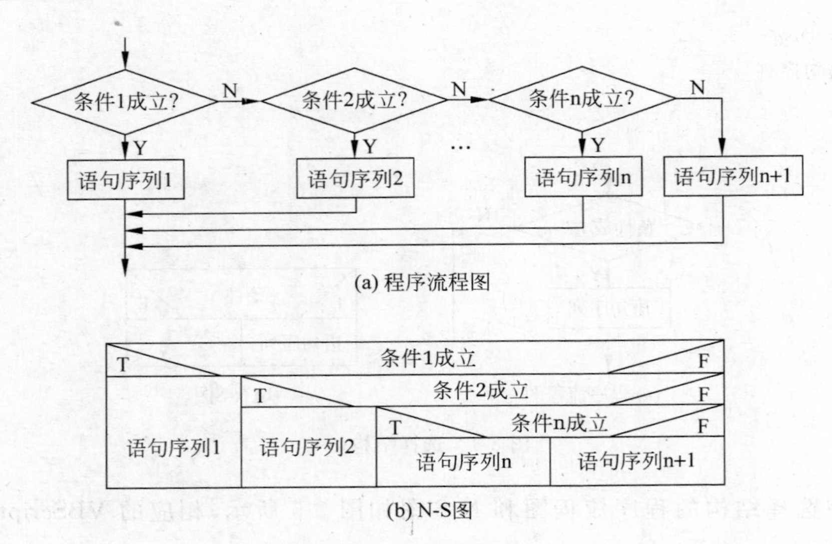

图 3-6 选择结构(三)

例如,在如图 3-7(a)所示的输入对话框中输入一个数值型数据,单击“确定”按钮,则运行结果如图 3-7(b)所示。实现此功能的文件为 chengji. htm,代码如下:

```
<html><body>
<script language="VBScript">
dim intgrade
intgrade=inputbox("请输入分数:")
If IsNumeric(intgrade) Then
   If intgrade<0 or intgrade>100 Then
      msgbox("输入成绩有误!")
   ElseIf intgrade<60 Then  msgbox("不及格!")
   ElseIf intgrade<70 Then  msgbox("及格!")
   ElseIf intgrade<80 Then  msgbox("中等!")
   ElseIf intgrade<90 Then  msgbox("良好!")
   Else  msgbox("优秀!")
   End If
Else
   msgbox("输入的不是分数,而是字符!")
End If
</script>
</body></html>
```

说明:chengji. htm 中的代码功能是,弹出输入对话框,从键盘输入数据后单击“确定”按钮,若输入的不是数值型数据,则在信息提示框中提示“输入的不是分数,而是字符!”;若输入的是数值型数据,则依据数值的大小,相应地提示输入成绩有误、不及格、及格、中等、良好、优秀。

<script language="VBScript">与</script>之间是 VBScript 脚本,dim intgrade 的作用是定义一个变量。intgrade=inputbox("请输入分数:")的作用是弹出输入对话框,从键盘输入数据后,单击“确定”按钮,输入的数据就保存至变量 intgrade 中。IsNumeric(intgrade)的功能是测试 intgrade 的值是否为一个数值型数据,如果是数值型数据则返回逻

辑真值。msgbox("输入成绩有误!")的作用是弹出"输入成绩有误!"的信息提示框,其余类推。

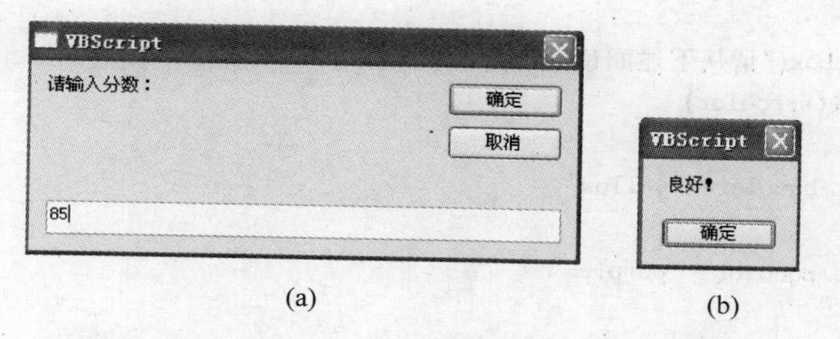

图 3-7 chengji. htm 的运行结果

2. 多分支选择语句

多分支选择结构的程序流程图和 N-S 图如图 3-8 所示,多分支选择语句格式对应如下。

```
Select Case 表达式
  Case 值 1
     语句序列 1
  Case 值 2
     语句序列 2
  ……
  Case 值 n
     语句序列 n
  Case Else
     语句序列 n + 1
End Select
```

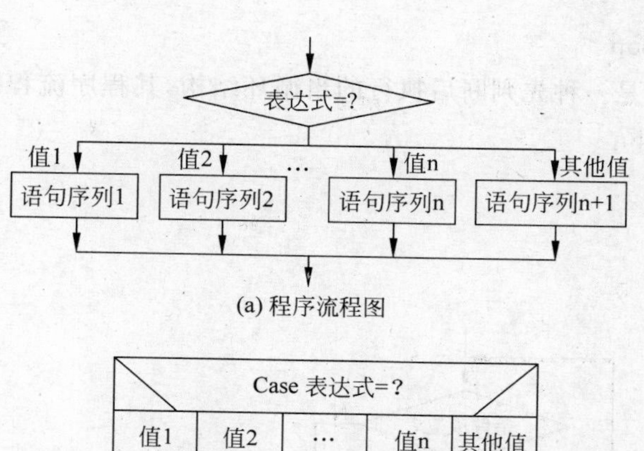

图 3-8 多分支选择结构

例如,在输入对话框输入"黄"、"紫"或"青"之一,单击"确定"按钮时,显示器背景颜色变成相应的颜色。实现此功能的文件为 beijingse. htm,其代码如下。

```
<html><body>
<script language="vbscript">
dim strcolor
strcolor = inputbox("请从下述颜色中任选一个输入：黄、紫、青")
select case trim(strcolor)
  case "黄"
      document.bgcolor = "yellow"
  case "紫"
      document.bgcolor = "purple"
  case "青"
      document.bgcolor = "teal"
  case else
      msgbox "输入有误"
end select
</script>
</body></html>
```

说明：本代码的功能是先弹出输入对话框，然后从键盘输入“黄”、“紫”、“青”中的任一个字，再单击输入对话框的“确定”按钮，即可将页面背景色设置为对应的颜色。如果输入的是其他字符，则提示“输入有误”。

strcolor＝inputbox("请从下述颜色中任选一个输入：黄、紫、青")的作用是弹出一个输入框，从键盘输入的内容被保存在变量 strcolor 中。trim(strcolor)的作用是将 strcolor 所表示的字符型数据的前导空格和尾部空格去掉。

3. 循环结构

1) do while … loop

do while … loop 是一种先判断后执行的当循环结构，其程序流程图和 N-S 图如图 3-9 所示。其语法结构如下：

```
do while 条件
    语句序列
loop
```

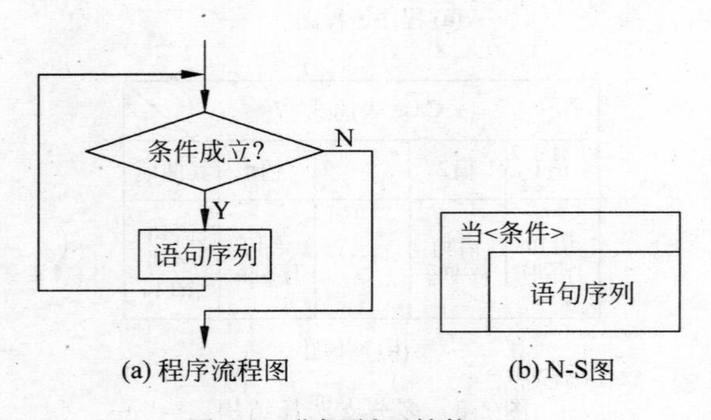

图 3-9 “当”循环结构(一)

例如，DoWhileLoop.asp 中的代码如下，其运行结果如图 3-10 所示。

```
<%
intnum = 1
do while intnum <= 5
  response.write "循环语句执行第" & intnum & "次循环<br>"
  intnum = intnum + 1
loop
%>
```

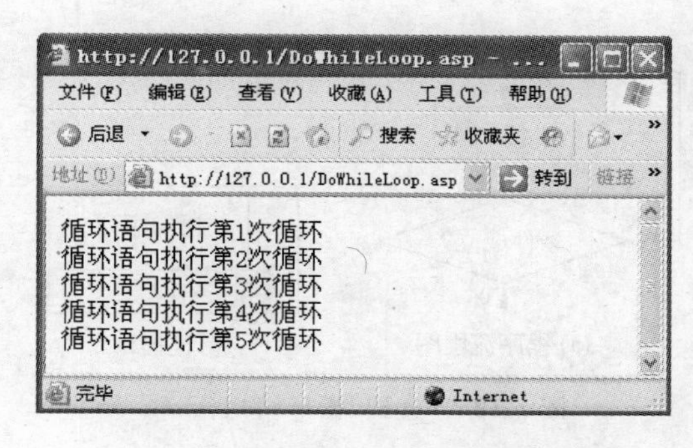

图 3-10 DoWhileLoop.asp 的执行结果

2) do … loop while

do … loop while 是一种先执行后判断的当循环结构，其程序流程图和 N-S 图如图 3-11 所示，其语法结构如下：

```
do
    语句序列
loop while 条件
```

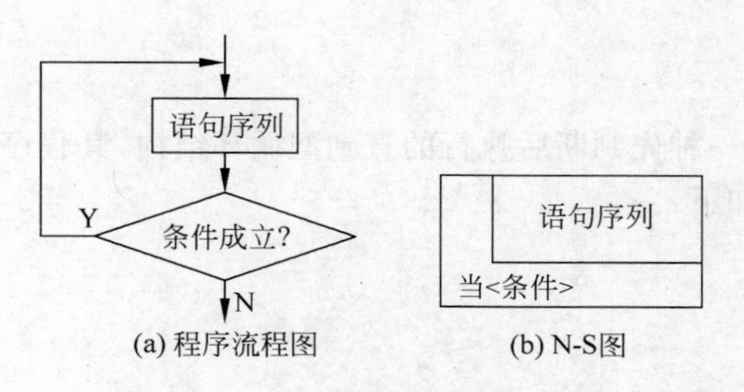

图 3-11 “当”循环结构(二)

例如，DoLoopWhile.asp 中的代码如下，其执行结果同图 3-10（DoWhileLoop.asp 的执行结果）。

```
<%
intnum = 1
do
  response.write "循环语句执行第" & intnum & "次循环<br>"
  intnum = intnum + 1
loop while intnum <= 5
%>
```

3）do … loop until

do … loop until 是一种先执行后判断的直到型循环结构，其程序流程图和 N-S 图如图 3-12所示，其语法结构如下：

```
do
    语句序列
loop until 条件
```

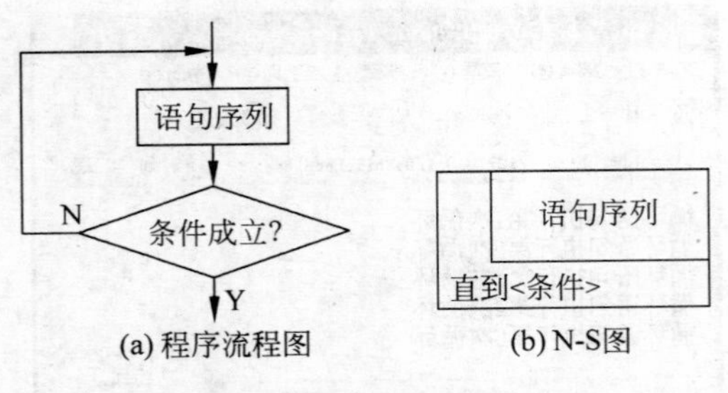

(a) 程序流程图　(b) N-S图

图 3-12 “直到”循环结构（一）

例如，DoLoopUntil.asp 中的代码如下，其执行结果同图 3-10（DoWhileLoop.asp 的执行结果）。

```
<%
intnum = 1
do
   response.write "循环语句执行第" & intnum & "次循环<br>"
   intnum = intnum + 1
loop until intnum > 5
%>
```

4）do until … loop

do until … loop 是一种先判断后执行的直到型循环结构，其程序流程图和 N-S 图如图 3-13 所示，其语法结构如下：

```
do until 条件
    语句序列
loop
```

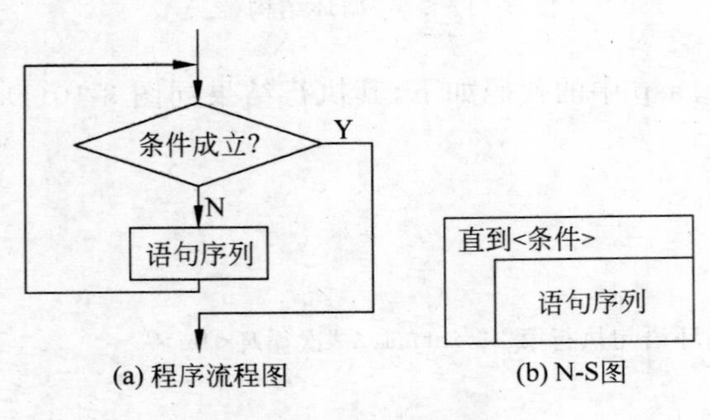

(a) 程序流程图　(b) N-S图

图 3-13 “直到”循环结构（二）

例如,DoUntilLoop.asp 中的代码如下,其执行结果同图 3-10(DoWhileLoop.asp 的执行结果)。

```
<%
intnum = 1
do until intnum > 5
   response.write "循环语句执行第" & intnum & "次循环<br>"
   intnum = intnum + 1
loop
%>
```

5) for 循环结构

for 循环是一种步长循环结构,其程序流程图和 N-S 图如图 3-14 所示,其语法结构如下:

```
for 变量 = 初值 to 终值 step 步长值
     语句序列
next
```

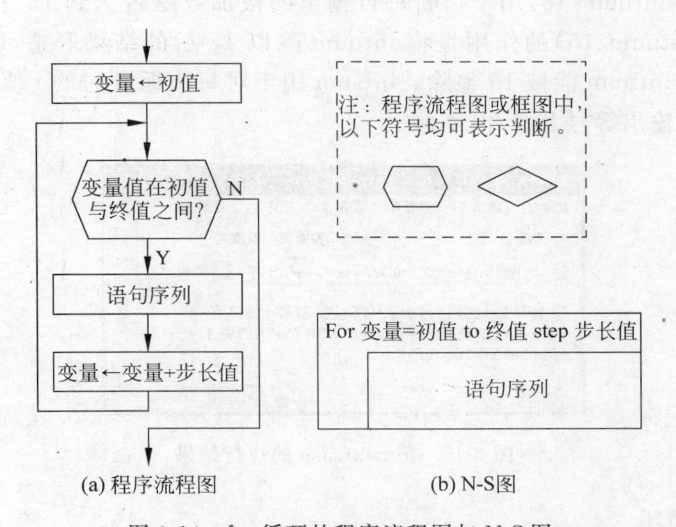

图 3-14 for 循环的程序流程图与 N-S 图

例如,利用 for … next 语句求 1+4+7+10+…+100 的值。要求输出结果中每行显示 15 个被加数,最后一行不超过 15 个被加数,如图 3-15 所示。该网页文件 fornext.asp 中的代码如下:

```
<%
dim i,chuzhi,zhongzhi,buchangzhi,intnum,intsum
chuzhi = 1              '初值
zhongzhi = 100          '终值
buchangzhi = 3          '步长值
intnum = 0              '循环次数
intsum = 0              '和
for i = chuzhi to zhongzhi step buchangzhi
   If i <> chuzhi Then
```

```
        response.write " + "
    End If
    response.write i
    intsum = intsum + i
    intnum = intnum + 1
    If intnum/15 = CInt(intnum/15) Then
        response.write "<br>"
    End If
next
response.write " = "
response.write intsum
%>
```

说明：dim 用于定义变量，' 表示注释，i 表示循环变量，for 循环前的语句用于对相关变量赋初值，第一次执行 for 循环时，输出 i 的值，即输出"1"（不包括引号，i＝chuzhi，chuzhi＝1）；以后每次执行 for 循环时都输出加号"＋"和 i 的值。每行的被加数达到 15 个后进行换行处理，即后面的被加数在下一行输出。If i＜＞chuzhi 用于判断循环变量是否为初值，If intnum/15＝CInt(intnum/15)用于判断每行输出的被加数是否达到 15 个，intnum 表示循环的次数，Cint(intnum/15)的作用是将 intnum 除以 15 后的结果取整，intnum/15＝CInt(intnum/15)表示 intnum 能被 15 整除。intsum 用于对每次循环时的 i 值进行累加，for … next 循环结束后，输出等号及总和。

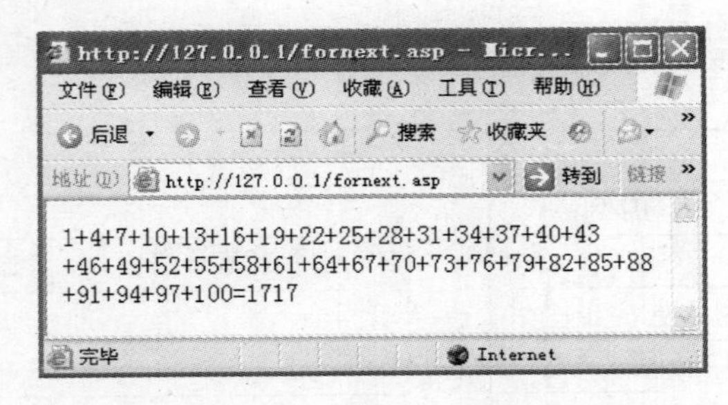

图 3-15 fornext.asp 的执行结果

6）for each 循环

for each 循环的作用是针对指定的数组或对象集合中的每一个元素，重复执行循环体中的语句序列，其语法结构如下：

```
for each 元素 in 集合
    语句序列
next
```

例如，文件 foreach.asp 的执行结果如图 3-16 所示，foreach.asp 中的内容如下：

```
<OL>
<% for each k in request.servervariables %>
<li><b><% = k %>=</b><% = request.servervariables(k) %>
<% next %>
</OL>
```

说明：servervariables 是 request 对象的集合之一，服务器可根据 request. servervariables 集合获取所需信息，以便做出不同的反应。上述代码的功能是以符号列表的形式显示 request. servervariables 集合包含的所有成员及相应的值，k 是 request. servervariables 集合中的元素（被称为环境变量），＜％＝k％＞也可写成＜％response. write k％＞。对应元素（环境变量）的值可以用 request. servervariables（k）表示，＜％＝request. servervariables(k)％＞可写成＜％response.write request.servervariables(k)％＞。

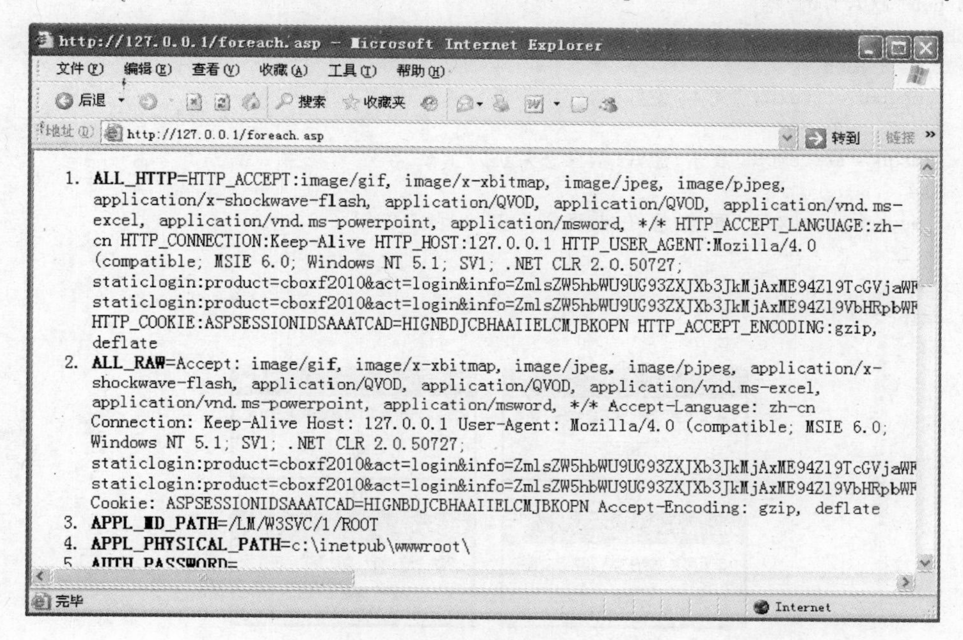

图 3-16　foreach. asp 的执行结果

3.2.4　过程与函数

1. sub 过程

过程是用来执行特定任务的独立的程序代码，可以由 sub 和 end sub 来定义，其基本语法结构如下：

```
sub 过程名(参数 1,参数 2,…)
    …
end Sub
```

其中，参数用于在调用程序和被调用过程之间传递信息，可以是常数、变量或表达式。即使不传递参数，过程名后的圆括号也不能省略。在 sub 过程中，可以在需要的地方使用 exit sub 语句退出 sub 过程。

在程序中，可以调用定义好的 sub 过程。调用 sub 过程可以使用以下两种方式之一：

- call 过程名(参数 1,参数 2,…)
- 过程名 参数 1,参数 2,…

其中，参数与 sub 过程中定义的参数在数据类型、顺序上对应一致。例如，subendsub.

asp(或 subendsub. htm)的运行结果如图 3-17 所示，subendsub. asp(或 subendsub. htm)中的代码如下：

```
<script language = "VBScript">
call output("张三",1,"一")
output "李四",2,"三"
call output("王五",0,"二")
output "赵六",0,"特"
sub output(strtext,i,k)
  If i = 1 Then
    msgbox strtext + "先生：您好！恭喜您荣获" + k + "等奖"
  ElseIf i = 2 Then
    msgbox strtext + "女士：您好！恭喜您荣获" + k + "等奖"
  Else
    msgbox strtext + "同志：您好！恭喜您荣获" + k + "等奖"
  End If
end sub
</script>
```

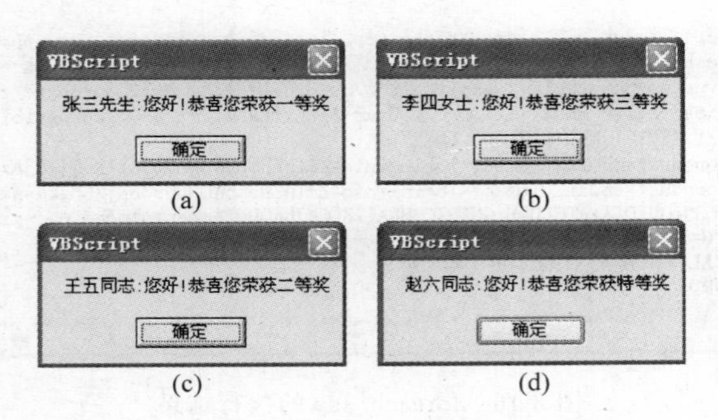

图 3-17 subendsub. asp 的运行结果

2. Function 函数

函数和过程一样，是用来执行特定功能的独立的程序代码，但函数被调用时会返回一个值。函数由 Function 和 End Function 定义，其基本语法结构如下：

```
Function 函数名(参数 1,参数 2, …)
    …
    函数名 = 表达式
    …
End Function
```

其中，参数是函数调用时传递的常数、变量或表达式，不传递参数时函数名后面的圆括号不能被省略，“函数名＝表达式”用于为函数设置返回值，可以使用 Exit Function 语句从需要的地方退出 Function 函数。

函数可以被调用，调用时直接引用函数名和对应的参数即可，即：函数名(参数 1，参数 2，…)。注意参数要放在一对圆括号中，并与 Function 定义的函数名及其参数在数量、顺序及类型上保持一致。调用 Function 函数并将返回值赋给变量，只能采用以下形式：

变量 = 函数名(参数 1,参数 2,…)

例如,FunctionEndfunction. asp(或 FunctionEndfunction. htm)的执行结果如图 3-18 所示,FunctionEndfunction. asp(或 FunctionEndfunction. htm)中的代码如下:

```
<Script Language = "VBScript">
temperature = inputbox("请输入华氏温度: ")
MsgBox "温度为"&celsius(temperature)&"摄氏度"
function Celsius(fdgrees)
    celsius = (fdgrees - 32) * 5/9
end function
</Script>
```

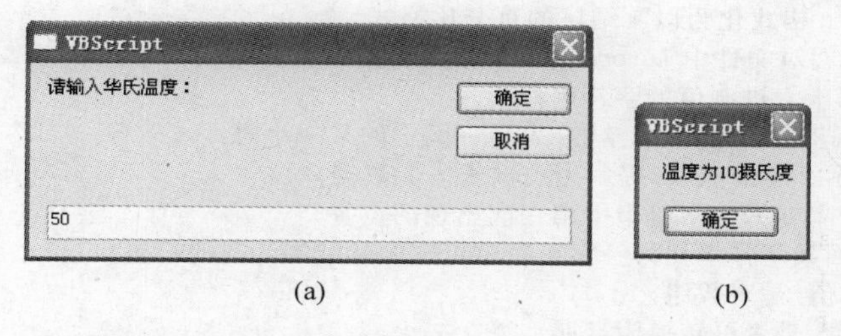

(a) (b)

图 3-18 FunctionEndfunction. asp 的执行结果

说明:若不能正常运行,请在 IE 浏览器的“工具”菜单下选择“Internet 选项”,在出现的“Internet 选项”对话框,选择“安全”选项卡,选中 Internet 图标后,单击“自定义级别”按钮,再在出现的“安全设置-Internet 区域”对话框,将“设置”区域“脚本”下的“允许网站使用脚本窗口提示获得信息”设置为“启用”,以后根据信息提示框的内容单击“确定”或“是”按钮即可。

3.2.5 VBScript 函数

现将 VBScript 提供的函数及其功能简要概括如下:

Abs():绝对值;
Array():数组;
Asc():与字符串第一个字母相关的 ANSI 字符编码;
Atn():反正切;
Cbool():布尔值;
Cbyte():转换为 Byte 子类型;
Ccur():转换为 Currency 子类型;
Cdate():转换为 Date 子类型;
Cdbl():转换为 Double 子类型;
Chr():返回 ASCII 对应的字符;
Cint():转换为 Integer 子类型;
CLng():转换为 Long 子类型;
Cos():余弦;
CreateObject():创建并返回对象实例;
Csng():转换为 Single 子类型;
Cstr():转换为 String 子类型;
Date():当前系统日期;

DateAdd(): 返回已添加指定时间间隔的日期;
DateDiff(): 返回两个日期间的时间间隔;
DatePart(): 返回给定日期的指定部分;
DateSerial(): 使用指定的年、月、日返回 Date 子类型;
DateValue(): Date 子类型;
Day(): 1～31 之间的一个整数,表示某月中的一天;
Eval(): 计算表达式的值并返回结果;
Exp(): e 的幂次方;
Filter(): 返回下标从 0 开始的数组;
Int()、Fix(): 数字的整数部分;
FormatCurrency(): 格式化为货币值;
FormatDateTime(): 格式化日期或时间;
FormatNumber(): 格式化一个数值;
FormatPercent(): 格式化为以 % 结尾的百分比格式;
GetObject(): 返回对文件中 Automation 对象的引用;
Hex(): 返回表示十六进制值的字符串;
Hour(): 返回 0～23 之间的一个整数,表示一天中的某一小时;
InputBox(): 显示一个输入框,提示用户输入一个数据;
InStr(): 某字符串在另一字符串中第一次出现的位置;
InStrRev(): 返回某字符串在另一字符串中出现的从结尾计起的位置;
IsArray(): 布尔值,是否数组;
IsDate(): 布尔值,是否可转换为日期;
IsEmpty(): 是否为空;
IsNull(): 是否包含无效的数据;
IsNumeric(): 是否为数字;
IsObject(): 是否引用了有效的对象;
Join(): 将数组中的多个子字符串合成一个字符串;
LBound(): 返回数组某一维的下界;
LCase(): 返回字符串的小写形式;
Left(): 返回指定数目的从字符串的左边算起的字符;
Len(): 返回字符串内字符的数目;
LoadPicture(): 返回图片对象;
Log(): 自然对数;
Ltrim()、Rtrim()、Trim(): 分别截去字符串前导空格、尾部空格、前导与尾部空格;
Mid(): 返回从字符串中某个位置开始的指定数目的字符;
Minute(): 返回 0～59 之间的一个整数,分钟数;
Month(): 1～12 之间的一个整数,月数;
MonthName(): 代表指定月份的字符串;
MsgBox(): 返回一个信息对话框;
Now(): 系统当前的日期和时间值;
Oct(): 返回表示数字八进制值的字符串;
Replace(): 将字符串内的子字符串替换为指定的串;
RGB(): 代表 RGB 颜色值的整数;
Right(): 从字符串右边返回指定数目的字符;
Rnd(): 返回一个随机数;
Round(): 返回按指定位数四舍五入后的数值;
ScriptEngine(): 返回代表当前使用的脚本程序语言的字符串;
Second(): 0～59 之间的一个整数,秒数;
Sgn(): 表示数字符号的整数;
Sin(): 正弦;
Space(): 由指定数目的空格组成的字符串;
Split(): 基于 0 的一维数组,其中包含指定数目的子字符串;
Sqr(): 平方根;

StrComp()：比较两字符串，并返回比较结果；
String()：返回指定长度、重复字符组成的字符串；
StrReverse()：将字符串反序排列输出；
Tan()：正切；
Time()：当前的系统时间；
Timer()：午夜 12 时以后已经过去的秒数；
TimeSerial()：含指定时、分、秒的时间；
TimeValue()：包含时间的 Date 子类型；
TypeName()：返回一个变量的子类型信息；
UBound()：返回数组某一维的上界；
UCase()：返回字符串的大写形式；
VarType()：返回表示变量子类型的整数；
Weekday()：返回表示一星期中某天的整数；
WeekdayName()：字符串，表示一星期中指定的某一天；
Year()：返回一个代表某年份的整数。

3.3　利用 SQL 和 ODBC 数据源操作数据库

SQL 即结构化查询语言(Structured Query Language)，是一种功能较齐全的数据库语言，目前的多数数据库管理系统都支持 SQL 或提供 SQL 接口。利用 SQL 可以在数据库中建立数据表，可以在数据表中添加、更新、查询、删除记录，可以进行统计与计算操作，还可以在事务处理中执行相关操作。为了在 ASP 中执行这些操作，可以为相关数据库建立 ODBC 系统数据源。

3.3.1　建立数据库和 ODBC 数据源

1. 建立 db1.mdb 数据库

假定要为文件名为 db1.mdb 的学生数据库建立 ODBC 系统数据源。可以在 E:盘根目录下建立 student 文件夹，利用 Access 在 E:\student 目录下建立数据库文件 db1.mdb。

2. 为 db1.mdb 建立名为 xuesheng 的 ODBC 系统数据源

假定要为 db1.mdb 建立名为 xuesheng 的 ODBC 系统数据源。可以从 Windows XP 桌面的“开始”菜单中选“控制面板”，在出现的控制面板窗口双击“管理工具”图标，再在出现的管理工具窗口双击“数据源(ODBC)”快捷方式图标，在弹出的“ODBC 数据源管理器”窗口选择“系统 DSN”选项卡，然后单击“添加”按钮，在出现的“创建新数据源”对话框选择“Microsoft Access Driver (*.mdb)”，如图 3-19 所示；再单击“完成”按钮，则出现“ODBC Microsoft Access 安装”对话框，输入数据源名 xuesheng，并单击数据库区域的“选择”按钮，在出现的“选择数据库”对话框中依次选择驱动器(如 E:盘)、目录(如 e:\student)和数据库名(如 db1.mdb)，如图 3-20 所示；单击“确定”按钮后返回“ODBC Microsoft Access 安装”对话框，再单击“确定”按钮返回到“ODBC 数据源管理器”窗口，如图 3-21 所示；最后再单击“确定”按钮完成 ODBC 数据源的设置。设置完成后，就可以在 ASP 文件中用 xuesheng 表示数据库文件 E:\student\db1.mdb 对应的数据源。

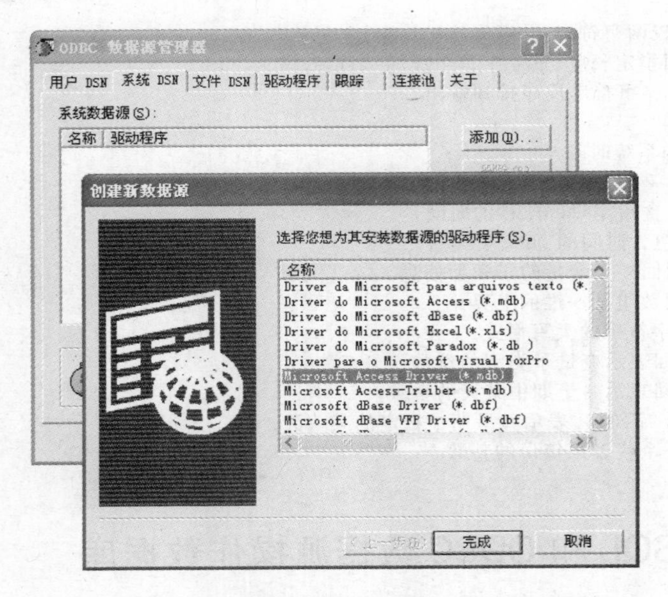

图 3-19 ODBC 数据源管理器和创建新数据源对话框

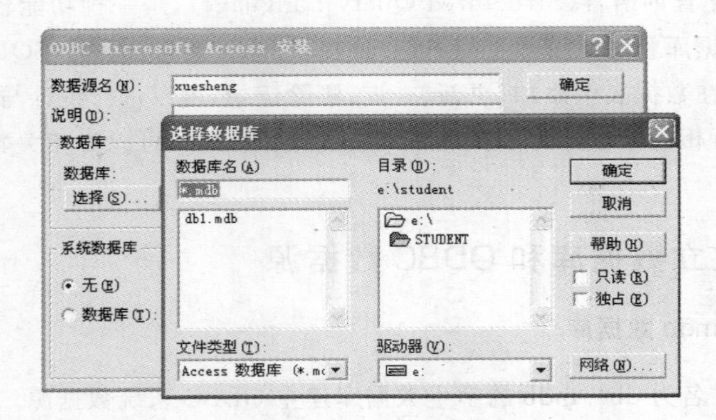

图 3-20 ODBC Microsoft Access 安装和选择数据库对话框

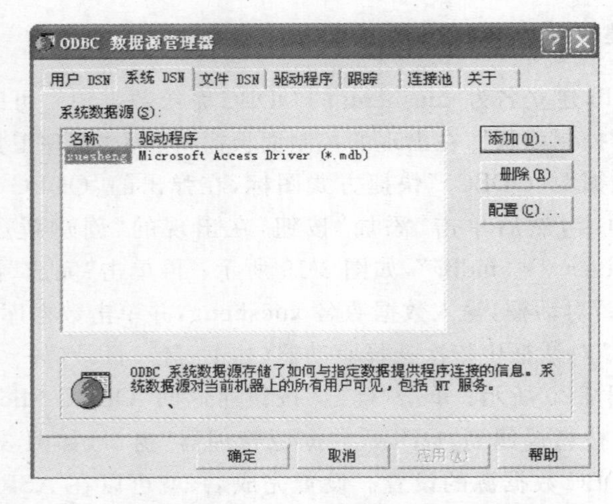

图 3-21 已设置系统 DSN 后的 ODBC 数据源管理器窗口

3.3.2 建立数据表

(1) 格式：Create table 表名(字段 数据类型(宽度),字段 数据类型,…)。

(2) 功能：建立数据表的结构，在打开数据库的情况下建立的是数据库表。

(3) 注意：一方面，如果在某字段的"数据类型(宽度)"后面标明 primary key，即可将该字段设置为主键，被设置为主键的字段在数据表中不允许出现重复的值；另一方面，有些数据类型(如文本型或称字符型)应注明宽度，有些数据类型(如逻辑型和日期/时间型)不需定义宽度。利用 SQL 建立数据表时，字段的数据类型在不同种类数据库中的表示方法有所不同。在 ASP 中利用 SQL 建立 Access 数据库表时，其常用的数据类型及表示方法如表 3-1 所示。

表 3-1 在 ASP 中利用 SQL 创建 Access 数据库表的常用字段类型

数据类型	类型标识	说明
文本	Char、Text	一般需定义字段大小，如 char(11)表示字段大小为 11。字段大小缺省时默认为 255
日期/时间	Date、Time、Datetime	
数字	Byte	字节
	Short、Smallint	整型
	Integer	长整型
	Single、Real	单精度型
	Numeric、Double、Float	双精度型
货币	Currency、Money	
是/否	Logical、Bit	
备注	Memo	
自动编号	Counter	
OLE 对象	Oleobject	
二进制	Binary	

(4) 例：建立名为 stu 的数据表。

```
create table stu(xh char(11),xm char(4),xb char(1) ,csrq date,dhhm char(8))
```

(5) 在 db1.mdb 数据库中建立 stu 表，其 ASP 网页文件 createDBtable.asp 中的代码如下：

```
<%
set conn = server.createobject("adodb.connection")
conn.open "xuesheng"
strSQL = "create table stu(xh char(11) primary key,xm char(4),xb char(1)"
strSQL = strSQL&",csrq date,dhhm char(8))"
conn.execute(strSQL)
%>
```

说明："<%"与"%>"是 ASP 特有的脚本标记，由于文件 createDBtable.asp 中没有声明所使用的脚本语言，所以被认为使用默认的脚本语言(本书使用的默认的脚本语言为

VBScript)。

set conn= server. createobject (" adodb. connection") 的作用是利用 Server 对象的 CreateObject 方法建立连接对象 conn。

conn. open "xuesheng"的作用是使用 DSN 建立 conn 与数据库的连接,使用这种方法连接数据库的前提是建立了 ODBC 数据源,而且所建立的系统数据源的名称是 xuesheng。该语句也可以写成 conn. open "dsn= xuesheng"。如果没有建立 ODBC 系统数据源,可用以下语句形式之一建立与数据库的连接:

- conn. open "dbq="&server. mappath("db1. mdb")&";driver={Microsoft Access Driver (*. mdb)}"
- conn. open "dbq=e:\student\db1. mdb"&";driver={Microsoft Access Driver (*. mdb)}"

conn. execute(strSQL)的作用是利用连接对象的 execute 方法执行 strSQL 所对应的 SQL 命令,strSQL 是一个命令字符串。这里,strSQL="create table stu(xh char(11) primary key,xm char(4),xb char(1),csrq date,dhhm char(8))",该命令串对应的 SQL 命令的作用是创建 stu 数据表,包含字段 xh、xm、xb、csrq、dhhm,分别对应于学生的学号、姓名、性别、出生日期、电话号码,其中 xh(学号)被设置为主键,除出生日期为日期型数据外,其余均为文本(或字符)型。对于文本型字段,一般需要定义字段大小,Access 数据库中每个汉字、字符、数字等的字段大小均按 1 计算,ASP 文件中文本型字段大小缺省时默认为 255。

3.3.3 添加记录

(1) 格式:insert into 表名(字段 1,字段 2,…) Values(值 1,值 2,…)。

(2) 功能:向“表名”对应的数据表中添加一条新记录。

(3) 注意:值的数据类型与相应字段的数据类型一致,主键对应的数据值不能重复。

(4) 例:向 stu 表中添加一条新记录

```
insert into stu(xh,xm,xb,csrq,dhhm)
values("20090301003","李鹏", "男",#1991-8-8#,"01010101")
```

(5) 向 stu 表中添加记录的 ASP 网页文件 stuAdd. asp 中的代码如下:

```
<%
set conn = server.createobject("adodb.connection")
conn.open "xuesheng"
strSQL = "insert into stu(xh,xm,xb,csrq,dhhm)"
strSQL = strSQL + "values('20090301003','李鹏', '男',#1991-8-8#,'01010101')"
conn.execute(strSQL)
%>
```

说明:

在语句 conn. execute(strSQL)中,strSQL="insert into stu(xh,xm,xb,csrq,dhhm) values('20090301003','李鹏','男',#1991-8-8#,'01010101')",其中,命令字符串可以拆分成两个或多个较短的字符串,然后用连接运算符“&”或“+”(不包括引号)连接起来。日期

数据两边应使用“＃”号括住，用引号括住的数据一般为字符串，但 VBScript 会根据代码的上下文自动转换为所需要的类型。例如：＃1991-8-8＃在这里也可以表示成'1991-8-8'（注意，嵌套在双引号中的引号要写成单引号的形式），由于该数据对应于 csrq（出生日期）字段，在 stu 表中被定义为“日期/时间”类型，所以即使是表现为字符型数据，也会自动转化为日期。

运行 stuAdd.asp 时，要确保 stu 表中没有学号为 20090301003 的记录。

3.3.4 更新记录

（1）格式：update 表名 set 字段 1＝值 1，字段 2＝值 2，… where 条件。

（2）功能：按某个条件更新特定表中的字段值，如不含 where 子句，则更新表中全部记录相关字段的值。

（3）注意：一定要记住使用 where 指定更新条件，否则更新全部记录。另外，值与相应字段的数据类型要保持一致，更新主键的值时不能与表中重复。

（4）例：将 stu 表中学号为 20090301003 的记录的出生日期和电话号码进行修改。

```
update stu set csrq = ＃1990 - 1 - 2＃,dhhm = "67781212" where xh = "20090301003"
```

（5）修改 stu 表中学号为 20090301003 的记录的出生日期和电话号码，其 ASP 文件 stuUpdate.asp 中的代码如下：

```
<%
set conn = server.createobject("adodb.connection")
conn.open "xuesheng"
strSQL = "update stu set csrq = ＃1990 - 1 - 2＃,dhhm = '67781212'"
strSQL = strSQL + "where xh = '20090301003'"
conn.execute(strSQL)
%>
```

3.3.5 查询记录

1. 常用格式一

（1）格式：select * from 表名 where 条件。

（2）功能：查找表中满足条件的记录。

（3）例：查找 stu 表中男性学生的记录。

```
select * from stu where xb = "男"
```

2. 常用格式二

（1）格式：select 字段 1，字段 2，… from 表名 where 条件。

（2）功能：查找表中满足条件的记录，并挑选出相关的列。

（3）例：查找 stu 表中男性学生对应的学号、姓名和电话号码。

```
select xh,xm,dhhm from stu where xb = "男"
```

3. 常用格式三

(1) 格式：select * from 表名 where 条件 order by 字段 1,字段 2 desc,…

(2) 功能：查找表中满足条件的记录,并按字段 1 排序,字段 1 的值相同的记录再按字段 2 排序,desc 表示降序,asc 表示升序,默认为升序,其余类推。

(3) 例：查找 stu 表中男性学生的记录,并按姓名降序排序,姓名相同按学号升序排序

```
select * from stu where xb = "男" order by xm desc, xh asc
```

(4) 查找并输出 stu 表中男性学生的记录,并按姓名降序排序,姓名相同按学号升序排序,其 ASP 文件 stuSelect.asp 中的代码如下：

```
<%
set conn = server.createobject("adodb.connection")
conn.open "xuesheng"
strSQL = "Select * from stu where xb = '男' order by xm desc, xh asc"
Set rs = conn.execute(strSQL)
Do While Not rs.eof
  response.write rs("xh")&","&rs("xm")&","&rs("xb")
  response.write ","&rs("csrq")&","&rs("dhhm")
  response.write "<BR>"
  rs.movenext
Loop
%>
```

说明：Set rs=conn.execute(strSQL)的作用是执行 strSQL 对应的查询命令,并返回一个记录集对象,该对象中包含查询到的全部记录。Do While Not rs.eof … Loop 是循环语句结构,当记录指针没有指向记录集文件尾时执行循环体,其中 Not rs.eof 表示记录指针没有遇到记录集的文件尾,response.write 的作用是向浏览器端输出其后表达式的值,rs("xh")表示记录集对象中当前记录的 xh(学号)字段的值,其余字段以此类推,& 是连接运算符,
表示换行,rs.movenext 的作用是将指针移向下一条记录。

3.3.6 删除记录

(1) 格式：delete from 表名 where 条件。

(2) 功能：删除特定表中满足条件的记录。

(3) 例：删除 stu 表中学号为 20090301003 的记录

```
delete from stu where xh = "20090301003"
```

(4) 删除 stu 表中学号为 20090301003 的记录,其 ASP 文件 stuDelete.asp 中的代码如下：

```
<%
set conn = server.createobject("adodb.connection")
conn.open "xuesheng"
strSQL = "delete from stu where xh = '20090301003'"
conn.execute(strSQL)
%>
```

3.3.7 统计与计算

1. 不分组统计与计算

(1) 格式：select 表达式 1，表达式 2，… from 表名 where 条件。

(2) 功能：对数据表内满足 where 子句限定的条件的记录进行统计、汇总或相关计算。格式中也可不含“where 条件”子句，这时就会在数据表的全部记录范围内分别进行统计、汇总或计算。格式中的表达式可以包含以下函数：

```
count( * )或 count(字段)：统计满足条件的记录数；
sum(数值型字段)：计算满足条件的记录在指定的数值型字段上的和；
avg(数值型字段)：计算满足条件的记录在指定的数值型字段上的平均值；
max(数值型字段)：求满足条件的记录在指定的数值型字段上的最大值；
min(数值型字段)：求满足条件的记录在指定的数值型字段上的最小值。
```

2. 分组统计与计算

(1) 格式：select 字段，表达式 1，… from 表名 group by 字段 having 条件。

(2) 功能：对数据表按指定字段进行分组，再对各组内符合 having 子句限定的条件的记录进行统计、汇总或相关计算。格式中也可不含“having 条件”子句，这时就会在各组的全部记录范围内分别进行统计、汇总或计算。格式中的表达式可以包含以下函数：

```
count( * )或 count(字段)：统计组内符合条件的记录数；
sum(数值型字段)：计算各组内符合条件的记录在指定的数值型字段上的值的和；
avg(数值型字段)：计算各组内符合条件的记录在指定的数值型字段上的值的平均值；
max(数值型字段)：求各组内符合条件的记录在指定的数值型字段上的最大值；
min(数值型字段)：求各组内符合条件的记录在指定的数值型字段上的最小值。
```

(3) 例：参见第 6.3.6 节“图书信息的分类汇总、统计与计算”。

3.3.8 事务处理

事务是服务器的一种整体成功或整体失败的操作，事务处理用于对数据库进行可靠的更新。在对数据库进行多个更改操作或同时更改多个数据表时，需要保证这些更改都能被正确执行，若任何一个更改失败，都需要恢复到数据表的原始状态。

例如，一个事务包括删除记录和添加记录两个操作，这两个操作作为一个整体需要都被正确执行，或者都不被执行。事务处理文件 shiwuchuli.asp 中的代码如下：

```
<% dim conn,strconn
strconn = "DBQ = "&server.mappath("db1.mdb")
strconn = strconn&";Driver = {Microsoft Access Driver ( * .mdb)}"
set conn = server.createobject("adodb.connection")
conn.open strconn
on error resume next
conn.BeginTrans
strSQL = "delete from stu where xh = '20090102010'"
conn.execute(strSQL)
```

```
strSQL = "insert into stu(xh,xm,xb,csrq,dhhm) values ('20090102010',"
strSQL = strSQL&"'赵灵儿','女','1991 - 10 - 10','67783333')"
conn.execute(strSQL)
If conn.Errors.count = 0 Then
   conn.commitTrans
   response.write "commitTrans:更新,Error:"&conn.errors.count
Else
   conn.RollBackTrans
   response.write "RollBackTrans:没更新,Error:"&conn.errors.count
End If
%>
```

说明：

(1) dim conn,strconn 的作用是显式声明两个变量，conn 是连接对象，strconn 是连接字符串。conn.open strconn 用于建立与数据库的连接。

(2) on error resume next 是错误跳转语句，其作用是忽略程序中的错误，自动执行下一条语句。这样，程序即使出现错误，也不会终止 ASP 的运行，用户也不会看到出错信息。

(3) conn.BeginTrans 方法用于开始一个新的事务。

(4) strSQL="delete from stu where xh='20090102010'"是删除学号为 20090102010 的记录的命令串，其后的 conn.execute(strSQL)执行删除操作。

(5) strSQL="insert into stu(xh,xm,xb,csrq,dhhm) values ('20090102010', '赵灵儿','女', '1991-10-10','67783333')"是向 stu 表中添加新记录的命令串，其后的 conn.execute(strSQL)执行添加数据的操作。本例中的删除数据和添加数据操作作为一个整体被认为是一个事务。

(6) conn.Errors.count 属性用来指出连接对象的 Errors 集合目前所包含的 Error 对象的个数。每当错误发生时，都会有一个或多个 Error 对象被放置到连接对象的 Errors 集合中。conn.Errors.count=0 表示没有发生 ADO 操作错误。

(7) 当 ADO 操作没有产生错误时，保存更改，并向浏览器端输出“commitTrans：更新，Error:0”，否则，执行取消更改操作(即放弃事务)，并向浏览器端输出“RollBackTrans:没更新,Error:1”之类的提示。conn.commitTrans 方法的作用是保存任何更改并结束当前事务，conn.RollBackTrans 方法的作用是取消当前事务中所作的任何更改并结束事务。

思考题

1. 什么是动态网页，主流的动态网页开发技术有哪几种？

2. 什么是 ASP，其执行过程或大致工作流程是什么？

3. 如何创建和运行 ASP 程序，编写 ASP 程序时需注意什么？

4. 什么是脚本和脚本语言，ASP 中可以使用的脚本语言有哪几种，系统默认的脚本语言是什么，如何声明所使用的脚本语言？

5. VBScript 中包含哪些数据类型和子类型，有哪些运算符，如何声明常量、变量和数组？

6. VBScript 中表示选择结构、循环结构的各种基本语法格式是什么，各有什么功能？

7. 过程和函数有何不同，如何在 VBScript 中定义、使用过程和函数？函数 Date()、Time()、Day()、Now()、Cdate()、Cint()、Csng()、Cstr()、IsDate()、IsEmpty()、IsNull()、IsNumeric()、Int()、Trim()、Len()、Space()、Rnd()、UCase()、InputBox()、MsgBox()、CreateObject()分别有什么作用？

8. 什么是 SQL，具有哪些主要功能？

9. 如何理解事务和事务处理？

10. 已知学生选课数据库 xsxk.mdb 中包含课程表 kecheng，表的结构如表 1-24 所示(见第 1 章思考题第 10 题)。首先，建立 ODBC 系统数据源，数据源名为 course，对应于数据库 xsxk.mdb。然后，设计 ASP 程序代码，实现以下功能：

(1) 向 kecheng 表中添加一条新记录，课程号、课程名、任课教师、学分、学期的值分别为 K1001、大学英语、张三、2、1；

(2) 将 kecheng 表中课程号为 K1001 的记录的学分修改为 2.5；

(3) 查询 kecheng 表中任课教师为"张三"的记录；

(4) 删除 kecheng 表中课程号为 K1001 的记录；

(5) 作为一个事务，先删除课程号为 K1002 的记录，再增加课程号为 K1002、课程名为"经济法"、任课教师为"王五"、学分为 2、学期为 4 的记录，若其中一个操作未能成功执行，则将数据恢复到事务执行前的状态。

第4章 ASP相关对象和组件

4.1 Request 对象和 Response 对象

4.1.1 Response 对象的基础知识及应用

1. Response 对象的方法

1) Response. Write 方法：将输出传送至浏览器端

Write 方法是 Response 对象中最常用的方法之一，它可以把处理结果发送到用户端的当前页面，基本用法是：

```
<% response.write "字符串数据或表达式" %>
<% response.write #日期型数据或表达式# %>
<% response.write 数值型数据或表达式 %>
<% response.write 关系表达式 %>
<% response.write "HTML 标记符" %>
```

其中，response. write 后面的数据或表达式两边也可以用圆括号括住，如<% response. write "字符串数据或表达式" %>也可表达为<% response. write("字符串数据或表达式") %>。如果标记对"<%"和"%>"之间仅包含一个 response. write 语句，则"response. write"可以简写为一个等号"="。也就是说，上述基本用法也可以表示成以下形式：

```
<% ="字符串数据或表达式" %>
<% = #日期型数据或表达式# %>
<% =数值型数据或表达式 %>
<% =关系表达式 %>
<% ="HTML 标记符" %>
```

例如，要将"欢迎您访问本页面！"和一水平线输出到客户端浏览器，在相应的 ASP 文件中可用以下代码实现：

```
<%
response.write "欢迎您访问本页面!"
response.write "<Hr>"
%>
```

或者也可简写为：

```
<% = "欢迎您访问本页面!" %>
<% = "<Hr>" %>
```

注意不能写成以下形式：

```
<%
= "欢迎您访问本页面!"
= "<Hr>"
%>
```

2）Response.Redirect 方法：从目前网页导向至其他网页

Response 对象的 Redirect 方法可使网页跳转到另一个页面，而访问者几乎感觉不出来。基本用法是：<% response.redirect "URL 网址或查询字符串" %>。例如，要重定向到 http://www.zzu.edu.cn 对应的网页，则在 ASP 文件中可用以下代码实现：

```
<% response.redirect "http://www.zzu.edu.cn" %>
```

执行此代码后，浏览器端 URL 地址栏显示的是网址 http://www.zzu.edu.cn。

例如，搜索表单如图 4-1 所示，在文本框输入 asp，选中"搜狗搜索"单选按钮后，再单击"搜索"按钮，则网页重定向到搜狗搜索界面，如图 4-2 所示。实现这种功能的 ASP 文件 ResponseRedirect.asp 中的内容如下。

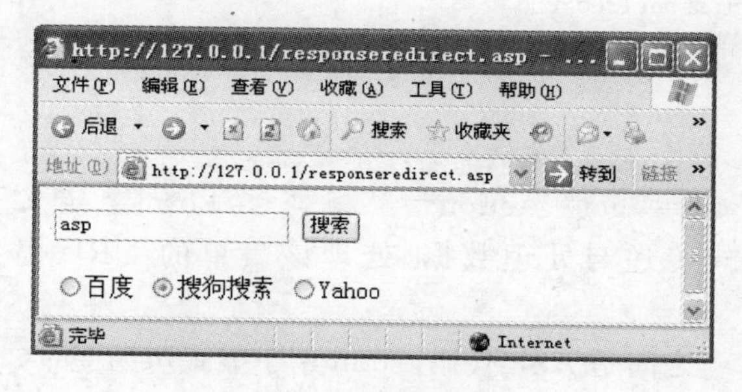

图 4-1　搜索表单

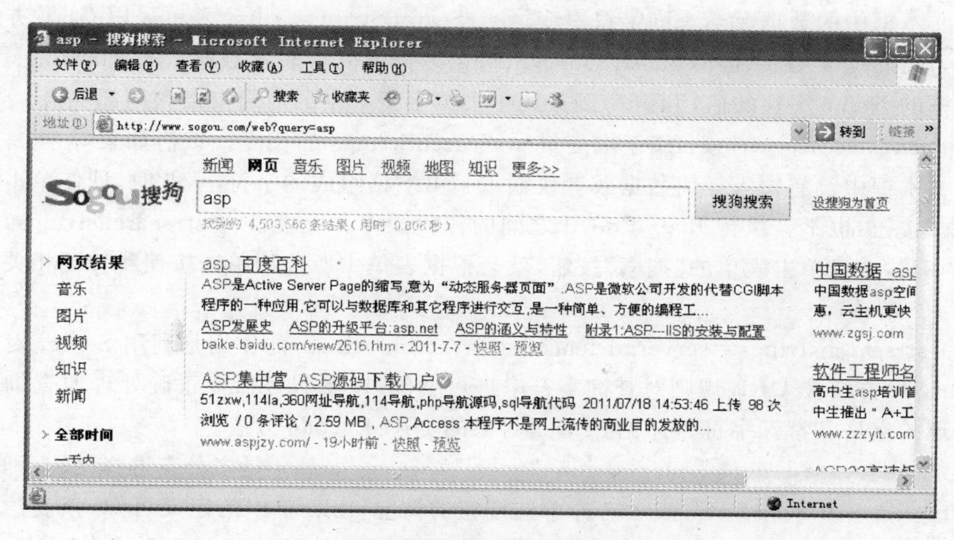

图 4-2　搜索表单重定向到搜狗搜索界面

```
<Form Method = "get" Action = "">
<Input Type = "Text" Name = "Searchstrings">
<Input Type = "Submit" Name = "Search" Value = "搜索">
<p>
<Input Name = "gourl" Type = "radio" Value = "百度" Checked>百度
<Input Name = "gourl" Type = "Radio" Value = "Sogou">搜狗搜索
<Input Name = "gourl" Type = "Radio" Value = "Yahoo"> Yahoo
</Form>
<%
dim strUrlRedirto,strSearchStrings
strSearchStrings = Trim(Request.QueryString("Searchstrings"))
If len(strsearchstrings)<> 0 Then
   strsearchstrings = server.urlencode(strsearchstrings)
   select case request.querystring("gourl")
   case "百度"
      strurlredirto = "http://www.baidu.com/s?wd = "&strsearchstrings
   case "Sogou"
      strurlredirto = "http://www.sogou.com/web?query = "&strsearchstrings
   case "Yahoo"
      strurlredirto = "http://search.cn.yahoo.com/search?p = "&strsearchstrings
   end select
   response.redirect strurlredirto
End If
%>
```

说明：

(1) <Form Method＝"get" Action＝"">与</Form>定义了一个表单(对应于图 4-1),使用 GET 方式传递与处理数据,处理该表单的 URL 仍是本 ASP 文件对应的 URL。

(2) "<%"和"%>"之间是 ASP 代码。dim 用于显式声明变量。

strSearchStrings＝Trim(Request.QueryString("Searchstrings"))的作用是将接收到的表单文本框中的数据赋给查询字符串变量 strSearchStrings。由于表单采用 GET 方式传递数据,所以 ASP 要使用 Request.QueryString 集合来读取表单数据,Searchstrings 是表单文本框的 Name 属性的值,Trim()函数用于去掉字符串中的前导空格和尾部空格。

(3) len(strsearchstrings)用于求变量 strSearchStrings 的长度。该值如果等于 0,就表明表单文本框中没有输入任何数据或者仅输入了由空格组成的字符串,此时,即使单击表单的"搜索"按钮,也不会执行 If … End If 之间的任何操作。反之,len(strsearchstrings)的值不等于 0 时,一旦单击表单的"搜索"按钮,就会根据表单中所选的单选按钮跳转到相关的搜索页面。

(4) strsearchstrings＝server.urlencode(strsearchstrings)的作用是利用 Server 对象的 URLEncode 方法按 URL 规则对查询字符串进行编码,以便服务器能正确处理原查询字符串中出现的空格和特殊字符。详见 Server 对象的 URLEncode 方法。

(5) select case request.querystring("gourl") … end select 是多分支选择结构。其中,request.querystring("gourl")表示选择单选按钮的情况,由表单中的定义可知,该表达式的值为"百度"、"Sogou"、"Yahoo"时,表示分别选中了表单中的"百度"、"搜狗搜索"、"Yahoo"

单选按钮。变量 strurlredirto 表示选择不同单选按钮时要跳转到的页面所对应的 URL 字符串，response. redirect strurlredirto 的作用就是重定向到要跳转到的页面。

（6）在 http://www. sogou. com/对应的搜狗搜索页面，在搜索文本框中输入英文单词（如 asp），单击“搜狗搜索”按钮后出现搜索结果页面，其 URL 是：http://www. sogou. com/web? query=asp&_asf=www. sogou. com&_ast=1276336486&w=01019900&p=40040100，找到该查询字符串中问号（?）前面的内容和某个变量等于 asp 的部分，然后用问号（?）将这两部分的内容合在一起就是要跳转到的页面对应的 URL 字符串。对于搜狗搜索而言，URL 字符串就是"http://www. sogou. com/web? query=asp"。如果用更通用的查询字符串变量 strSearchStrings 来替换 asp，该 URL 字符串为"http://www. sogou. com/web? query=" & strSearchStrings。

3）Response. Clear 方法：清除缓冲区的所有 HTML 输出

Clear 方法用于清除缓冲区的所有 HTML 输出，但必须将 Response 对象的 Buffer 属性设置为 True，否则 Clear 方法将导致运行错误。基本用法是：<% Response. Clear %>。

4）Response. End 方法：结束程序的执行

End 方法使服务器停止当前脚本的处理并返回当前结果。如果 Response 对象的 Buffer 属性设为 True，则 End 方法立即把缓存中的内容发送到浏览器端并清除缓存。缓存是一个用于数据交换的缓冲区，可以在其释放之前保存数据。如果要取消向浏览器端的所有输出，可以先用 Clear 方法清除缓存，再用 End 方法停止脚本的处理。基本用法是：<% Response. End %>。

5）Response. Flush 方法：缓冲处理

Flush 方法用于将缓存中的所有内容立即发送到浏览器端，但必须将 Response 对象的 Buffer 属性设置为 True，否则 Flush 方法将导致运行错误。基本用法是：<% Response. Flush %>。

6）Response. AppendToLog 方法：将数据加入站点活动日志

AppendToLog 方法用于在 Web 服务器日志文件的末尾添加指定的字符串（长度不超过 80 个字符，不能含有逗号）。服务器日志文件默认放置于 C:\Windows\System32\LogFiles 文件夹中。其基本用法是：<% Response. AppendToLog "字符串" %>。

7）Response. BinaryWrite 方法：将指定的信息（非字符串信息）写到 HTML 输出

BinaryWrite 方法用于将浏览器端应用程序所需图形、声音或影像等二进制数据写到 HTTP 输出。基本用法是：<% Response. BinaryWrite 输出数据 %>。

2. Response 对象的属性

1）Buffer 属性

Buffer 属性用于设置或关闭缓存，即指定页面输出时是否要用到缓冲区。设置或打开缓存功能用<% Response. buffer=True %>，关闭缓存用<% Response. buffer=False %>。该属性默认为 False。

打开缓存功能后，Web 在处理页面时会将结果暂时存放在缓存中，当全部脚本处理完后，或者遇到 End 或 Flush 方法时，才将缓存的内容发送到浏览器；缓存功能关闭时，Web

服务器在处理页面时会随时返回 HTML 和脚本结果。

Buffer 属性的更改必须放在 HTML 或脚本输出之前。如果在 ASP 文件中用到 Redirect 方法重定向页面,必须在文件开头打开 Buffer 属性,否则就会报错。

2) ContentType 属性

ContentType 属性用于指定响应的 HTTP 内容类型。基本用法是: <% Response. ContentType = "内容类型/子类型" %>,其中,内容类型指常规内容范畴,子类型指特定内容类型。例如,<% response. ContentType ="text/html" %>。如果未指定内容类型和子类型,则默认为 text/html。一些常用的"内容类型/子类型"如下:

```
<% response.ContentType = "image/gif" %>
<% response.ContentType = "image/jpeg" %>
<% response.ContentType = "image/tiff" %>
<% response.ContentType = "application/msword" %>
<% response.ContentType = "application/rtf" %>
<% response.ContentType = "application/x - excel" %>
<% response.ContentType = "application/ms - powerpoint" %>
<% response.ContentType = "application/pdf" %>
<% response.ContentType = "application/zip" %>
```

3) Expires 属性

该属性用于设定浏览器上缓存页面距离过期的时间长短,基本用法为: <% Response. expires=时间长度 %>,其中,时间长度的单位为分钟。例如,<% Response. Expires=0 %>可以使缓存的页立即过期,这样客户端每次都将从服务器上得到最新的页面。

4) ExpiresAbsolute 属性

该属性用于指定缓存于浏览器中的页面的到期日期和时间,基本用法是: <% Response. ExpiresAbsolute= #日期或时间或日期时间# %>。例如,设置 2010 年 10 月 10 日 12 点 12 分 12 秒到期,则可用<% response. expiresabsolute= #2010-10-10 12:12:12# %>。

在未到期之前,若用户返回到该页,该缓存的页就显示。如果未指定时间,该主页在当天午夜到期;若未指定日期,则该主页在脚本运行当天的指定时间到期。

5) Status 属性

Status 属性规定由服务器返回的状态行的值,语法是: <% Response. Status="状态描述" %>,其中状态描述由三位数字代码(即状态码)及代码的描述组成,如"404 Not Found",状态码是在 HTTP 规范中定义的。常见的状态码及其描述如下。

```
200: OK; 202: Accepted; 204: No content; 301: Moved permanently; 302: Moved temporarily; 304:
Not modified; 400: Bad request; 401: Unauthorized; 403: Forbidden; 404: Not found; 500:
Internal server error; 501: Not implemented; 502: Bad gateway; 503: Service unavailable.
```

例如,设置服务器响应状态可用<% Response. Status = "401 Unauthorized" %>。若要传递服务器 HTTP 响应的状态,则可用<% response. write response. status %>,或者<% =Response. Status %>,或者<% response. write(response. status) %>。以下是一个设置与返回服务器响应状态的例子:

```
<%
ip = Request.ServerVariables("REMOTE_ADDR")
If ip <>"122.206.169.5" Then
  Response.Status = "401 Unauthorized"
  Response.Write(response.Status)
End If
Response.End
%>
```

6) Charset 属性

该属性的作用是将字符集名称附加到 Response 对象中 Content-type 标题的后面，基本用法是：response. charset＝"网页的字符集的名称"。

例如：对于不包含 Response. Charset 属性的 ASP 页，Content-type 标题将为：

```
content - type:text/html
```

如果同样的 ASP 文件包含脚本：＜% Response. Charset＝"gb2312" %＞，则 Content-type 标题为：

```
content - type:text/html;charset = gb2312
```

7) IsClientConnected 属性

IsClientConnected 属性只读，作用是指示出客户端是否已与服务器断开连接。基本用法是：response. IsClientConnected 或 response. IsClientConnected()，其值为 True 表示客户端与服务器连接，值为 False 表示断开连接。例如，ResponseIsclientConnected. asp 中的代码如下：

```
<%
response.write(response.IsClientConnected)
response.write("<BR>")
If response.IsClientConnected = true Then
  response.write("客户端仍与服务器连接!")
Else
  response.write("客户端已与服务器断开连接!")
End If
%>
```

这样，执行 ResponseIsclientConnected. asp 后，返回如下结果：

```
True
客户端仍与服务器连接!
```

8) CacheControl 属性

Response. CacheControl 属性用于控制是否允许代理服务器高速缓存。此属性默认值为 Private(私人缓存)，可以阻止代理服务器高速缓存页面信息。当属性值为 Public(公共缓存)时，代理服务器可以缓冲由 ASP 产生的输出。基本用法是：Response. CacheControl 或 Response. CacheControl ( )。例如：将 CacheControl 属性设置为 Public，可用＜% response. CacheControl＝"Public" %＞；将 CacheControl 属性设置为 Private，可用＜% response. CacheControl＝"Private" %＞；向浏览器端输出 CacheControl 属性的值可

用<% =response.CacheControl() %>。

4.1.2 Request 对象的基础知识及应用

Request 是 ASP 里的一个内部对象，用于获取 HTTP 请求中传递的任意信息，即取得从浏览器端传递到服务器的数据。通常利用 QueryString、Form、Cookies、ServerVariables 等集合获得来自浏览器端的数据。

1) Request.QueryString("变量名")

用于从 Request.QueryString 集合中取得来自浏览器端以 GET 方式传递的数据，或 HTTP 请求中问号？后指定的查询字符串变量的值。例如，在浏览器端 URL 地址栏输入“http://127.0.0.1/requestquerystring.asp? xm=张三”(不含引号)，并按 Enter 键，就可以认为 xm 是查询字符串变量，且 xm 的值是字符串"张三"，这时，文件 requestquerystring.asp 中就可以用<% strXm=Request.QueryString("xm") %>获得查询字符串变量 xm 的值，即 strXm="张三"。

可以采用 GET 方式方便地向服务器传送比较简短的数据，但不能传递长而复杂的数据或信息。因为有些服务器限制了 URL 查询字符串的长度，会导致复杂信息的数据丢失。

2) Request.Form("变量名")

用于从 Request.Form 集合中取得来自浏览器端<Form>标记指定的以 POST 方式传递的表单数据。例如，浏览器端执行的表单中指定了<Form Action="RequestForm.asp" Method="POST">，并包含由<input type="text" name="xm">定义的单行文本输入区域，这时，如果输入“张三”(输入时不包括引号)，再单击由<input type="submit" value="提交">定义的“提交”按钮，那么文件 RequestForm.asp 中便可以用<% strXm=Request.Form("xm") %>获得表单元素 xm 的值，即 strXm="张三"。

如果将表单中大量的数据发送到服务器，应使用 POST 方式。检索使用 POST 方式发送的数据通常采用 Request 对象的 Form 集合来进行。这里，Form 集合是特指 ASP 的 Request 对象获取信息的一种方法；而 Form 表单是 HTML 提供的表单，并不是 ASP 特有的。ASP 用 Form 集合获取 Form 表单中的数据信息。

3) Request.Cookies("变量名")

用于从 Request.Cookies 集合获取 HTTP 请求中发送的 Cookie 的值。Cookie 是一个个简单的文本文件，是 Web 服务器嵌入客户机中以标识用户的标记或标识码，记录了用户访问 Web 站点的身份识别号码、密码、用户在 Web 站点上购物的方式或访问该站点的次数、访问时间和进入站点的路径等信息。

每个网站都可以设置自己的 Cookie，Cookie 中的数据完全由 Web 服务器的管理者来决定。ASP 脚本分别用 Response 对象和 Request 对象的 Cookies 集合来设置和获取 Cookies 的值。例如，创建或设置名字为 Username 的 Cookie，将 Username 的值设置为 lisi，则相应的 ASP 文件中可用以下代码实现：

```
<%
Response.cookies("Username") = "lisi"
Response.cookies("Username").expires = #2010 - 10 - 10#
%>
```

再例如，在 responsecookies.asp 文件中创建或设置名字为 user 的多键值 Cookie 字典，其中含三个键分别是 name、sex 和 password，键值分别为 lisi、female、lisi1234，则 responsecookies.asp 文件中可用以下代码实现：

```
<%
Response.cookies("user")("name") = "lisi"
Response.cookies("user")("sex") = "female"
Response.cookies("user")("password") = "lisi1234"
Response.cookies("user").expires = #2010-10-10#
%>
```

执行 responsecookies.asp 后，即可创建名为 user 的多键值 Cookie 字典或覆盖已有的同名 Cookie。上述代码中的 expires 是 Cookie 的属性之一，用于指定 Cookie 的过期日期（此处指定为 2010 年 10 月 10 日），如果 expires 属性没有被赋值，默认为用户一离开网站就过期。Cookie 还有 domain、path、haskeys、secure 等属性，分别用于设置 Cookie 被发送到的指定域、设置 Cookie 被发送到的指定路径、确定 Cookie 是否为多键值 Cookie 字典、确定 Cookie 是否安全。

创建或设置 Cookie 后，就可使用 Request.cookies("变量名")获取 Cookie 的值，或使用 Request.cookies("变量名")("键名")获取多键值 Cookie 字典中各键的值。例如，利用 For Each 循环获取上述名为 user 的多键值 Cookie 字典中的各键及键值，则可建立相应的 ASP 文件 outputcookies.asp，该文件中的代码如下：

```
<%
for each key in request.cookies("user")
  response.write "<BR>" + key + ":" + request.cookies("user")(key)
next
%>
```

由于 responsecookies.asp 中将 user 的过期日期设置为 2010 年 10 月 10 日，则 2010 年 10 月 10 日前执行 outputcookies.asp 文件，运行结果如图 4-3 所示。2010 年 10 月 10 日后执行此 ASP 文件，不会返回相关的键及键值。

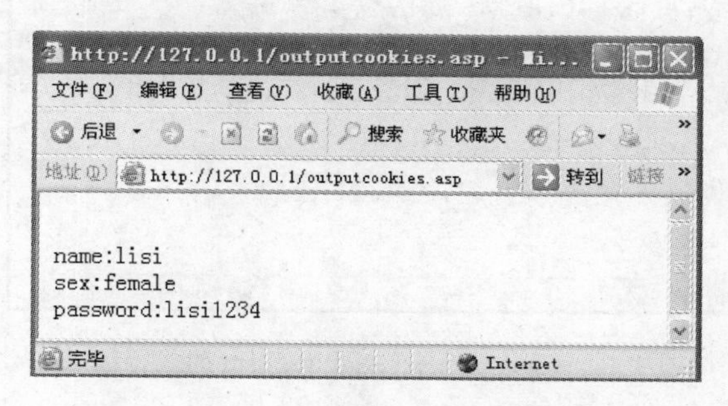

图 4-3 outputcookies.asp 的运行结果

4）Request.ServerVariables("变量名")

用于从 Request.ServerVariables 集合中读取服务器端环境变量或传送至服务器的客户端信息（如客户的 IP 地址、浏览器版本、端口号等）。有时服务器端需要根据不同的客户信息做出不同的反应，这时就需要用 ServerVariables 集合获取所需要的信息。常用的环境变量及其所代表的含义如下：

- CONTENT_LENGTH：客户端所提交内容的长度。
- CONTENT_TYPE：客户端所提交内容的类型。
- HTTP_ACCEPT_LANGUAGE：机器使用的语言环境。
- HTTP_USER_AGENT：浏览器的名字、版本和平台。
- HTTP_REFERER：调用脚本的 Web 页。
- LOCAL_ADDR：接收请求的服务器地址。
- PATH_INFO：客户端的路径信息。
- QUERY_STRING：HTTP 查询请求中问号？后的信息。
- REMOTE_ADDR：发出请求的远程主机的 IP 地址。
- REMOTE_HOST：发出请求的主机的名称。如服务器无此信息，设置为空的 REMOTE_ADDR 变量。
- REQUEST_METHOD：提出请求的方法，如 GET、POST 等。
- SCRIPT_NAME：执行脚本的虚拟路径(名称)，或运行 ASP 文件的路径。返回主机名后面的虚拟地址，用于自引用的 URL。
- SERVER_NAME：出现在 URL 中的服务器主机名、DNS 域名或 IP 地址。
- SERVER_PORT：发送请求的端口号。

例如，设计如图 4-4 所示的表单，对应文件 requestservervariables. htm 中的代码如下：

```
< form action = "requestservervariables.asp" method = "POST">
姓名:< input type = "text" name = "xm">< BR >
性别:< input type = "text" name = "xb">
< input type = "submit" value = "提交">
< input type = "reset">
</form >
< a href = "requestservervariables.asp?xm = 张三 & xb = 男">张三</a >
```

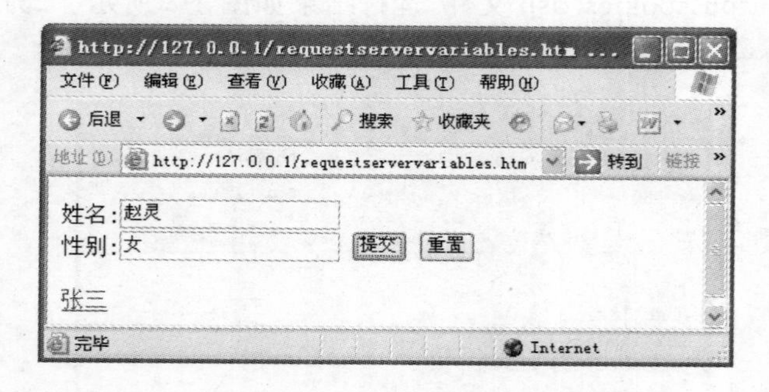

图 4-4 requestservervariables. htm 的执行结果

由文件 requestservervariables. htm 中的<form>标记和<a href="…">标记可知，处理该表单的网页文件为 requestservervariables. asp。创建网页文件 requestservervariables. asp，该文件中的代码如下：

```
<%
strXm = request("xm")
```

```
strXb = request("xb")
response.write "姓名:" + strXm + "<BR>性别:" + strXb + "<BR>"
response.write "<BR>CONTENT_LENGTH:"
response.write request.servervariables("CONTENT_LENGTH")
response.write "<BR>CONTENT_TYPE:"
response.write request.servervariables("CONTENT_TYPE")
response.write "<BR>HTTP_ACCEPT_LANGUAGE:"
response.write request.servervariables("HTTP_ACCEPT_LANGUAGE")
response.write "<BR>HTTP_USER_AGENT:"
response.write request.servervariables("HTTP_USER_AGENT")
response.write "<BR>HTTP_REFERER:"
response.write request.servervariables("HTTP_REFERER")
response.write "<BR>LOCAL_ADDR:"
response.write request.servervariables("LOCAL_ADDR")
response.write "<BR>PATH_INFO:"
response.write request.servervariables("PATH_INFO")
response.write "<BR>QUERY_STRING:"
response.write request.servervariables("QUERY_STRING")
response.write "<BR>REMOTE_ADDR:"
response.write request.servervariables("REMOTE_ADDR")
response.write "<BR>REMOTE_HOST:"
response.write request.servervariables("REMOTE_HOST")
response.write "<BR>REQUEST_METHOD:"
response.write request.servervariables("REQUEST_METHOD")
response.write "<BR>SCRIPT_NAME:"
response.write request.servervariables("SCRIPT_NAME")
response.write "<BR>SERVER_NAME:"
response.write request.servervariables("SERVER_NAME")
response.write "<BR>SERVER_PORT:"
response.write request.servervariables("SERVER_PORT")
%>
```

说明：requestservervariables.asp 文件中，request.servervariables()均可表示为 request()。例如，request.servervariables("CONTENT_LENGTH")可表示为 request("CONTENT_LENGTH")。当运行网页文件 requestservervariables.htm 出现图 4-4 所示的表单界面时，如果单击“张三”超链接，则返回如图 4-5 所示的结果；如果输入姓名“赵灵”和性别“女”，再单击“提交”按钮，则返回如图 4-6 所示的结果。

5) Request("变量名")

Request("变量名")用于获取 HTTP 请求中传递的任意信息。例如，Request.QueryString("xm")、Request.Form("xm")、Request.Cookies("xm")等，均可表示为 Request("xm")。Request.ServerVariables("SERVER_NAME")也可表示为 Request("SERVER_NAME")。

说明：QueryString、Form、Cookies、ServerVariables 是 Request 对象的集合成员，如果在 Request 对象中没有指定准确的集合名称，ASP 会自动搜索来确定数据的获取方法。搜索的顺序是 QueryString、Form、Cookies、ServerVariables。

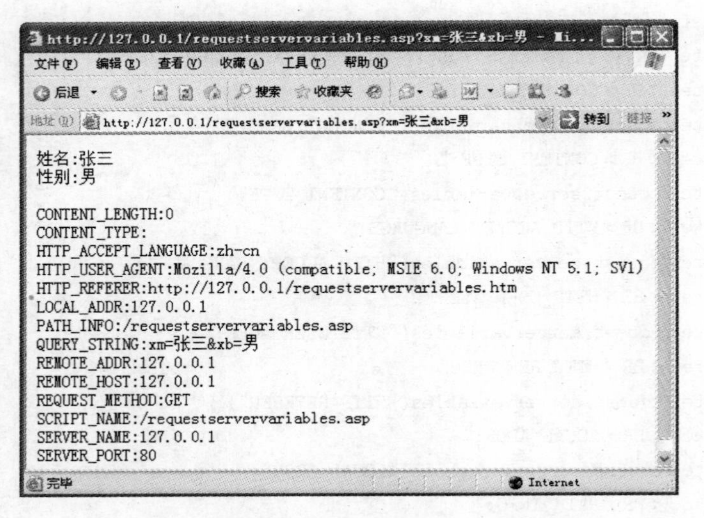

图 4-5 单击超链接“张三”(见图 4-4)返回的结果

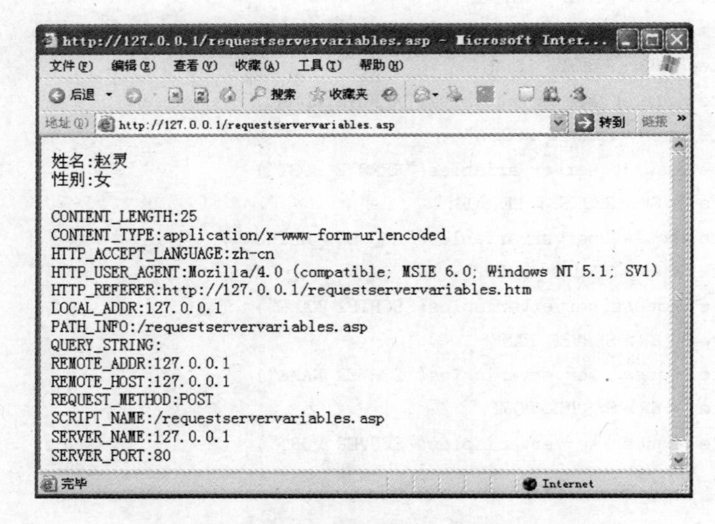

图 4-6 单击“提交”按钮(见图 4-4)返回的结果

4.2 Server 对象和 Connection 对象

4.2.1 Server 对象的基础知识及应用

Server 对象提供对服务器上的方法和属性的访问,主要用于进行服务器的相关操作。

1. Server 对象的属性

Server 对象只有一个 ScriptTimeout 属性,用于指定一个脚本延时的时间期限。脚本运行超过 ScriptTimeout 属性设置的时间将作超时处理,中止没有完毕的响应并提示超时错误。

可以在 IIS 的 Internet 信息服务中为 Web 服务设置默认的脚本超时值。如果将默认值设为－1，则脚本永远不会过期。如果设置的 ScriptTimeout 属性值小于默认值，则以默认值作为超时上限。可以使用以下语句取得脚本的超时值：

```
<% TimeOut = Server.ScriptTimeout %>
```

2. Server 对象的方法

1）CreateObject 方法：创建对象实例

CreateObject 是 Server 对象最为常用的方法，用于在网页中创建所使用的对象实例。在网页中创建一个对象的语法结构如下：

```
Set 变量 = Server.CreateObject("对象标识")
```

例如，创建一个连接对象可使用：Set Conn＝Server. CreateObject("adodb. connection")。

2）MapPath 方法：取得绝对路径

MapPath 方法的作用是将程序指定的相对路径或虚拟路径映射为服务器上相应的真实路径。其基本用法是：Server. MapPath("表示相对路径或虚拟路径的字符串")。例如，DoWhileLoop. asp 保存在主目录下，则＜％ Response. write (Server. mappath ("dowhileloop. asp")) ％＞的执行结果是：c:\inetpub\wwwroot\DoWhileLoop. asp。

应注意 MapPath 方法不支持相对路径(.)或(..)，不检查返回的路径是否正确或在服务器上是否存在。

3）HTMLEncode 方法：HTML 字符串编码

HTMLEncode 方法主要用于转换 HTML 标记，它能够将 HTML 标记的字符转换为不由浏览器解释的字符代码，基本用法是：Server. Htmlencode("包含 HTML 标记的字符串")。

例如，＜％ Response. write Server. HTMLEncode ("换行的 HTML 标记是：＜br＞") ％＞的执行结果是“换行的 HTML 标记是：＜br＞”。

而＜％ Response. write("换行的 HTML 标记是：＜br＞") ％＞的执行结果是“换行的 HTML 标记是：”，其中的＜br＞标记被浏览器解释为一个换行。

4）URLEncode 方法：路径字符串编码

URLEncode 方法的作用是按 URL 规则对字符串进行编码。使用该方法可以将包含空格或特殊字符的字符串数据以 URL 形式传送到服务器使用，其基本用法是：Server. URLEncode("含空格或特殊字符的字符串数据")。例如，＜％ Response. redirect ("http://www. baidu. com/baidu? word＝"&Server. UrlEncode("Web 数据库")) ％＞的作用是按 URL 规则将“数据库”三个汉字转换为 URL 通用的编码％CA％FD％BE％DD％BF％E2，并重定向到以下网址对应的网页：

```
http://www.baidu.com/baidu?word = Web%CA%FD%BE%DD%BF%E2
```

5）Transfer 方法：转向指定的浏览网页

Transfer 方法把执行流程从当前的 ASP 文件转到指定的同一服务器上的另一个页面，基本用法是：Server. Transfer("URL 地址名称")。使用 Server. Transfer 方法实现页面跳转后，浏览器中的 URL 不会改变，因为重定向完全在服务器端进行。

例如，文件 xx. asp 中的代码是＜％ Server. transfer("DoWhileLoop. asp") ％＞，则执行 xx. asp 时，网页转到 DoWhileLoop. asp 所在的页面，而浏览器 URL 地址栏显示的还是 xx. asp 对应的网址。

6）Execute 方法：执行外部网页

Execute 方法用于在当前 ASP 页面调用和执行同一 Web 服务器上指定的另一个 ASP 页面。基本用法是：Server. Execute("URL 地址名称")。

指定的 ASP 页面执行完毕后，控制流程返回原页面发出 Execute 调用的下一个语句继续执行。

7）GetLastError 方法：取得 Error 对象

GetLastError 方法返回一个 ScriptError 对象，用于捕捉当前 ASP 程序的运行错误并向用户返回有用的信息，如错误描述和发生错误的行号等。基本用法是：Server. GetLastError()。

4.2.2 Connection 对象的基础知识及应用

1. 利用 Connection 对象操作数据库

Connection 对象被称为连接对象，用于和数据库建立连接。利用 Connection 对象执行数据库操作的步骤和方法如下。

1）创建 Connection 对象实例

基本格式是：Set conn＝Server. CreateObject("ADODB. Connection")。

2）打开数据库连接

• 第一种方法：用 DSN 连接数据库(假设 Xuesheng 为创建的系统数据源)

① ＜％ conn. Open "Xuesheng" ％＞

② ＜％ conn. Open "DSN＝Xuesheng" ％＞

③ ＜％ conn. ConnectionString＝"DSN＝Xuesheng"
    conn. Open
％＞

• 第二种方法：创建基于 OLEDB 连接字符串的连接

假设数据库文件为 db1. mdb，属于 Microsoft Access 数据库，保存在 e:\student 文件夹下，则可用以下形式之一建立基于 OLEDB 连接字符串的连接：

① ＜％ Conn. open "provider＝Microsoft. Jet. OLEDB. 4. 0; Data Source＝"&_
    "e:\student\db1. mdb" ％＞

② ＜％ Conn. open "provider＝Microsoft. Jet. OLEDB. 4. 0; Data Source＝"&_
    server. mappath("db1. mdb") ％＞

注：第①种形式如果写成一行，相当于＜％ Conn. open "provider＝Microsoft. Jet. OLEDB. 4. 0; Data Source＝e:\student\db1. mdb" ％＞；同样，第②种形式如果写成一行，相当于＜％ Conn. open "provider＝Microsoft. Jet. OLEDB. 4. 0; Data Source＝" & server. mappath("db1. mdb") ％＞。

• 第三种方法：用 ODBC 连接字符串连接数据库

假设数据库文件为 db1.mdb，属于 Microsoft Access 数据库，保存在 e:\student 文件夹下，则可用以下 ODBC 连接字符串实现与 db1.mdb 的连接：

```
<%
conn.open "driver={Microsoft Access Driver (*.mdb)};dbq=e:\student\db1.mdb"
%>
```

其中，dbq 指向 Microsoft Access 数据库文件对应的物理路径。如果 db1.mdb 与当前 ASP 文件在同一文件夹下，也可以用 Server.MapPath("db1.mdb")来表示该文件所在的路径。因此，也可以用以下方式打开与数据库的连接：

```
<%
strConn="Driver={Microsoft Access Driver (*.mdb)}; dbq="
strConn= strConn & Server.MapPath("db1.mdb")
conn.open strConn
%>
```

注：上述代码中，conn.open strConn 相当于 conn.open "Driver={Microsoft Access Driver (*.mdb)}; dbq=" & Server.MapPath("db1.mdb")。对于不同类型的数据源驱动器，其 ODBC 连接字符串是不同的，几种主要数据源驱动器的 ODBC 连接字符串如表 4-1 所示。

表 4-1 几种 ODBC 连接字符串

数据源驱动器	ODBC 连接字符串
Microsoft Access	Driver={Microsoft Access Driver (*.mdb)}; dbq=指向.mdb 文件的物理路径
Oracle	Driver={Microsoft ODBC for Oracle}; Server=指向服务器的路径; Uid=用户名; Pwd=口令
Microsoft Excel	Driver={Microsoft Excel Driver (*.xls)}; dbq=指向.xls 文件的物理路径; DriverID=790 DefaultDir=默认路径
Paradox	Driver={Microsoft Paradox Driver (*.db)}; DriverID=538; Fil=Paradox 5.X; DefaultDir=默认路径; dbq=物理路径; CollatingSequence=ASCII
MS text	Driver={Microsoft Text Driver (*.txt; *.csv)}; dbq=指向文本文件的物理路径; Extensions=asc,csv,tab,txt; Persist Security Info=False
Visual FoxPro(使用数据库容器)	Driver={Microsoft Visual FoxPro Driver}; SourceType=DBC; SourceDB=指向.dbc 文件的物理路径; Exclusive=No
Visual FoxPro(不使用数据库容器)	Driver={Microsoft Visual FoxPro Driver}; SourceType=DBF; SourceDB=指向.dbf 文件的物理路径; Exclusive=No
MySQL(连接到本地数据库)	Driver={mySQL}; Server=服务器名; Option=16834; Database=数据库名
MySQL(连接到远程数据库)	Driver={mySQL}; Server=指向服务器的路径; Port=3306; Option=131072; Stmt=; Database=数据库名; Uid=用户名; Pwd=口令
SQL Server	Driver={SQL Server}; Server=服务器名; Database=数据库名; Uid=用户名; Pwd=口令
SYBASE SYSTEM 11	Driver={SYBASE SYSTEM 11}; Srvr=服务器名; Uid=用户名; Pwd=口令

3）执行 SQL 或其他操作

查询数据库显示查询记录时，采用以下形式：＜％ set rs ＝ conn. execute("SQL 字符串") ％＞。

例如，stu 是 db1. mdb 数据库中的一个表，则查询表中全部记录的 SQL 字符串为 "select * from stu"，执行查询操作后返回一个记录集对象，可用以下语句：

```
<% set rs = Conn.execute("select * from stu") %>
```

执行添加、删除、更新操作时，常采用＜％ Conn. execute "SQL 字符串" ％＞，或者也可写成＜％ Conn. execute("SQL 字符串") ％＞。如果希望返回这种操作影响的记录条数，则采用以下形式：＜％ Conn. execute "SQL 字符串"，变量 ％＞，其中变量的作用是保存操作所影响的记录数。

例如，stu 表中含有姓名字段 xm，删除姓名为“张三”的 SQL 字符串是"delete from stu where xm＝'张三'"，则可用＜％ conn. execute "delete from stu where xm＝'张三'"，number ％＞语句删除姓名为“张三”的记录，并将所删除符合条件记录的条数赋给变量 number。

```
<%
set conn = server.createobject("adodb.connection")
strConn = "Driver = {Microsoft Access Driver ( * .mdb)}; dbq = "
strConn =  strConn & Server.MapPath("db1.mdb")
conn.open strConn
conn.execute "delete from stu where xm = '张三'",number
response.write "共删除"&number&"条记录"
 %>
```

4）关闭和数据库之间的连接，释放连接对象

对数据库和数据表的访问结束后，可以关闭数据库连接，并释放连接对象，采用以下形式：

```
<%
conn.close
set conn = nothing
 %>
```

其中，conn. close 用于关闭连接对象 conn，而 set conn＝nothing 用于将连接对象 conn 从内存中释放。

2. Connection 对象的属性和方法

1）Connection 对象的属性

Attributes：设置 Connection 对象控制事务处理时的行为。

CommandTimeout：设置 Connection 对象的 Execute 最长执行时间。

ConnectionString：指定打开数据源连接所需的特定信息。

ConnectionTimeout：最大连接时间，默认为 15 秒。

CursorLocation：确定使用服务器端游标引擎或客户端游标引擎。

DefaultDatabase：指定数据库名称(若 ConnectionString 中未指定)。

IsolationLevel：指定和其他并发事务交互时的行为或事务。

Mode：设置连接数据库的读写权限，值为 1 表示只读，2 表示只写，3 表示可读写。此外，该属性的取值还可以是 0、4、8、12、16。

Provider：指定数据或服务提供者名称（若 ConnectionString 未指定），默认值为 MSDASQL（Microsoft OLEDB Provider for ODBC）。

State：指定连接状态，0 为连接关闭，1 为连接打开。

Version：返回 ADO 版本号。

2) Connection 对象的方法

Open：打开 Connection 对象和数据库之间的连接。

Close：关闭 Connection 对象和数据库之间的连接。

Execute：执行数据库查询，有以下两种用法：①Set Recordset 对象＝Connection 对象. Execute（"SQL 字串"），对数据库查询显示记录时使用，返回 Recordset 对象；②Connection 对象. Execute（"SQL 字串"），执行添加、删除和更新操作时使用，不返回 Recordset 对象。

Cancel：取消未执行完的异步 Execute 或 Open 方法。

BeginTrans：开始事务处理。

CommitTrans：提交一个事务处理。

RollbackTrans：撤销一个事务处理。

4.3 RecordSet 对象

4.3.1 RecordSet 对象的基础知识

1. Recordset 对象简介

Recordset 对象可以创建一个记录集合，并将所需记录从表中取出。读取记录时，需要用到记录指针。Recordset 中的记录指针具有游标类型（CursorType），不同的游标类型可以对记录进行的操作也有所不同。游标类型默认值为 0，表示记录指针只能在记录集中从首记录向末记录的方向移动，对简单的浏览可提高性能。只要游标类型允许，便可以利用 Recordset 对象的 MoveFirst、MoveLast、MoveNext、MovePrevious 方法将记录指针移动到第一条、最后一条、下一条、上一条位置。利用 Recordset 对象的其他属性和方法，结合 Connection 对象，便可完成数据的添加、修改、删除、查询、浏览、分页显示等功能。操作过程中，数据源本身具有锁定的能力，可避免两个 SQL 查询操作同时写同一条记录。

2. Recordset 对象的工作流程

Recordset 对象的简要工作流程是：先创建与打开 Connection 对象，再创建与打开 Recordset 对象，然后处理 Recordset 对象的记录，再关闭和释放 Recordset 对象，最后关闭和释放 Connection 对象。具体包括以下步骤。

(1) 创建 Connection 对象，打开数据源。

```
<%
set conn = Server.CreateObject("ADODB.Connection")
```

```
conn.open "连接字符串或 DSN 数据源"
%>
```

(2) 创建 Recordset 对象。直接利用 Server 对象的 CreateObject 方法建立 Recordset 对象：

```
<% set rs = Server.CreateObject("ADODB.Recordset") %>
```

(3) 打开 Recordset 对象取得数据。创建记录集对象 rs 后，需要打开记录集并取得数据。利用记录集对象 rs 打开记录集的通用方法(或基本格式)如下：

```
<% rs.open "命令串",连接对象,游标类型,锁定类型,命令类型 %>
```

其中，命令串可以是 SQL 语句、数据表名、查询名或存储过程名对应的字符串，连接对象是指已创建的、当前正在使用的 Connection 对象(如 conn)，游标类型用于指定 Recordset 对象的数据获取方法，锁定类型指定 Recordset 对象的并发事件控制处理方式，而命令类型则指定命令串对应的命令类型，游标类型、锁定类型、命令类型均可以缺省，但最后一项前各缺省项后的逗号不能省略。例如：

```
<% rs.open "select * from stu",conn,1,1,1 %>
<% rs.open "stu",conn,1,1,2 %>
<% rs.open "stu",conn,1,1 %>
<% rs.open "stu",conn,,,2 %>
```

命令类型为 SQL 语句、数据表名、查询名或存储过程名时，取值分别对应于 1、2、4。未指定命令类型时，系统会自行判定查询信息的类型，但指定命令类型的值可以节省系统判定过程的时间，提高系统运行速度。游标类型和锁定类型的取值如表 4-2 和表 4-3 所示。

表 4-2　游标类型(CursorType)的取值及说明

游标类型	值	说　明
AdOpenForwardOnly(仅向前)	0	缺省时默认的游标类型，只能向前浏览记录；对简单的浏览可提高性能，但 Recordset 对象的很多属性和方法不能使用
adOpenKeyset(键集)	1	其他用户对记录的修改将反映到记录集，但其他用户增加或删除的记录不反映到记录集；支持全功能的浏览
adOpenDynamic(动态)	2	功能最强，消耗资源最多；其他用户对记录的增加、删除或修改都会反映到记录集；支持全功能的浏览
adOpenStatic(静态)	3	数据的快照，其他用户对记录的增加、删除或修改都无法反映到记录集；支持向前或向后移动

表 4-3　锁定类型(LockType)的取值及说明

锁定类型	值	说　明
adLockReadOnly(只读)	1	缺省时默认的锁定方式，不能增加、修改、删除记录
adLockPessimistic(保守式)	2	最安全的锁定方式，编辑时立即锁定记录
adLockOptimistic(开放式)	3	调用 Update 方法时才锁定记录，而在此之前其他操作者仍可对当前记录进行增加、删除或修改等操作
adLockBatchOptimistic(开放式批处理)	4	记录编辑时不会被锁定，而增加、删除或修改记录是在批处理方式下完成的

如果游标类型及锁定类型的值不易记住，也可以记住这些类型的名称，将文件adovbs.inc（安装IIS或PWS后，在“C:\Program Files\Common Files\System\ado”文件夹中可找到此文件）复制在当前应用程序所在的目录中，并在该应用程序的开始部分加入代码<!--#include file="adovbs.inc"-->，然后在打开记录集的语句中直接使用游标类型和锁定类型的名称即可。这时，代码<% rs.open "stu",conn,1,1 %>可写成以下形式：

```
<% rs.open "stu",conn,adOpenKeyset,adLockReadOnly %>
```

说明：adovbs.inc是常量文件，它由IIS / PWS提供，存放着ADO所需的所有预定义常数，或者说包含着一些常用的Const参数和其对应的值的对照声明。另外，上述“创建Recordset对象”和“打开Recordset对象取得数据”也可以直接采用以下方式实现：

```
<% set rs = conn.execute("SQL字符串") %>
```

其中，conn是已经建立的连接对象，并且用该对象打开了相关数据库。

（4）处理Recordset对象的记录。打开Recordset对象的记录集后，便可以使用Recordset对象的属性和方法进行数据表的操作或取得记录集的当前状态（打开或关闭）。Recordset对象的属性和方法在下文介绍。另外，要利用Recordset对象rs引用数据表中字段的值，可采用rs("字段名")或rs.fields("字段名")的形式。例如，stu表中当前记录的字段xm的值可用rs("xm")或rs.fields("xm")表示，假设要将字段xm的值变为“张三”，则可任意使用以下两种形式之一：

```
<% rs("xm") = "张三" %>
<% rs.fields("xm") = "张三" %>
```

（5）关闭并释放Recordset对象。关闭记录集对象采用Recordset对象的Close方法，而释放记录集对象rs使用set rs=nothing即可。相应的ASP代码对应如下：

```
<%
rs.close
set rs = nothing
%>
```

（6）关闭并释放与数据库的连接。关闭连接对象采用Connection对象的Close方法，而释放连接对象conn使用set conn=nothing即可。相应的ASP代码对应如下：

```
<%
conn.close
set conn = Nothing
%>
```

3. Recordset对象的属性

创建并打开Recordset对象后，就可以设置或返回Recordset对象的属性值。引用Recordset对象的属性，可采用以下形式：

```
Recordset对象.属性
```

例如，所创建的 Recordset 对象为 rs，则＜％ rs.absolutepage=2 ％＞就表示将当前记录所在的页号设置为 2，而＜％ currentpage=rs.absolutepage ％＞表示返回当前记录所在的页号并赋给变量 currentpage，其中 absolutepage 为 Recordset 对象的属性之一。Recordset 对象的属性及作用如下：

- AbsolutePage：设置或返回当前记录所在的页号。
- AbsolutePosition：设置或返回当前记录在记录集中的位置。
- ActiveConnection：定义记录集对象与数据库的连接。
- BOF：测试记录指针是否位于第一条记录之前。指针位于第一条记录之前为 True，否则为 False。
- BookMark：设置或返回一个记录的书签。
- CacheSize：设置本地机可以缓存的记录数，默认为 1。
- CursorType：设置记录集所用游标类型。
- CursorLocation：设置游标位置。1 为不使用游标服务(adUseNone，已作废)，2 为数据提供者或驱动程序提供的游标(adUseServer，默认)，3 为使用本地游标库提供的客户端的游标(adUseClient，也支持同义字 adUseClientBatch)。
- EditMode：指出当前记录集的编辑状态。0 为无编辑操作；1 为当前记录已更改，但未保存到数据库；2 为当前缓冲区数据用 AddNew 方法写入，但尚未保存到数据库；3 为当前记录已被删除。
- EOF：当前记录指针位于最后一条记录之后为 True，否则为 False。
- Filter：定义筛选器获取特定记录。
- LockType：设置记录集所用的锁定类型。
- MaxRecords：设置一次所能返回的最大记录数，默认为 0，表明提供者返回所有所需的记录。
- PageCount：记录集所包含的页数，每页记录数由 PageSize 决定。
- PageSize：确定一页中所包含的记录条数。
- RecordCount：返回记录集所包含的记录条数。
- Sort：设置记录集的排序方式。
- Source：设置记录集的数据来源，可以是 Command 对象、SQL 语句、表名或存储过程。
- State：设置或返回记录集的打开或关闭状态。0 为记录集已关闭；1 为记录集已打开；2 为正在连接；3 为记录集正在执行一条命令；4 为记录集正在获取数据。
- Status：返回批量更新操作后当前记录的状态。0 为记录更新成功，1 为新记录，2 为记录被删除，4 为记录未被删除，8 为记录未被修改，16 为书签不合法、记录未保存，64 为影响多个记录、未保存，还可取值为 128、256、1024、2048、4096、8192、16384、32768、65536、131072、262144 等值分别表示不同的状态。

4. Recordset 对象的方法

创建并打开 Recordset 对象后，就可以使用 Recordset 对象的方法进行相关操作。引用 Recordset 对象的方法，可采用以下形式：

```
Recordset 对象.方法
```

例如，所创建的 Recordset 对象为 rs，就可以用<% rs.movenext %>将记录指针移到下一条记录处，其中 movenext 是 Recordset 对象的方法之一。Recordset 对象的方法及其作用如下：

- AddNew：增加一条记录。
- CancelBatch：取消一个批处理更新。
- CancelUpdate：在更新前取消对当前记录的所有更改。
- Clone：建立记录集的一个副本。
- Delete：删除一条或多条记录。
- GetRows：从记录集中得到多条记录并存入数组中。
- Move：将记录指针移到指定位置。
- MoveFirst：将记录指针移到第一条记录处。
- MoveLast：将记录指针移到最后一条记录处。
- MoveNext：将记录指针移到下一条记录处。
- MovePrevious：将记录指针移到上一条记录处。
- NextRecordSet：从能产生多个结果的命令中返回下一个记录集。
- Open：打开记录集。
- Requery：重新执行查询来刷新记录集。
- Resync：刷新服务器内的同步数据。
- Save：将记录集保存到一个文件中。
- Surpports：判断记录集是否支持指定的功能。
- Update：将修改结果保存到数据库中。
- UpdateBatch：将缓冲区内的批量修改结果保存到数据库中。

4.3.2　RecordSet 对象的应用举例

【例 1】　向 stu 表中添加记录，ASP 网页文件 stuAdd_rs.asp 中的代码如下：

```
<%
set conn = server.createobject("adodb.connection")
conn.open "Driver = {Microsoft Access Driver ( * .mdb)};DBQ = "&_
        server.mappath("db1.mdb")
set rs = server.createobject("adodb.recordset")
rs.open "select * from stu",conn,1,2,1
rs.addnew
rs("xh") = "20090201001"
rs("xm") = "李二鹏"
rs("xb") = "男"
rs("csrq") = #1991 - 1 - 1#
rs("dhhm") = "67676767"
rs.update
response.write "已增加记录"
rs.close
```

```
Set rs = Nothing
conn.close
Set conn = nothing
%>
```

说明：上述代码中，conn. open 所在行末的下划线“_”是续行符，表示该行与下一行构成一条完整的命令，即 conn. open "Driver={Microsoft Access Driver (*.mdb)};DBQ="& server. mappath("db1. mdb")。其中，server. mappath("db1. mdb")用于返回文件 db1. mdb 在服务器上的绝对路径。如果不使用续行符，则一条命令不能拆行书写(不使用 Enter 键换行的自然换行除外)。该命令可以替换成 Conn. open "provider=Microsoft. Jet. OLEDB. 4. 0; Data Source=" & server. mappath("db1. mdb")，功能是完全相同的。以下对 Access 数据库 db1. mdb 的操作，涉及 Conn. open 命令的语句都可替换成该语句，不再赘述。

rs. open "select * from stu",conn,1,2,1 的作用是打开记录集，rs 中包括 stu 表中的全部记录。由于要向表中增加记录，所以要求锁定类型的值不能为 1。

rs. addnew 的作用是向记录集 rs 增加一条记录，语句 rs("xh")="20090201001"就是将字段 xh 的值设置为 20090201001，该语句也可写成 rs. fields("xh")="20090201001"，其余类推。需要注意的是，本例中，由于表示学号的字段 xh 是表的主键，所以要求增加或修改记录时，xh 字段的值不能与其他记录的 xh 字段值相同。

rs. update 的作用是以 rs 中新设置的各字段的值更新数据表的当前记录。

response. write "已增加记录"的作用是向浏览器输出提示信息。

【例 2】 修改 stu 表中学号为 20090201001 的记录的出生日期和电话号码，其 ASP 文件 stuUpdate_rs. asp 中的代码如下：

```
<%
set conn = server.createobject("adodb.connection")
conn.open "Driver = {Microsoft Access Driver ( * .mdb)};DBQ = "&_
        server.mappath("db1.mdb")
set rs = server.createobject("adodb.recordset")
rs.open "select * from stu where xh = '20090201001'",conn,1,2,1
rs.fields("csrq") = #1990 - 10 - 10#
rs.fields("dhhm") = "11223344"
rs.update
response.write "已更新记录"
rs.close
Set rs = Nothing
conn.close
Set conn = nothing
%>
```

说明：执行修改操作，要求打开记录集时锁定类型的值不能为 1。记录集内的数据发生更改时，需要使用 rs. update 方法才能将更改结果保存至数据库的表中。

【例 3】 查找并输出 stu 表中男性学生的记录，并按姓名降序排序，姓名相同按学号升序排序，其 ASP 文件 stuSelect_rs. asp 中的代码如下：

```
<%
```

```
set conn = server.createobject("adodb.connection")
conn.open "Driver = {Microsoft Access Driver ( *.mdb)};DBQ = "&_
     server.mappath("db1.mdb")
set rs = server.createobject("adodb.recordset")
strSQL = "select * from stu where xb = '男' order by xm desc,xh asc"
rs.open strSQL,conn
If rs.eof Then
  response.write "没有符合条件的记录"
Else
  do until rs.eof
    response.write rs("xh")&","
    response.write rs("xm")&","
    response.write rs("xb")&","
    response.write rs("csrq")&","
    response.write rs("dhhm")&"<br>"
    rs.movenext
  loop
End If
%>
```

说明：查询记录的操作不对数据库和数据表进行修改，且记录指针的移动始终朝着记录集的下一条记录的方向移动，因此打开记录集时可以采用默认的游标类型和锁定类型，用语句 rs.open strSQL,conn 表示。

打开记录集后，如果记录指针指向文件尾，说明记录集内无记录，输出“没有符合条件的记录”，否则，就将记录集的各条记录依次输出。代码中，If rs.eof … Else … End If 就分别表达了记录集内无记录和有记录时要执行的操作。

do until rs.eof … loop 是“直到型”循环结构，表示在遇到文件尾前一直执行循环体。每执行一次循环体，就输出一条记录，并将记录指针移到记录集的下一条记录位置，直到遇到文件尾时退出循环。

【例 4】 删除 stu 表中姓名为“李二鹏”的记录，其 ASP 文件 stuDelete_rs.asp 中的代码如下：

```
<%
set conn = server.createobject("adodb.connection")
conn.open "Driver = {Microsoft Access Driver ( *.mdb)};DBQ = "&_
     server.mappath("db1.mdb")
set rs = server.createobject("adodb.recordset")
strSQL = "select * from stu where xm = '李二鹏'"
rs.open strSQL,conn,1,2
n = rs.recordcount
for i = 1 to n
  rs.delete
  rs.movenext
next
response.write "共删除"&n&"条记录!"
%>
```

说明：执行删除操作，打开记录集时要求锁定类型的值不能为 1。

n=rs. recordcount 的作用是将 rs 记录集的记录总数保存至变量 n，在这里 n 就表示待删除记录的个数。

for … next 是 For 循环语句结构，for i=1 to n 中的 n 如果在前面没有被定义和赋值，也可写成 for i=1 to rs. recordcount。循环体共执行 rs. recordcount 次(即 n 次)，每次循环都是删除一条当前记录，并将记录指针移向下一条记录。执行 rs. delete 时，要保证所删除的记录存在于数据表中，而且一次只删除一条当前记录。

4.4 Command 对象

4.4.1 Command 对象的基础知识

Command 对象用于定义对数据源执行的命令，命令的形式可以是 SQL 语句、数据表名、存储过程和数据提供者支持的任何有效的命令文本。利用 Command 对象可以把数据表保存到一个记录集对象，也可以方便地调用存储过程，并且可执行带有参数的 SQL 语句。

1. Command 对象的属性和方法

使用 Command 对象首先需要创建 Command 对象，创建 Command 对象后往往要设置 Command 对象的属性和引用 Command 对象的方法。Command 对象的属性如表 4-4 所示，其基本方法如表 4-5 所示。

表 4-4 Command 对象的属性

属性	说　明
ActiveConnection	指定 Connection 的连接对象. 例：cmd. ActiveConnection=conn
CommandText	指定数据库的查询信息。例：cmd. CommandText="select * from stu"
CommandType	指定数据查询信息的类型，CommandType 属性的取值及说明如表 4-6 所示。例：cmd. CommandType=1
CommandTimeout	指定命令执行时的等待时间(单位为秒)，如设置为 0 表示永久等待，默认值为 30。例：cmd. CommandTimeout=20
Prepared	指定数据查询信息是否要先行编译、存储，取值为 True 或 False。例：cmd. Prepared=True

表 4-5 Command 对象的基本方法

方法	说　明
Execute	执行数据库查询(可执行各种操作)，例：Set rs=cmd. execute
CreateParameter	创建一个 Parameter 子对象
Cancel	取消一个未确定的异步执行的 Execute 方法

2. Command 对象的使用

使用 Command 对象包括创建 Command 对象、设置 Command 对象所关联的 Connection 对象(或 ODBC 系统数据源)、指定 SQL 指令、引用 Execute 方法等步骤。

(1) 创建 Command 对象。

创建 Command 对象需利用 Server 对象的 CreateObject 方法。假定要创建名称为 cmd 的 command 对象，则使用以下代码即可：

```
<% Set Cmd = Server.CreateObject("ADODB.Command") %>
```

(2) 设置 Command 对象所关联的 Connection 对象。

建立 Command 对象 cmd 后，就可以将已与数据库建立连接的 Connection 对象（比如 Conn）指定给 Command 对象（比如 Cmd）的 ActiveConnection 属性，从而指定 Command 对象所关联的 Connection 对象或连接信息，代码如下：

```
<% Cmd.ActiveConnection = Conn %>
```

(3) 指定 SQL 指令。

指定 SQL 指令就是通过设置 Command 对象的 CommandText 属性来指定相关数据源的命令串，通过设置其 CommandType 属性指定命令串对应的命令类型以优化性能。命令串可以是 SQL 语句、数据表名、存储过程和数据提供者支持的任何有效的命令文本，命令类型的取值如表 4-6 所示。

表 4-6 CommandType 属性的取值及说明

参数	整数值	说　明
adCmdText	1	CommandText 是一个 SQL 语句
adCmdTable	2	CommandText 是一个表名，ADO 会产生一个对该表的查询，以返回该表的全部行和列
adCmdStoredProc	4	CommandText 是一个存储过程名
adCmdUnknown	8	默认值，CommandText 的内容是未知的
adExecuteNoRecords	128	CommandText 是一个不返回记录集的命令或存储过程，如果可以取记录，这些记录将被丢弃，总是和 adCmdText 和 adCmdStoredProc 一起使用
adCmdFile	256	CommandText 是一个已经存在的记录集的文件名
adCmdTableDirect	512	CommandText 是一个表，在查询中返回该表的全部行和列

需要说明的是，在设置 CommandType 属性值时，一定要注意与 CommandText 指定的命令类型相对应。例如，cmd 是已建好的 Command 对象，stu 是数据库中的表的名称，则语句＜％ cmd.CommandText＝"select * from stu" ％＞之后可用＜％ cmd.CommandType＝1 ％＞与之对应，而语句＜％ cmd.commandtext＝"stu" ％＞之后可用＜％ cmd.CommandType＝2 ％＞来对应。如果包含文件 adovbs.inc 在当前应用程序所在目录下，且当前应用程序的开始包含代码＜！--＃include file＝"adovbs.inc"--＞，则也可用相应的参数来设置 CommandType 的属性值，比如＜％ cmd.CommandType＝adCmdText ％＞。

也可以不指定 CommandType 属性值，而使系统自行判定 CommandText 命令串对应的命令类型，但这样会增加系统判定的过程和时间。

(4) 引用 Execute 方法，执行指定的查询。

就是利用 Command 对象的 Execute 方法，执行在 CommandText 属性中指定的查询或 SQL 指令。返回的记录集是仅向前和只读的游标，如果想得到其他类型的游标和写数据，则必须创建一个 RecordSet 对象并用 Open 方法打开记录集。

假设 Command 对象为 cmd，RecordSet 对象为 rs，则对于按行返回查询，语法为：

- ＜％ Set rs＝cmd.Execute(RecordsAffected,Parameters,Options) ％＞
- ＜％ Set rs＝cmd.Execute RecordsAffected,Parameters,Options ％＞

对于不按行返回的查询，语法为：

- ＜％ cmd.Execute(RecordsAffected,Parameters,Options) ％＞
- ＜％ cmd.Execute RecordsAffected,Parameters,Options ％＞

使用 Command 对象的 Execute 方法可执行在对象的 CommandText 属性中指定的查询。如果 CommandText 属性指定按行返回查询，执行所产生的任何结果都将存储在新的 Recordset 对象 rs 中。如果该命令不是按行返回查询，则提供者返回关闭的 Recordset 对象。某些应用程序语言允许忽略该返回值(如果不需要任何 Recordset)。

3. Command 对象与 RecordSet 对象的比较

Command 对象和 RecordSet 对象都属于 ASP 内置的 ADO 对象，都可以结合 Connection 对象(另一内置的 ADO 对象)完成对 Web 数据库的操作。其中，Connection 的主要功能是建立与 Web 数据库的连接；Command 的主要功能是向 Web 数据库传送数据查询的请求；RecordSet 的主要功能则是建立数据查询的结果集。

由于 ADO 几乎就是为 Web 数据库应用量身定做的，所以其中的 Command 对象在数据查询方面具有强大的功能。它不仅能够将一般的 SQL 指令送往 Web 数据库服务器，而且还能够传送带有参数的 SQL 指令，更重要的是还可以传送存储过程，因而能够开发出更具效率的数据库网页。

RecordSet 对象会要求数据库传送所有的数据，数据量很大时会造成网络阻塞和数据库服务器负荷过重，因此整体的执行效率就会降低。而利用 Command 对象直接调用 SQL 语句，所执行的操作是在数据库服务器中进行的，可以降低网络流量，而且由于事先进行了语法分析，可以提高整体的执行效率。

相对于 Command 对象而言，RecordSet 对象更易于理解。而 Command 对象的性能则比 RecordSet 对象更为优越，尤其在批量加入数据的情况下更是如此。

4.4.2 Command 对象的应用举例

【例 5】 向 stu 表中添加记录，ASP 网页文件 stuAdd_cmd.asp 中的代码如下。

```
<%
set conn = server.createobject("adodb.connection")
conn.open "Driver = {Microsoft Access Driver ( *.mdb)};DBQ = "&_
        server.mappath("db1.mdb")
set cmd = server.createobject("adodb.command")
set cmd.activeconnection = conn                    '注：可直接用 cmd.activeconnection = conn,下同
strSQL = "insert into stu(xh,xm,xb,csrq,dhhm)"
strSQL = strSQL + "values('20090301014','李三鹏','男',#1991-8-8#,'01010101')"
cmd.commandtext = strSQL
cmd.commandtype = 1
cmd.execute
%>
```

说明：文件 stuAdd_cmd.asp 中，语句 cmd.commandtext 的值是一个 SQL 对应的命令串，所以，如果指定命令类型，就要使用语句 cmd.commandtype=1。请与用于实现相似功能的 stuAdd.asp 文件（参见第 3.3.3 节“添加记录”）和 stuAdd_rs.asp 文件（参见第 4.3.2 节“RecordSet 对象的应用举例”）的代码进行比较，以更好地掌握 Command 对象的用法。

【例 6】 修改 stu 表中学号为 20090301014 的记录的出生日期和电话号码，其 ASP 文件 stuUpdate_cmd.asp 中的代码如下。

```
<%
set conn = server.createobject("adodb.connection")
conn.open "Driver = {Microsoft Access Driver ( *.mdb)};DBQ = "&_
        server.mappath("db1.mdb")
set cmd = server.createobject("adodb.command")
set cmd.activeconnection = conn
strSQL = "update stu set csrq = #1990 - 1 - 3#,dhhm = '67780101'"
strSQL = strSQL + " where xh = '20090301014'"
cmd.commandtext = strSQL
cmd.commandtype = 1
cmd.execute n
response.write "更新了"&n&"条记录!"
%>
```

说明：请与用于实现相似功能的 stuUpdate.asp 文件（参见第 3.3.4 节“更新记录”）和 stuUpdate_rs.asp 文件（参见第 4.3.2 节“RecordSet 对象的应用举例”）的代码进行比较，以更好地掌握 Command 对象的用法。

【例 7】 查找并输出 stu 表中男性学生的记录，并按姓名降序排序，姓名相同按学号升序排序，其 ASP 文件 stuSelect_cmd.asp 中的代码如下。

```
<%
set conn = server.createobject("adodb.connection")
conn.open "Driver = {Microsoft Access Driver ( *.mdb)};DBQ = "&_
        server.mappath("db1.mdb")
set cmd = server.createobject("adodb.command")
set cmd.activeconnection = conn
cmd.commandtext = "select * from stu where xb = '男' order by xm desc,xh asc"
cmd.commandtype = 1 '注：此语句省略后运行结果相同
set rs = cmd.execute
If rs.eof Then
  response.write "没有记录"
Else
  do until rs.eof
    response.write rs("xh")&","
    response.write rs("xm")&","
    response.write rs("xb")&","
    response.write rs("csrq")&","
    response.write rs("dhhm")&"<br>"
    rs.movenext
  loop
End If
%>
```

说明：请与用于实现相似功能的 stuSelect. asp 文件(参见第 3. 3. 5 节“查询记录”)和 stuSelect_rs. asp 文件(参见第 4. 3. 2 节“RecordSet 对象的应用举例”)的代码进行比较，以进一步掌握 Connection、Recordset 和 Command 对象的用法。

【例 8】 删除 stu 表中姓名为“李三鹏”的记录，其 ASP 文件 stuDelete_cmd. asp 中的代码如下。

```
<%
set conn = server.createobject("adodb.connection")
conn.open "Driver = {Microsoft Access Driver ( * .mdb)};DBQ = "&_
          server.mappath("db1.mdb")
set cmd = server.createobject("adodb.command")
set cmd.activeconnection = conn
cmd.commandtext = "delete from stu where xm = '李三鹏'"
cmd.commandtype = 1
cmd.execute n
response.write "删除了"&n&"条记录!"
%>
```

说明：请与用于实现相似功能的 stuDelete. asp 文件(参见第 3. 3. 6 节“删除记录”)和 stuDelete_rs. asp 文件(参见第 4. 3. 2 节“RecordSet 对象的应用举例”)的代码进行比较，以进一步掌握 Connection、Recordset 和 Command 对象的用法。

4.5 Application 对象和 Session 对象

4.5.1 使用 Application 对象为多个用户共享数据

1. Application 对象简介

Application 对象是一个应用程序级的对象，用于在所有用户间共享信息，并可在 Web 应用程序运行期间持久地保持数据。一个应用程序的根目录(或虚拟目录)由 IIS 的 Internet 信息服务程序来设定，根目录(或同一虚拟目录)及其子目录下的所有后缀为. asp 的文件构成 ASP 应用程序。应用程序的运行实例用 Application 对象表示，其生存期从请求该应用程序的第一个页面开始，直到 Web 站点关闭时结束。Application 对象的成员(集合、方法、事件)及其功能概述如下。

- Contents：存储所有未使用<Object>标记而为 Application 建立的项目。
- StaticObjects：存储在 Application 对象范围中用<Object>标记创建的所有对象。
- Contents. Remove(valName)：从 Application. Contents 集合中删除指定的变量。
- Contents. RevoveAll()：把 Application. Contents 集合中的所有变量删除。
- Lock：锁定 Application 对象，保证同一时刻只有一个用户能访问和修改 Application 对象的属性。
- Unlock：释放被锁定的 Application 对象。
- OnStart：ASP 应用程序第一次启动时被触发。
- OnEnd：ASP 应用程序结束时被触发。

存储在 Application 对象中的数据可以被应用程序的所有用户读取，特别适合在应用程序的不同用户之间传递信息。

2. Application 对象的属性

Application 对象没有内置属性，用户可根据需要自行创建，语法如下：

```
<% Application("属性名") = 值 %>
```

例如，创建 welcome 属性可用以下脚本：＜％ Application("welcome")＝"本网站属于非赢利网站" ％＞，它等效于＜％ Application. contents("welcome")＝"本网站属于…" ％＞。这样创建的 welcome 变量属于 contents 集合中的一个成员。其实，当创建一个新的 Application 变量时，就是在 Contents 集合中添加了一项。

若要删除成员，可用 Contents. Remove 和 Contents. RemoveAll 方法，比如删除 welcome 成员可用以下脚本：＜％ Application. contents. remove("welcome") ％＞。

3. Application 对象的方法

(1) Lock 方法。用于锁定 Application 对象，以禁止其他用户修改其属性，保证同一时刻只有一个用户可以操作其中的数据，从而避免多个用户同时修改同一数据而产生冲突。

(2) Unlock 方法。用于解除 Lock 方法对数据的锁定，以便其他用户能访问和修改 Application 对象的属性。它与 Lock 成对出现，以确保 Application 对象中的数据对所有用户的完整性和一致性。

4. Application 对象的事件

(1) Application_OnStart。当网站的第一个用户通过浏览器打开一份网页时，Application 对象就会自动创建，该对象所定义的 OnStart 事件也会被触发。整个网站一开始所要执行的工作、初始化操作的相关程序代码都可以放在 Application_OnStart 事件中作处理。

(2) Application_OnEnd。ASP 应用程序网站关闭时，系统侦测到最后一个用户离线的同时，Application 就会结束，该对象所定义的 OnEnd 事件也会被触发，而且所有 ASP 应用程序执行期间，网页在其中所存储的数据都会被清除。处理 ASP 网站结束时所需的程序代码可以放在 Application_OnEnd 事件中作处理。

值得注意的是，Application_OnStart 和 Application_OnEnd 事件的相关程序代码必须放在名为 Global. asa 的特殊文件中作处理。

5. 在 Application 对象中保存数组

可以定义一个普通数组并赋值，再将数组整体定义为一个 Application 对象。如：

```
<% dim array()
    array = application("array")
    for i = 0 to ubound(array)
```

```
        response.write array(i)
    next i
%>
```

数组在 Application 中只能作为一个对象保存，用户只能对一个数组整体进行存取操作。ubound 函数用于返回表示数组某一维的最大下标，这个值可以作为遍历数组的终止条件。

4.5.2 使用 Session 对象为每个用户保存数据

1. Session 对象简介

使用 Session 对象，可以存储特定用户会话所需的信息。当用户在应用程序的页面之间跳转时，存储在 Session 对象中的数据始终存在，不会被清除。

Session 对象可用来标识每次访问的用户并收集信息，在用户与网站服务器保持联系期间，应用程序可调用这些存储的信息来跟踪用户的喜好或选择。

不同的客户必须访问属于自己的 Session 对象。Session 对象提供了多种成员，包括集合、方法、事件和属性。Session 对象成员（集合、方法、事件、属性）及其功能概述如下：

- Contents：存储所有未使用<Object>标记而为 Session 建立的项目。
- StaticObjects：存储 Session 对象范围中用<Object>标记创建的所有对象。
- Contents. Remove(valName)：删除 Session. Contents 集合中的特定变量。
- Contents. RemoveAll()：删除 Session. Contents 集合中的所有变量。
- Abandon：结束当前的 Session，为用户创建一个新的 Session。
- OnStart：一个新的用户联机进来时被触发的事件。
- OnEnd：一个用户结束联机时被触发的事件。
- CodePage：定义用于在浏览器中显示动态内容的代码页。
- LCID：定义发送给浏览器的页面区域标识。
- SessionID：代表一个特定用户的唯一的 Session 识别 ID。
- TimeOut：设定 Session 对象的存活时间。

2. Session 对象的属性和方法

(1) SessionID 属性。当用户第一次请求应用程序中的 ASP 文件时，ASP 将产生一个 SessionID，它是代表当前会话的唯一标志符。新会话开始时，它将自动为每个 Session 分配不同的编号，服务器将 SessionID 作为 Cookies 存储到用户 Web 浏览器中。取得当前用户的 SessionID 的代码是：<% response. write session. sessionID %>。

(2) TimeOut 属性。以分钟为单位指定超时间隔。<% session. Timeout = 5 %> 将超时间隔设为 5 分钟。如果用户在 TimeOut 规定的时间内没有请求或刷新应用程序中的任何页，Session 对象会自动终止。默认情况下，服务器只保留 Session 对象 20 分钟。

(3) Abandon 方法。用来删除 Session 对象并释放其占用的资源。<% Session. Abandon %>用于消除 Session 对象。如果使用了 Abandon 方法，Session 对象将被重新分配一个新的 SessionID 值。

3. Session 对象的事件

（1）Session_OnStart。当网站一个新的用户上线通过浏览器请求一份网页时，这个用户专属的 Session 对象就会被创建。Session 对象所定义的 OnStart 事件同时被触发。

（2）Session_OnEnd。当一个用户离线或者停止浏览网页操作时，一旦过了 Session 对象的存活期限，代表此用户的 Session 就会结束。此时 Session_OnEnd 事件被触发，处理用户离线时所需的程序代码可以放在这个事件中作处理。

值得注意的是，Session_OnStart 和 Session_OnEnd 事件的相关程序代码都是在 Global.asa 文件中作处理。

4.5.3 Global.asa 文件初始化应用程序

Global.asa 文件能够管理在 ASP 应用中两个非常苛刻的对象，即 Application 和 Session，其中 asa 是 Active Server Application 的首字母缩写。Global.asa 是一个可选的文本文件，可以包含以下 4 种类型的事件：

（1）Application_OnStart。此事件会在 Web 服务器重启时被触发，或者在首位用户从 ASP 应用程序调用第一个页面时发生。在此事件的脚本中可以使用的对象包括 Application 和 Server 对象，但不能引用 Session、Request 和 Response 等对象。Session_OnStart 事件会在此事件发生之后立即发生。

（2）Session_OnStart。此事件会在每当新用户请求其在 ASP 应用程序中的首个页面时发生，服务器在执行请求的页之前先处理该脚本。Request、Response、Server、Application 和 Session 都可以在此事件的脚本中使用和引用。

（3）Session_OnEnd。此事件会在每当用户结束 Session 时发生。在规定的时间（默认为 20 分钟）内如果没有页面被请求，Session 也会结束。在此事件的脚本中可以引用的对象包括 Application、Session 和 Server 对象。

（4）Application_OnEnd。此事件在应用程序退出时于 Session_OnEnd 事件之后发生。典型的情况是，此事件会在 Web 服务器停止时发生。此事件可用于在应用程序停止后清除设置，比如删除记录或者向文本文件写信息，脚本中可以使用的对象包括 Application 和 Server 对象。

Global.asa 文件必须存放在应用程序的根目录中，并且每个应用程序只能有一个 Global.asa 文件。标准的 Global.asa 文件的结构如下：

```
<Script Language = VBScript runat = Server>
Sub Application_OnStart
    '当第一个用户运行 ASP 应用程序中的任何一个页面时执行的代码
End Sub
Sub Session_OnStart
    '当用户第一次运行 ASP 应用程序中的任何一个页面时执行的代码
End Sub
Sub Session_OnEnd
    '当一个用户的会话超时或退出应用程序时执行的代码
End Sub
```

```
Sub Application_OnEnd
    '当该站点的 Web 服务器关闭时执行的代码
End Sub
</Script>
```

说明：Global.asa 文件必须存放在应用程序的根目录中，包含的脚本只能用<Script>和</Script>封装，而不能使用<%…%>的形式，并且不能包含 response.write 输出语句。

例如，要创建一个可计算当前在线人数和网站总访问量的 Global.asa 文件。Application_OnStart 设置当服务器启动时，会话超时为 5 分钟，Application 变量 visitorOnline(在线人数)和 visitorAll(总访问次数)的值都为 0。每当有新用户访问时，Session_OnStart 子例程就会给变量 visitorOnline 和 visitorAll 都增加 1。每当 Session_OnEnd 子例程被触发时，此子例程就会使变量 visitorOnline 减少 1。Global.asa 文件中的内容如下：

```
<Script Language = "VBScript" runat = "Server">
Sub Application_OnStart
    '服务器启动时,网站的初始化操作
    Session.Timeout = 5 '会话超时设为 5 分钟
    Application.Lock '锁定 Application 对象
    Application("visitorOnline") = 0 '初始化网站在线人数为 0
    Application("visitorAll") = 0 '初始化网站总的访问次数为 0
    Application.UnLock '解锁 Application 对象
End Sub
Sub Session_OnStart
    '新用户刚访问网站时,在线人数和访问次数都加 1
    Application.Lock
    Application("visitorOnline") = Application("visitorOnline") + 1
    Application("visitorAll") = Application("visitorAll") + 1
    Application.UnLock
End Sub
Sub Session_OnEnd
    '会话超时或用户离线时,在线人数减 1
    Application.Lock
    Application("visitorOnline") = Application("visitorOnline") - 1
    Application.UnLock
End Sub
</Script>
```

假设 ASP 文件 applicationglobal.asp 的功能是显示网站的当前在线人数和网站的总访问量，其代码如下：

```
<html><head></head>
<body>
当前网站在线人数：<% = Application("visitorOnline") %>
<BR>网站总访问量：<% = Application("visitorALL") %>
</body>
</html>
```

applicationglobal.asp 的运行结果如图 4-7 所示。

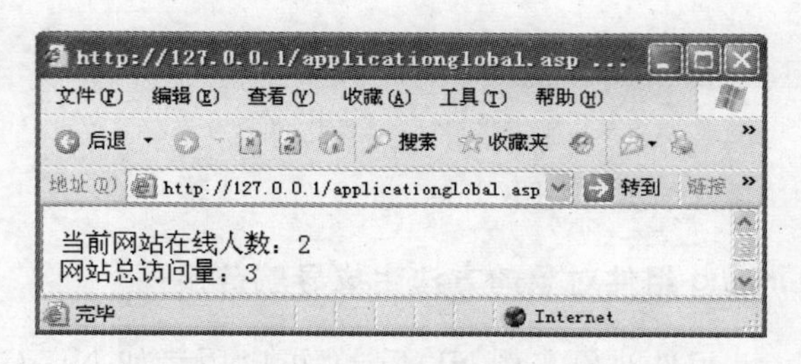

图 4-7 applicationglobal.asp 的运行结果

4.6 Content Linking 组件

4.6.1 Content Linking 组件的基础知识

组件可以理解为擅长处理某功能的对象，Content Linking 组件被称为内容链接组件，用于创建快捷便利的导航系统，该组件会返回一个 NextLink 对象，这个对象用于容纳需要导航网页的一个列表。Content Linking 组件的主要目的在于管理网页或网址间的超文本链接，可以通过一个网页或网址的线性排列顺序列表来管理多个网页或网址间的超文本链接顺序。该组件读取一个列出了若干超链接的 URL 地址和相关描述信息的纯文本文件，可以根据这些 URL 地址和相关描述信息，自动创建每个相关页面的导航链接和目录链接。一旦页面间的结构发生变化，只要修改这个纯文本文件就可以实现导航链接和目录链接的更新，从而减少了站点的维护工作量。

1. 创建 Content Linking 组件内容链接列表文件

Content Linking 组件内容链接列表文件也称为网页或网址的线性排列顺序文件，是一种包含 Web 页列表的文本文件，它是一种纯文本格式的目录列表文件，可以用任何纯文本编辑软件创建与修改。假如在主目录(或虚拟目录)下建立名为 mulu.txt 的目录列表文件，此文件中的每行都包含有关“Web 页的相对或虚拟 URL 地址”和“超链接描述信息”两列内容，两列之间以 Tab 键隔开，行末需按 Enter 键进行换行。文件中的内容格式如下：

```
网页 1 的 URL 地址    超链接描述 1
网页 2 的 URL 地址    超链接描述 2
网页 3 的 URL 地址    超链接描述 3
……
```

上述内容格式中，第一列为超链接的相对地址或虚拟地址，第二列为网页上显示的超链接描述，两列之间须用 Tab 键隔开。

2. 创建 Content Linking 组件对象实例

使用 Content Linking 组件，必须在相关的 ASP 文件中，先利用 Server 对象的 CreateObject 方法创建 Content Linking 组件对象实例，或者说创建 NextLink 对象。例如，创建名为 NL 的 NextLink 对象(或 Content Linking 组件对象实例)，可用以下代码实现：

```
<%
Set NL = Server.CreateObject("MSWC.NextLink")
%>
```

其中,MSWC 表示 MicroSoft Web Class。

3. 使用 Content Linking 组件对象的方法生成导航链接

创建 Content Linking 组件对象实例 NL 后,就可以用诸如 NL. GetListCount("mulu. txt")的形式使用 Content Linking 组件的方法,其中,mulu. txt 是目标文件名,GetListCount("mulu. txt")是利用 GetListCount()方法获得文件 mulu. txt 中所包含的超链接项目总数。Content Linking 组件的方法如表 4-7 所示。

表 4-7 Content Linking 组件的方法与说明

方法	说明
GetListCount("文件名")	获取内容链接列表文件中所列的网页总数或项目总数
GetListIndex("文件名")	获取在内容链接列表文件中当前项目的索引号。内容链接列表文件中第一个项目的索引号是 1,如果当前页不在内容链接列表文件中,该方法将返回 0
GetNextDescription("文件名")	获取内容链接列表文件中的下一个网页的超链接描述
GetNextURL("文件名")	获取内容链接列表文件中的下一个网页的 URL 地址
GetNthDescription("文件名",N)	获取内容链接列表文件中第 N 个网页的超链接描述
GetNthURL("文件名",N)	获取内容链接列表文件中第 N 个网页的 URL 地址
GetPreviousDescription("文件名")	获取内容链接列表文件中前一个网页的超链接描述
GetPreviousURL("文件名")	获取内容链接列表文件中前一个网页的 URL 地址

4.6.2 Content Linking 组件的应用举例

假设文件 contentlinking. asp 的执行结果如图 4-8 所示,其中文章目录部分可以按某种顺序以超链接形式列出所有文章的标题,文章部分留有显示当前文章的索引号(即目录部分各标题前的序号)、上一篇的标题、下一篇的标题的区域,以及关于“第一篇”和“最后一篇”的超链接。如果单击任何一个超链接,都会在类似页面下显示该超链接对应的文章的标题和内容,而且文章部分出现对应的文章索引号、上一篇标题、下一篇标题及相关超链接(包括“第一篇”、“上一篇”、“下一篇”、“最后一篇”、“返回目录”等链接),例如单击目录部分的超链接“第三篇 cccc”,返回结果如图 4-9 所示。

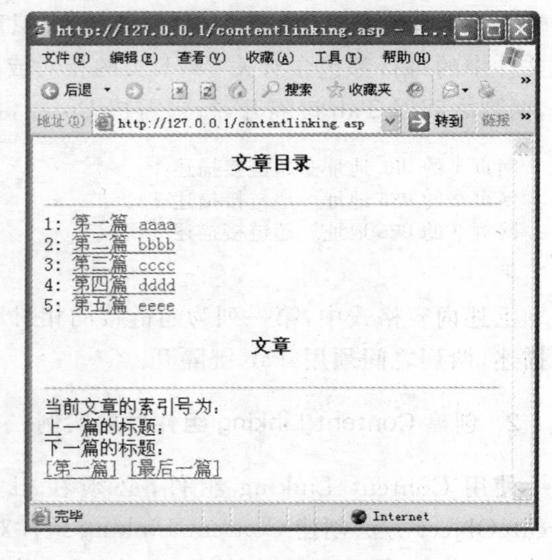

图 4-8 目录

为实现此功能,首先要创建一个纯文本格式的目录列表文件,例如该目录列表文件

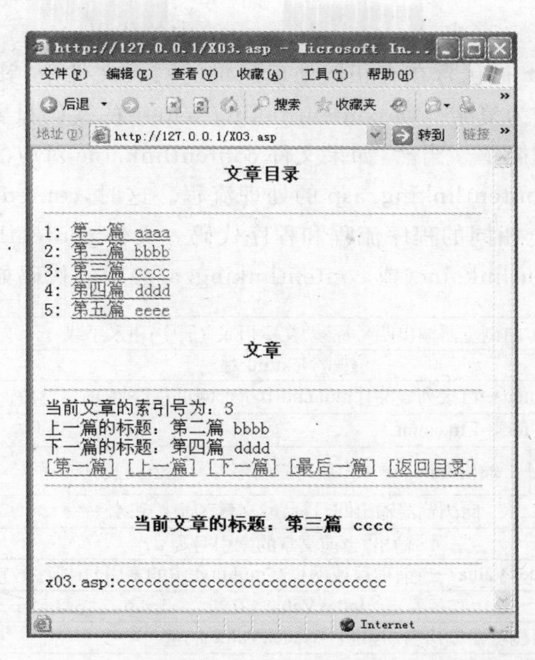

图 4-9　单击“第三篇 cccc”超链接时返回的结果

名为 mulu. txt，其中的内容格式如下：

```
x01.asp   第一篇 aaaa
x02.asp   第二篇 bbbb
x03.asp   第三篇 cccc
x04.asp   第四篇 dddd
x05.asp   第五篇 eeee
```

该目录列表文件中，包括若干行内容，每行包括两列，第一列是与页面相关的超链接的 URL 地址，该 URL 地址是虚拟的或相对的，且只能引用本地服务器上的文件；第二列是在网页上显示的链接描述，这两列之间必须用 Tab 键来隔开；该文件中的每行以 Enter 键换行结束。例如，第一行的内容中，第一列的“x01. asp”是本地服务器上主目录或虚拟目录下的文件，第二列的“第一篇 aaaa”是 x01. asp 对应的链接描述（或文章标题），在字母“p”和汉字“第”之间需按下一个或若干个 Tab 键进行分隔，在“第一篇”与“aaaa”之间以空格隔开（尽管以空格隔开，仍属于同一列）。

其次，要在相关的 ASP 文件（如 contentlinking. asp）中，创建 Content Linking 组件对象实例，并使用 Content Linking 组件的方法对目录列表文件进行处理。但由于在如图 4-8 所示的界面中单击相关超链接时，会链接到包含了该界面内容的相应网页（如图 4-9 所示），表明在链接到的目标网页中包含与该界面有相同处理逻辑的代码。为避免代码重复，可将具有相似处理逻辑的代码保存在文件 contentlink. inc 中，然后在包含该处理逻辑的网页的前面加入代码＜!--＃include file＝"contentlink. inc"--＞即可。

就本例而言，与文件 contentlink. inc 具有相似处理逻辑的网页文件包括 contentlinking. asp 和包含在目录列表文件 mulu. txt 中第一列对应的网页文件 x01. asp、x02. asp、x03. asp、x04. asp、x05. asp。以下列出这些文件对应的代码示例。

1）文件 contentlink. inc（或 contentlinking. asp）中的代码

文件 contentlink. inc 被包含在有相似处理逻辑的网页文件中，其代码应具有较大的通用性，因而逻辑结构也较为复杂。而 contentlinking. asp 中的代码只要能与如图 4-8 所示的界面匹配即可，相对比较简单。当然，如果文件 contentlink. inc 对应的程序流程足够合理和周全，则完全可以包含 contentlinking. asp 的处理流程。这时，contentlinking. asp 就可以与 contentlink. inc 具有完全相同的程序流程和程序代码。文件 contentlink. inc 的程序流程如图 4-10 所示，文件 contentlink. inc（或 contentlinking. asp）中的代码如下：

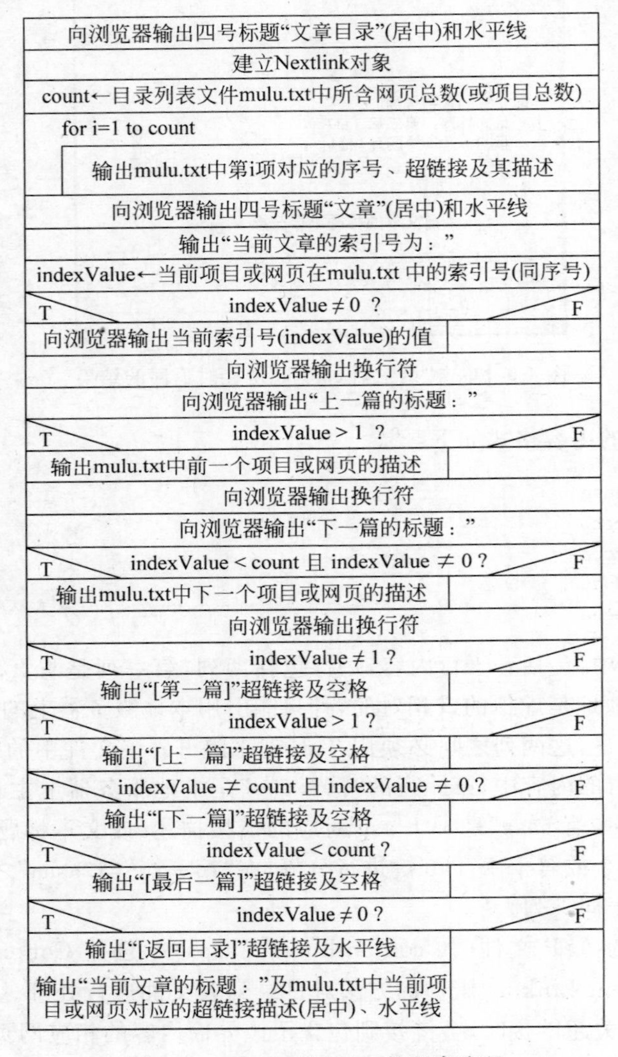

图 4-10 contentlink. inc 的程序流程

```
<%
response.write "<center><h4>文章目录</h4></center><hr>"
set Nextlink = Server.CreateObject("MSWC.NextLink")
count = NextLink.GetListCount("mulu.txt")
for i = 1 to count
```

```
    response.write i&": "
    response.write"<a href="&NextLink.GetNthUrl("mulu.txt",i)&">"&_
    NextLink.GetNthDescription("mulu.txt",i)&"</a><br>"
  next
  %>
  <%
  response.write "<center><h4>文章</h4></center><hr>"
  response.write "当前文章的索引号为："
  indexValue = NextLink.GetListIndex("mulu.txt")
  If indexValue <> 0 Then
    response.write indexValue
  End If
  response.write "<br>"
  response.write "上一篇的标题："
  If indexValue > 1 Then
    response.write NextLink.GetPreviousDescription("mulu.txt")
  End If
  response.write "<br>"
  response.write "下一篇的标题："
  If indexValue < count and indexValue <> 0 Then
    response.write NextLink.GetNextDescription("mulu.txt")
  End If
  response.write "<br>"
  If indexValue <> 1 Then
    response.write "<a href="&NextLink.GetNthUrl("mulu.txt",1)& _
                   ">[第一篇]</a> "
  End If
  If indexValue > 1 Then
    response.write "<a href="&NextLink.GetPreviousUrl("mulu.txt")& _
                   ">[上一篇]</a> "
  End If
  If indexValue <> count and indexValue <> 0 Then
    response.write "<a href="&NextLink.GetNextUrl("mulu.txt")& _
                   ">[下一篇]</a> "
  End If
  If indexValue < count Then
    response.write "<a href="&NextLink.GetNthUrl("mulu.txt",count)& _
                   ">[最后一篇]</a> "
  End If
  If indexValue <> 0 Then
    response.write "<a href=contentlinking.asp>[返回目录]</a><hr>"
    response.write "<center><h4>当前文章的标题："
    response.write NextLink.getnthdescription("mulu.txt",indexValue)
    response.write "</center></h4><hr>"
  End If
  %>
```

说明：第一个“＜％”与“％＞”之间的代码主要用于以超链接形式列出文章目录（或标题）及对应文章的序号（或索引号），第二个“＜％”与“％＞”之间的代码主要用于依次列出当前文章的索引号、上一篇和下一篇的标题，显示指向第一篇、上一篇、下一篇、最后一篇和返回目录的超链接及当前文章的标题，而且任何时候不需要出现的项都不会被列出。当没有单击网页中的超链接或仅单击“[返回目录]”超链接时，代码中变量 indexValue 的取值为 0。如果单击的超链接对应于 mulu. txt 中的第 n 个 URL 地址，则 indexValue 的取值就是 n。

2）contentlinking. asp 中的代码

contentlinking. asp 中的内容既可以写成与 contentlink. inc 中完全相同的代码，也可以在 contentlink. inc 的基础上精简不必要的流程和代码（这里不再赘述），还可以简写成以下形式：

```
<! -- #include file = "contentlink. inc" -->
```

这样，执行 Contentlinking. asp 文件时，就会返回如图 4-8 所示的目录。

3）x01. asp 至 x05. asp 中的代码

由于执行 x01. asp 至 x05. asp 各文件时，都是先运行了 contentlink. inc 文件中所包含的代码，因此，可以将 contentlink. inc 文件包含在 x01. asp 至 x05. asp 各文件中，即在这些文件的前面加入代码<!--# include file = " contentlink. inc"-->。本例中，x01. asp 至 x05. asp 各文件的代码如下。

• x01. asp 的代码：

```
<! -- #include file = "contentlink. inc" -->
x01. asp:aaaaaaaaaaaaaaaaaaaaa
```

• x02. asp 的代码：

```
<! -- #include file = "contentlink. inc" -->
x02. asp:bbbbbbbbbbbbbbbbbbbb
```

• x03. asp 的代码：

```
<! -- #include file = "contentlink. inc" -->
x03. asp:cccccccccccccccccccccccccccccc
```

• x04. asp 的代码：

```
<! -- #include file = "contentlink. inc" -->
<% response. write "x04. asp:dddddddddddddddddddddddddd" %>
```

• x05. asp 的代码：

```
<! -- #include file = "contentlink. inc" -->
<% response. write "x05. asp:eeeeeeeeeeeeeeeeeeeeeeeeeee" %>
```

4.7 Ad Rotator 组件

Ad Rotator 组件通常又称为广告轮显组件，其功能相当于在网站上建立一个符合广告领域标准功能的广告系统。每当用户进入网站或刷新页面时，Ad Rotator 组件就会创建一个 AdRotator 对象来显示一幅不同的广告图片。Ad Rotator 组件的工作原理就是首先创建 AD Rotator 计划文件，然后通过读取 AD Rotator 计划文件完成广告的轮流显示。

1. 创建 AD Rotator 计划文件

Ad Rotator 计划文件由两部分内容组成，第一部分可指定广告图片所在页面的 URL，以及广告图片的宽度、高度、边框等参数，第二部分主要指定每个单独广告的图片文件、链接地址、替代文本、显示权值(或频率)等属性。第一部分与第二部分之间由一个星号(*)占一行隔开。例如，建立名为 ads.txt 的 Ad Rotator 计划文件，ads.txt 中的内容如下：

```
REDIRECT adbar.asp
WIDTH 268
HEIGHT 60
BORDER 5
*
zzu.gif
http://www.zzu.edu.cn/
郑州大学
50
CERN.gif
http://www.edu.cn/
中国教育和科研计算机网
50
```

在 ads.txt 文件中，星号(*)所在行之前各行的作用分别是重定向到广告条所在页面的 URL 及指定广告条图片的宽、高、边框大小的像素值；星号所在行之下每 4 行为一组分别描述各个广告的细节，具体包括各广告所对应图片的文件名及位置(zzu.gif 与 CERN.gif 分别是郑州大学与中国教育和科研计算机网的广告图片)、广告所链接到的主页的 URL、图片的替代文字、显示权值(上述两个广告的显示频率各占 50%)。

2. 广告显示页面：adbar.asp 中的内容

广告显示页面的主要作用是利用 Ad Rotator 组件，读取 Ad Rotator 计划文件，并实现广告的轮流显示。要使用 Ad Rotator 组件，必须先建立 AdRotator 对象，然后可以利用 Ad Rotator 组件的 GetAdvertisement 方法，从 Ad Rotator 计划文件中获取下一个计划广告的详细说明，并返回在页面中显示广告的 HTML。对应的代码为：

```
<% set ad = Server.CreateObject("MSWC.AdRotator") %>
<% response.write(ad.GetAdvertisement("ads.txt")) %>
```

也可以利用 Ad Rotator 组件的属性来直接控制广告的一些特性，其中 Border 属性用于指定广告的边框的尺寸，Clickable 属性规定广告本身是否是超链接(默认为 True，可修改为 False)，TargetFrame 属性指定广告的框架名称(可以是 HTML 框架关键字如_blank、_new、_self、_top、_child、_parent 等)。

假设广告显示页面对应的文件为 adbar.asp，该文件中的内容如下，其运行结果如图 4-11所示。

图 4-11 Ad Rotator 组件显示效果

```
<html>
<body>
<%
strURL = Request.QueryString("url")
If strURL <>"" Then
    Response.Redirect(strURL)
Else
    set ad = Server.CreateObject("MSWC.AdRotator")
    ad.TargetFrame = "_blank"
    response.write(ad.GetAdvertisement("ads.txt"))
End If
%>
<hr>
<a href = "adbar.asp">重新访问本页</a>
</body>
</html>
```

本例中，当鼠标指向广告条时，在浏览器下端的状态栏会显示该广告指向的超链接“http://127.0.0.1/adbar.asp? url=http://www.zzu.edu.cn/&image=zzu.gif”。当单击此广告时，会将查询字符串中的参数 url 传递给 adbar.asp 进行处理。

4.8 Content Rotator 组件

Content Rotator 组件又称为内容轮显组件，其工作原理是通过读取内容计划文件来完成网页内容的显示，显示的网页内容可以是 HTML 能表达的任何内容，包括文本、图像、超链接等。

1. 创建内容计划文件

内容计划文件是一个纯文本文件，所有要显示的网页内容都包含在该文件内。内容计划文件由多个条目组成，每个条目由以%%开始的两部分组成，其基本格式是：

```
%% [ #权重 ][ //注释 ]
显示内容
```

其中，中括号表示可选项，权重表示页面刷新时显示内容随机出现的频率，默认为 1。例如，内容计划文件 Context. txt 中的内容如下：

```
%% #4 //下面显示表格
<table border="1">
<tr><th>单位</th><th>网址</th></tr>
<tr><td>郑州大学</td><td>www.zzu.edu.cn</td></tr>
<tr><td>中国教育和科研计算机网</td><td>www.edu.cn</td></tr>
</table>
%% #5 //下面是超链接
<A href="http://www.zzu.edu.cn">郑州大学</A>
<A href="http://www.edu.cn">中国教育和科研计算机网</A>
%% #3
<font color="blue">郑州大学</font><br>
<A HREF="http://www.zzu.edu.cn"><Image src="zzu.gif" border="1"></A>
```

2. 创建与使用内容轮显组件

使用 Content Rotator 组件必须先建立 ContentRotator 对象实例，格式是＜% Set MyContent＝Server. CreateObject（"MSWC. ContentRotator"）%＞，之后就可以利用 ChooseContent 方法读取内容计划文件中的一个条目并显示在浏览器窗口，利用 GetAllContent 方法读取内容计划文件中的所有条目，然后显示在浏览器窗口，并在各条目之间以及第一个条目之前、最后一个条目之后都自动添加水平线。假设利用 ChooseContent 方法随机显示某个条目内容的文件为 showcontext. asp，该文件中的代码如下，其执行结果之一如图 4-12 所示。

```
<%
Set MyContent = Server.CreateObject("MSWC.ContentRotator")
Content = MyContent.ChooseContent("context.txt")
Response.Write Content
%>
```

图 4-12 showcontext. asp 的执行结果之一

同样，假设利用 GetAllContent 方法显示全部条目内容的文件为 showall. asp，该文件中的代码如下，其执行结果如图 4-13 所示。

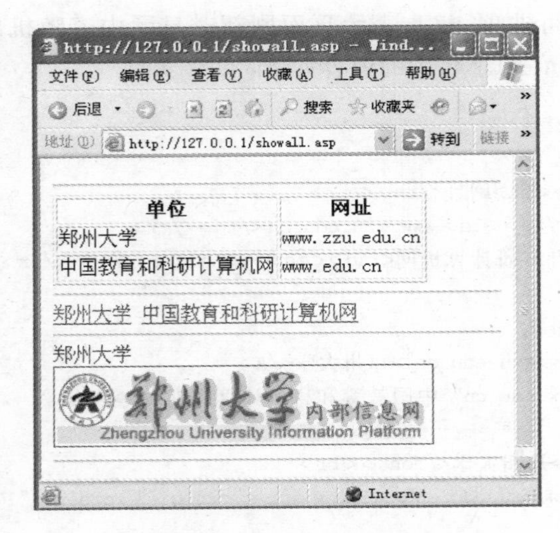

图 4-13 showall.asp 的执行结果

```
<%
Set MyContent = Server.CreateObject("MSWC.ContentRotator")
Content = MyContent.GetAllContent("context.txt")
Response.Write Content
%>
```

4.9 Browser Capabilities 组件

Browser Capabilities 组件称为浏览器性能组件，其主要作用是提取和识别客户端浏览器的版本信息。使用该组件需要创建 BrowserType 对象，从而可以利用该对象的相关属性来测定访问者浏览器的类型、性能、版本号，以及是否支持框架、ActiveX 控件、脚本程序等。创建 BrowserType 对象的格式是：

```
<% Set Brow = Server.CreateObject("MSWC.BrowserType") %>
```

当客户端浏览器向服务器发送页面请求时，同时会自动向服务器发送一个 HTTP User Agent 报头。BrowserType 对象会把报头中有关浏览器名称、版本、操作系统等的信息与服务器上名为 browscap.ini 的文件中的信息进行比较，如果在 browscap.ini 中有匹配的内容，就可依据 browscap.ini 中定义的匹配的浏览器设置来确定客户浏览器的特性，但那些未出现在匹配浏览器设置中的属性将被设置为 unknown；如果 HTTP User Agent 报头中的信息在 browscap.ini 中没有匹配的项，就使用 browscap.ini 中定义的默认的浏览器设置(Default Browser 部分)；如果 HTTP User Agent 报头中的信息在 browscap.ini 中没有匹配的项，且 browscap.ini 中也没有指定默认的浏览器设置，则 BrowserType 对象就会把客户端浏览器的每一个属性设置为 unknown。默认情况下，browscap.ini 文件被存放在 C:\WINDOWS\system32\inetsrv 目录下，用户可以编辑该文件，以增加或更新相关的属性值，使其与浏览器的特性保持一致。另外，此文件必须和 browscap.dll(浏览器功能组件)在同一个目录下。

例如，使用 Browser Capabilities 组件检测浏览器相关性能的网页文件为 browsercapabilites.asp，其网页代码如下，运行结果如图 4-14 所示。

```
<% Set Brow = Server.CreateObject("MSWC.BrowserType") %>
<table border = "1">
<caption><b>利用 BrowserType 对象测试浏览器性能</b></caption>
<tr><th>BrowserType 属性</th><th>测试项目</th><th>结果</th>
    <th>BrowserType 属性</th><th>测试项目</th><th>结果</th></tr>
<tr><td>Platform</td><td>浏览器运行平台</td><td><% = Brow.platform %></td>
    <td>Browser</td><td>浏览器名称</td><td><% = Brow.browser %></td></tr>
<tr><td>Version</td><td>浏览器版本号</td><td><% = Brow.version %></td>
    <td>Majorver</td><td>主版本号</td><td><% = Brow.majorver %></td></tr>
<tr><td>Minorver</td><td>副版本号</td><td><% = Brow.minorver %></td>
    <td>Backgroundsounds</td><td>播放背景音乐</td>
    <td><% = Brow.backgroundsounds %></td></tr>
<tr><td>Frames</td><td>支持多窗口显示</td><td><% = Brow.frames %></td>
    <td>Tables</td><td>支持表格显示</td><td><% = Brow.tables %></td></tr>
<tr><td>Cookies</td><td>支持 Cookies</td><td><% = Brow.cookies %></td>
    <td>VBScript</td><td>支持 VBScript</td>
    <td><% = Brow.vbscript %></td></tr>
<tr><td>JavaScript</td><td>支持 JavaScript</td>
    <td><% = Brow.javascript %></td>
    <td>JavaApplets</td><td>支持 Java 小程序</td>
    <td><% = Brow.javaapplets %></td></tr>
<tr><td>ActiveXcontrols</td><td>支持 ActiveX 控件</td>
    <td><% = Brow.activexcontrols %></td>
    <td>Cdf</td><td>支持频道定义文件</td><td><% = Brow.cdf %></td></tr>
<tr><td>Beta</td><td>浏览器是测试版</td><td><% = Brow.beta %></td></tr>
</table>
```

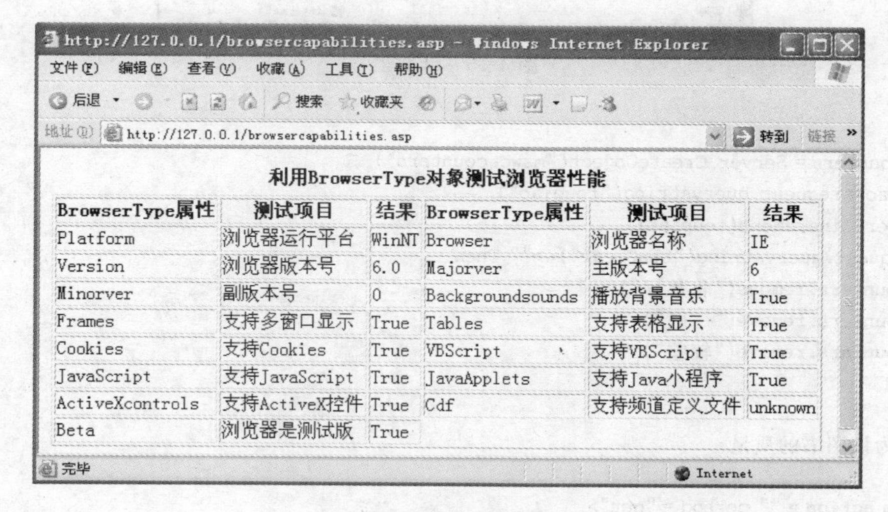

图 4-14　浏览器性能测试

4.10 Counters 组件

Counters 组件又称为计数器组件，用于创建 Counters 对象。通过该对象可创建一个或多个独立计数器，从而可跟踪某一网站或网页的访问次数。计数器是一个包含整数的持续值，所有计数器都存储在一个单独的名为 counters.txt 的文本文件中，它和 counters.dll 文件存储在同一目录下。

创建 Counters 对象可用语句<% Set counters = Server.CreateObject("mswc.counters") %>。该对象有 4 个方法，Increment 方法使计数器的值递增 1(或创建一个初始值为 1 的新的计数器)，Remove 方法从 Counters 对象中删除一个计数器，Get 方法返回计数器的当前值(或创建一个初始值为 0 的新的计数器)，Set 方法将计数器的值设为一个特定的值。例如，用 Counters 组件创建一个投票计数器，文件名为 count.asp，代码如下，运行结果如图 4-15 所示。

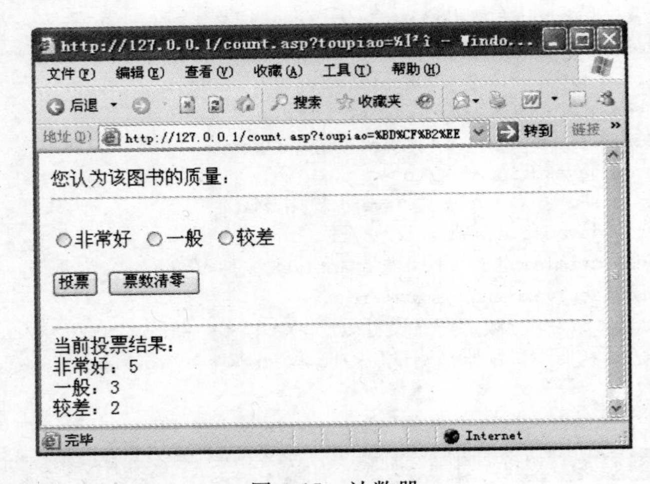

图 4-15 计数器

```
<%
Set counters = Server.CreateObject("mswc.counters")
toupiao = request.querystring("toupiao")
counters.increment(toupiao)
If request.querystring("btnClear")<>"" Then
   counters.remove("非常好")
   counters.remove("一般")
   counters.remove("较差")
End If
%>
您认为该图书的质量:
<hr>
<form action = "" method = "get">
<input type = "radio" name = "toupiao" value = "非常好">非常好
<input type = "radio" name = "toupiao" value = "一般">一般
<input type = "radio" name = "toupiao" value = "较差">较差
```

```
<br><br><input type="submit" value="投票">
<input type="submit" name="btnClear" value="票数清零">
</form>
<hr>
当前投票结果：<br>
非常好：<% =counters.Get("非常好") %><br>
一般：<% =counters.Get("一般") %><br>
较差：<% =counters.Get("较差") %>
```

4.11 FSO组件

1. FSO概述

FSO即FileSystemObject，是ASP存取文件的一个组件。要使用FSO，必须先创建FileSystemObject主对象，创建方法如下：

```
<% set fso=Server.CreateObject("Scripting.FileSystemObject") %>
```

创建FileSystemObject主对象后，就可以利用FSO包含的Folder、File、Drive、TextStream对象和Folders、Files、Drives集合，从而实现对文件系统的访问和相关操作。

利用FileSystemObject对象的GetFolder方法可返回文件夹对应的Folder对象，返回Folder对象的语法结构为：<% Set folder=fso.GetFolder(文件夹所在路径) %>。

利用FileSystemObject对象的GetFile方法可返回文件对应的File对象，返回File对象的语法结构为：<% Set f=fso.GetFile(文件名所在路径) %>。

利用Folder对象或File对象的Drive属性可返回文件夹或文件所在驱动器的Drive对象，返回Drive对象的语法结构为：<% Set drv=folder.Drive %>或<% Set drv=f.drive %>。

利用FileSystemObject对象创建文本文件(流文件)后，就可以使用TextStream对象的属性和方法。创建文本文件(流文件)的语法结构为：<% Set f=fso.CreateTextFile(文件名,是否覆盖原有文件,文件格式) %>。其中，是否覆盖原有文件的取值为True时表示可覆盖已有文件，取值为False(默认)时表示不可覆盖；文件格式为True时表示以unicode格式创建，为False(默认)时表示以ASCII格式创建。

利用FileSystemObject对象打开文本文件(流文件)后，也可以使用TextStream对象的属性和方法。打开文本文件(流文件)的语法结构为：<% Set f=fso.OpenTextFile(文件名,打开模式,是否创建,打开格式) %>。其中，打开模式为1表示只读，2表示只写，8表示追加；是否创建的取值为True表示要打开的文件若不存在就创建该文件，为False(默认)表示不创建；打开格式的取值为-2表示以系统默认格式打开文件，-1表示以unicode格式打开，0表示以ASCII格式打开。

也可以利用File对象的OpenAsTextStream方法打开指定文件并返回一个TextStream对象，其语法结构为：<% Set ts=f.OpenAsTextStream(打开模式,打开格式) %>。打开模式、打开格式的取值与作用同上述打开文本文件所述。

通过FileSytemObject、Folder、File、TextStream、Drive对象的属性和方法(具体参见后

面的例子)，就可以对文件夹、文件和驱动器等对象进行相关的处理操作，具体包括：①检测和获得系统驱动器的信息分配情况；②探测出给定的文件夹或文件是否存在；③创建、复制、移动、删除文件夹和文件；④打开与读写文件；⑤提取文件夹和文件的名称、创建日期与时间、最近一次访问或修改的日期和时间等信息。

2. 举例

【例 9】 通过 Drive 对象提供的属性获得系统驱动器的相关信息，网页文件名为 driveinfo.asp，代码如下，运行结果如图 4-16 所示。

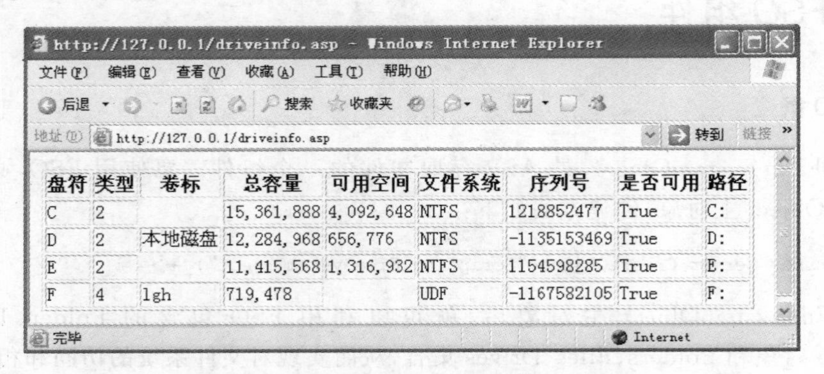

盘符	类型	卷标	总容量	可用空间	文件系统	序列号	是否可用	路径
C	2		15,361,888	4,092,648	NTFS	1218852477	True	C:
D	2	本地磁盘	12,284,968	656,776	NTFS	-1135153469	True	D:
E	2		11,415,568	1,316,932	NTFS	1154598285	True	E:
F	4	lgh	719,478		UDF	-1167582105	True	F:

图 4-16 获取各驱动器的相关信息

```
<table border = "1"><tr>
<th>盘符</th><th>类型</th><th>卷标</th>
<th>总容量</th><th>可用空间</th><th>文件系统</th>
<th>序列号</th><th>是否可用</th><th>路径</th></tr>
<% On Error Resume Next %>
<% Set fso = server.CreateObject("scripting.filesystemobject") %>
<% For Each drv In fso.drives %>
<tr>
<td><% = drv.driveletter %></td>
<td><% = drv.drivetype %></td>
<td><% = drv.volumename %></td>
<td><% = FormatNumber(drv.totalsize/1024,0) %></td>
<td><% = FormatNumber(drv.availablespace/1024,0) %></td>
<td><% = drv.filesystem %></td>
<td><% = drv.serialnumber %></td>
<td><% = drv.isready %></td>
<td><% = drv.path %></td>
</tr>
<% Next %>
</table>
```

说明：

(1) 在 driveinfo.asp 文件中，<%On Error Resume Next%> 是错误处理语句，在这里的作用是便于某驱动器没有准备好时仍能继续处理。

(2) 语句<%=drv.drivetype%>的作用是返回驱动器的类型，0 表示 Unknown(设备无法识别)，1 表示 Removable(U 盘和软盘驱动器)，2 表示 Fixed(硬盘驱动器)，3 表示 Network(网络硬盘驱动器)，4 表示 CD-ROM(光盘驱动器)，5 表示 RAM disk(RAM 虚拟磁盘)。

(3) drv 是 fso. Drives 集合中的元素，可表示计算机上各驱动器对应的 Drive 对象。drv 后小数点右边的单词是 Drive 对象的属性，其作用与单词的含义一致。

【例 10】 利用 FSO 的 TextStream 对象创建、输出、复制、移动文本文件，并测试相关文件夹和文件是否存在，网页文件为 fsoexample. asp，代码如下(每对"<%"和"%>"之间标有 rem 的行是对本段代码的功能注释)。

```
<%
rem 创建 FileSystemObject 对象的实例 fso
Set fso = server.CreateObject("scripting.filesystemobject")
%>
<%
rem 如果不存在 folder1 文件夹，则建立该文件夹
If Not fso.folderexists(server.mappath("folder1")) Then
  fso.createfolder(server.mappath("folder1"))
End If
%>
<%
rem 在 folder1 文件夹创建 test.txt 文件
Set f = fso.CreateTextFile(server.mappath("folder1\test.txt"),true)
f.write("这是测试文件，路径是")
f.writeline(server.mappath("folder1\test.txt"))
f.writeline("这是第二行文本")
f.writeblanklines(1)
f.write("这是第四行文本!")
f.close
%>
<%
rem 打开并在浏览器端输出 test.txt 中的内容
Set f = fso.opentextfile(server.mappath("folder1\test.txt"),1)
Do While Not f.AtEndOfStream
  line = server.HTMLEncode(f.readline)
  response.write(line&"<br>")
Loop
f.close
%>
<%
rem 将 folder1 文件夹下的 test.txt 文件复制到 test01.txt 文件
Set f = fso.getfile(server.mappath("folder1\test.txt"))
f.copy(server.mappath("folder1\test01.txt"))
%>
<%
rem 如果不存在 folder2 文件夹，则建立该文件夹
If Not fso.folderexists(server.mappath("folder2")) Then
  fso.createfolder(server.mappath("folder2"))
```

```
End If
%>
<%
rem 如果 folder2 文件夹下存在文件 test02.txt,则删除该文件
If fso.fileexists(server.mappath("folder2\test02.txt")) Then
  Set f2 = fso.getfile(server.mappath("folder2\test02.txt"))
  f2.delete
End If
%>
<%
rem 将 folder1\test.txt 文件移动到 folder2 文件夹下改名为 test02.txt
f.move(server.mappath("folder2\test02.txt"))
%>
```

说明：

(1) 上述网页文件 fsoexample.asp 运行时，会在当前工作目录下建立 folder1 文件夹(如果原先存在该文件夹，则不再建立)，并在 folder1 文件夹下建立 test.txt 文件，再将 test.txt 中的内容在浏览器端输出(结果如图 4-17 所示)；然后，将 test.txt 复制到 folder1 文件夹下，并以 test01.txt 保存；最后，将 test.txt 移动到 folder2 文件夹(如果原先不存在，则先建立该文件夹)，并以 test02.txt 保存(如果原先已存在 test02.txt 文件，则先进行删除操作)。

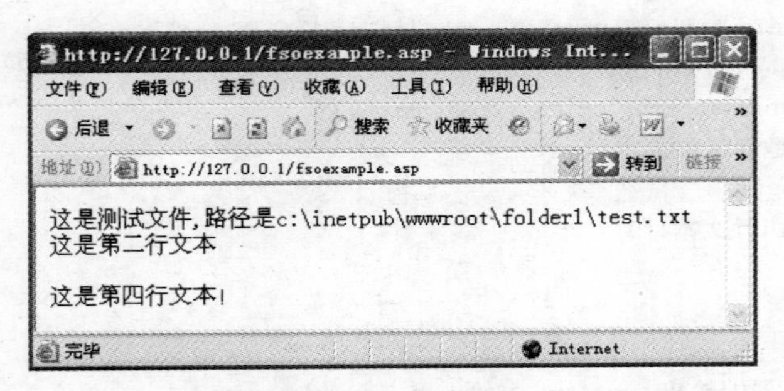

图 4-17 浏览器端输出的 test.txt 中的内容

(2) 利用 FSO 的 CreateTextFile 或 OpenTextFile 方法创建或打开某个文本文件(流文件)后，会返回该文件的 TextStream 对象。可使用 TextStream 对象的以下方法对文件进行读写操作：Read(n)用于从当前光标位置读取 n 个字符或汉字，ReadAll 用于读取流文件内当前光标开始往后的所有数据，ReadLine 用于读取从当前光标位置开始到本行末的数据，Skip(n)用于跳过从当前光标位置开始的 n 个字符或汉字，SkipLine 用于跳过从当前光标位置开始到本行末的数据，Write(字符串)用于将字符串写入文件当前光标位置但不换行，WriteLine(字符串)用于将字符串写入文件中光标所在位置并换行，WriteBlankLines(n)用于在流文件内当前光标位置写入 n 个空行(严格说是 1 个换行和 n－1 个空行)，Close 用于关闭一个已打开的 TextStream 对象和其对应的文本文件。也可以使用 TextStream 对象的以下属性：AtEndOfLine 为 True 时表示光标位于当前行末尾(False 表示光标不在当前行末尾)，AtEndOfStream 为 True 时表示光标位于流末尾(False 表示光标不在流末尾)，Column 用于计算从行首到当前光标位置的字符数，Line 用于计算光标所在行是第几行。

(3) 利用 FSO 返回某个文件的 File 对象 f 后，就可通过 f. Copy、f. Move、f. Delete 来复制、移动、删除 f 对应的文件，格式分别为：

```
<% f.copy(目标文件路径) %> 或 <% f.copy 目标文件路径 %>
<% f.move(目标文件路径) %> 或 <% f.move 目标文件路径 %>
<% f.delete %>
```

其中，目标文件路径必须已经存在，但允许指定一个新的目标文件名，以进行文件更名复制或移动。例如，f. copy("d:\folder1\test01. txt")表示将 f 所代表的文件复制到 d:\folder1 文件夹下（d:\folder1 文件夹必须事先存在），目标文件名为 test01. txt；而 f. copy("d:\folder1\")则表示将 f 所代表的文件同名复制到 d:\folder1\文件夹下（d:\folder1 文件夹必须事先存在）。

【例 11】 利用 File 对象检测文件属性，网页文件名为 fileattribute. asp，代码如下，运行结果如图 4-18 所示。

```
<%
Set fso = server.CreateObject("scripting.filesystemobject")
Set f = fso.getfile(server.mappath("folder2\test02.txt"))
%>
<table border = "1">
<tr><th>File 对象的属性</th>
    <th>用于检测的项目</th><th>本次检测结果</th></tr>
<tr><td>Name</td>
    <td>文件名称</td><td><% = f.name %></td></tr>
<tr><td>Shortname</td>
    <td>DOS 风格 8.3 形式文件名</td><td><% = f.shortname %></td></tr>
<tr><td>Path</td>
    <td>绝对路径</td><td><% = f.path %></td></tr>
<tr><td>Shortpath</td>
    <td>DOS 风格 8.3 形式绝对路径</td><td><% = f.shortpath %></td></tr>
<tr><td>Parentfolder</td>
    <td>父文件夹名称</td><td><% = f.parentfolder %></td></tr>
<tr><td>Drive</td>
    <td>文件所在驱动器</td><td><% = f.drive %></td></tr>
<tr><td>Datecreated</td>
    <td>文件创建时间</td><td><% = f.datecreated %></td></tr>
<tr><td>Datelastaccessed</td>
    <td>最近访问时间</td><td><% = f.datelastaccessed %></td></tr>
<tr><td>Datelastmodified</td>
    <td>最近修改时间</td><td><% = f.datelastmodified %></td></tr>
<tr><td>Attributes</td>
    <td>文件属性</td><td><% = f.attributes %></td></tr>
<tr><td>Type</td>
    <td>文件类型</td><td><% = f.type %></td></tr>
<tr><td>Size</td>
    <td>文件大小</td><td><% = f.size %>B</td></tr>
</table>
```

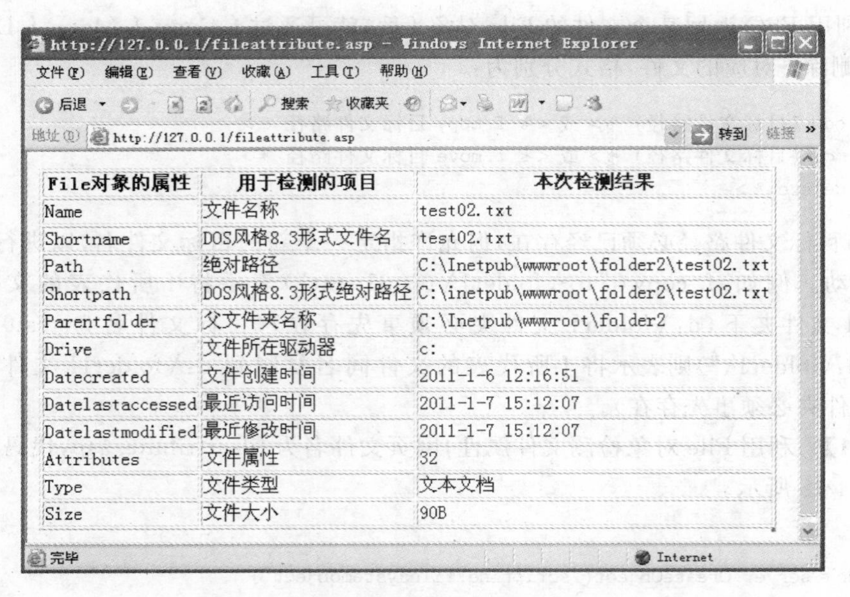

File对象的属性	用于检测的项目	本次检测结果
Name	文件名称	test02.txt
Shortname	DOS风格8.3形式文件名	test02.txt
Path	绝对路径	C:\Inetpub\wwwroot\folder2\test02.txt
Shortpath	DOS风格8.3形式绝对路径	C:\inetpub\wwwroot\folder2\test02.txt
Parentfolder	父文件夹名称	C:\Inetpub\wwwroot\folder2
Drive	文件所在驱动器	c:
Datecreated	文件创建时间	2011-1-6 12:16:51
Datelastaccessed	最近访问时间	2011-1-7 15:12:07
Datelastmodified	最近修改时间	2011-1-7 15:12:07
Attributes	文件属性	32
Type	文件类型	文本文档
Size	文件大小	90B

图 4-18 利用 File 对象检测文件属性

说明：

(1) File 对象的 Attributes 属性用于设置或返回文件的系统属性，取值可能为 0、1、2、4、16、32、1024、2048，分别表示普通文件、只读文件、隐藏文件、系统文件、文件夹或目录、上次备份后已更改的文件、链接或快捷方式、压缩文件。

(2) f 是特定文件对应的 File 对象，f 后小数点右边的单词表示 File 对象的属性，其作用与单词的含义一致(参见图 4-18)。

【例 12】 建立、复制、移动文件夹的操作，网页文件为 folderoperation.asp，网页代码如下。

```
<%
Set fso = server.CreateObject("scripting.filesystemobject")
%>
<%
rem 如果不存在 f1 文件夹，则建立该文件夹，并建立 text1.txt 文件
If Not fso.folderexists(server.mappath("f1")) Then
  fso.createfolder(server.mappath("f1"))
  fso.createtextfile(server.mappath("f1\text1.txt"))
End If
%>
<%
rem 将 f1 文件夹的内容复制到 f2、f2\f21、f2\f22 文件夹
Set fo = fso.getfolder(server.mappath("f1"))
fo.copy(server.mappath("f2\"))
fo.copy(server.mappath("f2\f21\"))
fo.copy(server.mappath("f2\f22\"))
%>
<%
rem 如果 f3 文件夹不存在，则将 f1 文件夹的内容移动到 f3
```

```
If Not fso.folderexists(server.mappath("f3")) Then
  fo.move(server.mappath("f3\"))
End If
%>
<%
rem 删除 f2\f22 文件夹
Set fo2 = fso.getfolder(server.mappath("f2\f22\"))
fo2.delete
%>
```

说明：

(1) 假设当前工作目录下原先不存在 f1、f2、f3 文件夹，则上述 folderoperation.asp 代码第一次运行后，会看到当前工作目录下有 f2 和 f3 文件夹，f2 文件夹下有子文件夹 f21，这几个文件夹下均包含 text1.txt 文件。第二次运行上述代码后，会看到当前工作目录下又增加了 f1 文件夹，f1 文件夹下也存在 text1.txt 文件。

(2) 利用 FSO 返回某个文件夹的 Folder 对象 fo 后，就可通过 fo.Copy、fo.Move、fo.Delete 来复制、移动、删除 fo 对应的文件夹，格式分别为：

```
<% fo.copy(目标文件夹路径) %> 或 <% fo.copy 目标文件夹路径 %>
<% fo.move(目标文件夹路径) %> 或 <% fo.move 目标文件夹路径 %>
<% fo.delete %>
```

其中，目标文件夹路径必须已经存在，但允许指定一个新的目标文件夹名，以进行文件夹更名复制或移动。例如，fo.copy("d:\f2")表示将 fo 所表示的文件夹中的内容复制到 d:\f2 文件夹下(d:\f2 文件夹不必事先存在，目标文件夹名为 f2)；而 fo.copy("d:\f2\")则表示将 fo 所表示的文件夹(包括文件夹中的内容)同名复制到 d:\f2\文件夹下(要求 d:\f2 文件夹必须事先存在)。

【例 13】 利用 Folder 对象检测 f2 文件夹的属性，网页文件名为 folderattribute.asp，代码如下，运行结果如图 4-19 所示。

```
<%
Set fso = server.CreateObject("scripting.filesystemobject")
Set folder = fso.getfolder(server.mappath("f2"))
%>
<table border = "1">
<tr><th>Folder 对象的属性</th><th>用于检测的项目</th>
    <th>本次检测结果</th></tr>
<tr><td>Name</td><td>文件夹名称</td>
    <td><% = folder.name %></td></tr>
<tr><td>Shortname</td><td>DOS 风格 8.3 形式文件夹名</td>
    <td><% = folder.shortname %></td></tr>
<tr><td>Path</td><td>文件夹绝对路径(长文件夹名)</td>
    <td><% = folder.path %></td></tr>
<tr><td>Shortpath</td><td>DOS 风格 8.3 形式文件夹绝对路径</td>
    <td><% = folder.shortpath %></td></tr>
<tr><td>Parentfolder</td><td>父文件夹名称</td>
    <td><% = folder.parentfolder %></td></tr>
<tr><td>Drive</td><td>文件夹所在驱动器</td>
```

```
        <td><% = folder.drive %></td></tr>
    <tr><td>Datecreated</td><td>文件夹创建时间</td>
        <td><% = folder.datecreated %></td></tr>
    <tr><td>Datelastaccessed</td><td>最近访问时间</td>
        <td><% = folder.datelastaccessed %></td></tr>
    <tr><td>Datelastmodified</td><td>最近修改时间</td>
        <td><% = folder.datelastmodified %></td></tr>
    <tr><td>IsRootFolder</td><td>是否根文件夹</td>
        <td><% = folder.isrootfolder %></td></tr>
    <tr><td>Attributes</td><td>文件夹属性</td>
        <td><% = folder.attributes %></td></tr>
    <tr><td>Type</td><td>文件夹类型</td>
        <td><% = folder.type %></td></tr>
    <tr><td>Size</td><td>文件夹大小</td>
        <td><% = folder.size %>B</td></tr>
    <tr><td>Files</td><td>文件夹内的所有文件</td>
        <td>
          <% For Each fi In folder.files
            response.write fi.name&" "
          next %>
        </td></tr>
    <tr><td>Subfolders</td><td>文件夹下的所有子文件夹</td>
        <td>
          <% For Each fo In folder.subfolders
            response.write fo.name&" "
          next %>
        </td></tr>
    </table>
```

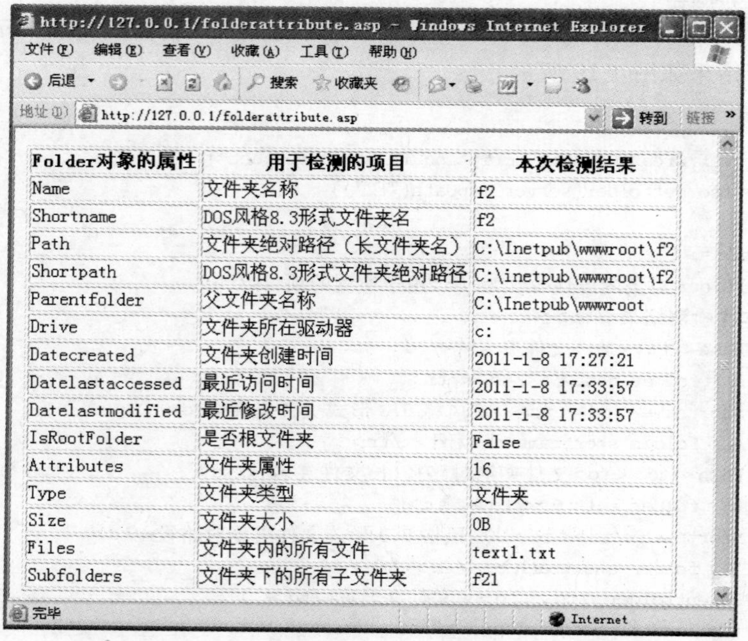
http://127.0.0.1/folderattribute.asp - Windows Internet Explorer
文件(F) 编辑(E) 查看(V) 收藏(A) 工具(T) 帮助(H)
后退 搜索 收藏夹
地址(D) http://127.0.0.1/folderattribute.asp 转到 链接
完毕
Internet

Folder对象的属性	用于检测的项目	本次检测结果
Name	文件夹名称	f2
Shortname	DOS风格8.3形式文件夹名	f2
Path	文件夹绝对路径（长文件夹名）	C:\Inetpub\wwwroot\f2
Shortpath	DOS风格8.3形式文件夹绝对路径	C:\inetpub\wwwroot\f2
Parentfolder	父文件夹名称	C:\Inetpub\wwwroot
Drive	文件夹所在驱动器	c:
Datecreated	文件夹创建时间	2011-1-8 17:27:21
Datelastaccessed	最近访问时间	2011-1-8 17:33:57
Datelastmodified	最近修改时间	2011-1-8 17:33:57
IsRootFolder	是否根文件夹	False
Attributes	文件夹属性	16
Type	文件夹类型	文件夹
Size	文件夹大小	0B
Files	文件夹内的所有文件	text1.txt
Subfolders	文件夹下的所有子文件夹	f21

图 4-19 利用 Folder 对象检测文件夹属性

说明：

(1) Folder 对象的 Attributes 属性用于返回文件夹的属性，取值可能为0、1、2、4、8、16、32、64、128，分别表示正常、只读、隐藏、系统、卷、文件夹、存档、别名、压缩。

(2) folder 是特定文件夹对应的 Folder 对象，folder 后小数点右边的单词表示 Folder 对象的属性，其作用与单词的含义一致(参见图 4-19)。

【例 14】 直接利用 FileSystemObject 对象进行文件夹与文件的创建、复制、移动及获得文件扩展名等操作，网页文件为 fsooperation.asp，代码如下。

```
<%
REM 创建 FSO 对象
Set fso = server.CreateObject("scripting.filesystemobject")
%>
<%
REM 如果不存在 d:\directory 文件夹，则建立该文件夹
If Not fso.folderexists("d:\directory") Then
  fso.createfolder("d:\directory")
End If
%>
<%
REM 在指定文件夹建立文件，复制文件夹的内容到新的文件夹
fso.createtextfile("d:\directory\file.txt")
fso.copyfolder "d:\directory","d:\dir11"
fso.copyfolder "d:\directory","d:\dir12"
%>
<%
REM 如果存在 d:\dir2 文件夹，则删除该文件夹
If fso.folderexists("d:\dir2") Then
  fso.deletefolder("d:\dir2")
End If
%>
<%
REM 将指定文件夹的内容移动到不存在的文件夹
fso.movefolder "d:\directory","d:\dir2"
%>
<%
REM 如果不存在 d:\dir3 文件夹，则建立该文件夹
If Not fso.folderexists("d:\dir3") Then
  fso.createfolder("d:\dir3")
End If
%>
<%
REM 将指定文件同名和不同名复制到已存在的文件夹
fso.copyfile "d:\dir11\file.txt","d:\dir3\"
fso.copyfile "d:\dir11\file.txt","d:\dir3\file21.txt"
fso.copyfile "d:\dir11\file.txt","d:\dir3\file22.txt"
%>
<%
REM 若某文件夹下不存在指定文件，则将指定文件移动到该文件夹下
If Not fso.folderexists("d:\dir4") Then
```

```
    fso.createfolder("d:\dir4")
  End If
  If Not fso.fileexists("d:\dir4\file.txt") Then
    fso.movefile "d:\dir11\file.txt","d:\dir4\"
  End If
  %>
  <%
  REM 删除指定文件
  fso.deletefile "d:\dir3\file22.txt"
  %>
  文件 d:\dir3\file21.txt 的扩展名为
  <% = fso.getextensionname("d:\dir3\file21.txt") %>
```

说明：

(1) 第一次运行上述 fsooperation. asp 文件后，会看到 D：盘根目录下包含 dir11、dir12、dir2、dir3、dir4 文件夹，其中 dir12、dir2、dir4 文件夹下均有 file. txt 文件存在，dir3 文件夹下包含 file. txt 和 file21. txt，而 dir11 文件夹下不含任何文件，同时客户浏览器窗口显示"文件 d：\dir3\file21. txt 的扩展名为 txt"(不包括引号)。再次运行 fsooperation. asp 文件后，除可以看到第一次运行的结果外，还会看到 dir11 文件夹下有 file. txt 文件存在。

(2) FSO 的 CopyFolder、MoveFolder、DeleteFolder、CopyFile、MoveFile、DeleteFile 方法分别用于复制文件夹、移动文件夹、删除文件夹、复制文件、移动文件、删除文件，用法如下：

```
<% fso.copyfolder 源文件夹路径,目标文件夹路径 %>
<% fso.movefolder 源文件夹路径,目标文件夹路径 %>
<% fso.deletefolder 待删文件夹路径 %>或<% fso.deletefolder(待删文件夹路径) %>
<% fso.copyfile 源文件路径,目标文件路径 %>
<% fso.movefile 源文件路径,目标文件路径 %>
<% fso.deletefile 待删文件路径 %>或<% fso.deletefile(待删文件路径) %>
```

其中，目标文件夹路径或目标文件路径必须已存在，但如果指定与源文件夹名(或源文件名)不同的目标文件夹名(或目标文件名)，就会进行异名复制或移动操作。例如，<% fso. copyfolder "d：\directory"，"d：\dir11" %>表示将 d：\directory 文件夹中的内容(包括文件和子文件夹)复制到 d：\dir11 文件夹下，目标文件夹名是 dir11，而不是 directory；而 <% fso. copyfolder "d：\directory"，"d：\dir11\" %>则表示将 D：盘下的整个 directory 文件夹(包括其中的内容)复制到 d：\dir11 文件夹下(该文件夹必须事先存在)，目标文件夹名为 directory。

4.12 其他对象和组件

1. Permission Checker 组件

Permission Checker 组件可创建一个 PermissionChecker 对象，该对象只有一个 HasAccess 方法，用来检查用户是否具有访问服务器端某个文件的权限(有权访问时 HasAccess 方法返回 True)。

例如，检测用户是否具有访问相关文件的权限，其网页文件名为 verify. asp，代码如下，运行结果如图 4-20 所示。

```
<form action="" method="post">
请选择文件:<input type="file" name="f">
<input type="submit" name="chk" value="检测">
</form>
<hr>
<%
strFile=request.Form("f")
strChk=request.Form("chk")
If strFile<>"" Then
   If strChk="检测" Then
      Set check=server.CreateObject("MSWC.PermissionChecker")
      If check.HasAccess(strFile) Then
         quanxian="有权"
      Else
         quanxian="无权"
      End If
      response.write "您"&quanxian&"访问"&strFile&"文件!"
   End If
End If
%>
```

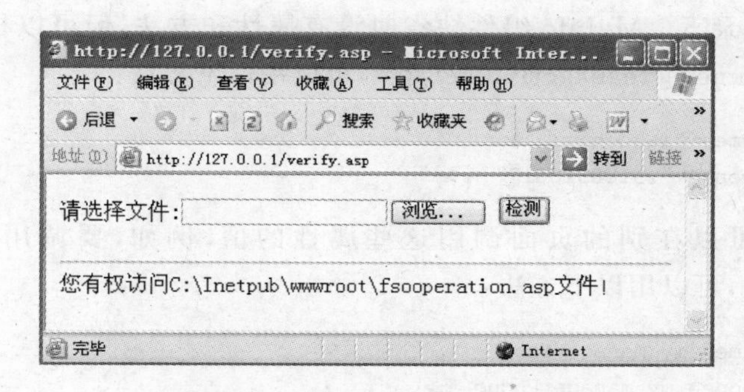

图 4-20 verify.asp 的运行结果

2. Page Counter 组件

Page Counter 组件可创建一个 PageCounter 对象,该对象具有三个方法,Hits 用于返回指定的网页被打开的次数,Pagehit 使当前页面的访问次数增加 1,Reset 用于使指定网页的访问次数重置为 0。例如,网页文件为 pagecount.asp,代码如下,运行结果如图 4-21 所示。

```
<%
set pc=server.createobject("mswc.pagecounter")
pc.pagehit
response.write "您是本网页的第"&pc.hits&"位来访者!"
set pc=nothing
%>
```

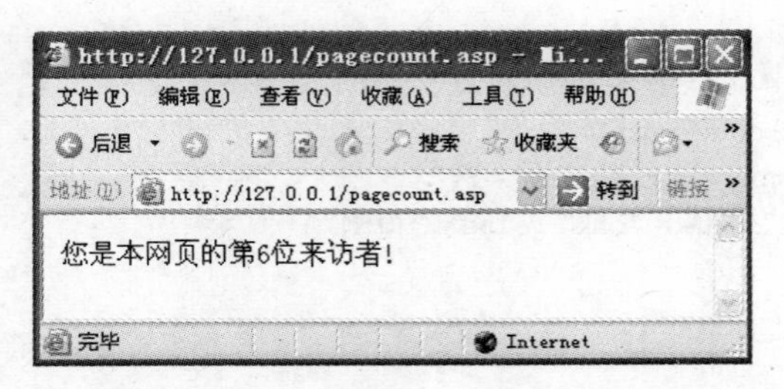

图 4-21　pagecount.asp 的运行结果

3. My Info 组件

My Info 组件可创建一个 MyInfo 对象，此对象跟踪站点管理员的个人信息，如站点管理员的姓名、地址等信息(管理员通常会直接将这些信息输入到 Web 服务器界面)。

可以用<% Set my＝Server.CreateObject("MSWC.MyInfo") %>创建 MyInfo 对象，也可以在 Global.asa 文件中用以下命令创建 MyInfo 对象：

```
< OBJECT RUNAT = Server SCOPE = Session ID = my PROGID = "MSWC.MyInfo">
</OBJECT>
```

创建 MyInfo 对象后，其属性值保存在文本文件 myinfo.xml 中，该文件保存在 Web 服务器上的 inetsrv 目录下。MyInfo 组件缺省时没有属性和方法，但可以根据需要添加。例如，增加 managerName 和 managerPhone 属性，可以用以下方法：

```
<% my.managerName = "liguohong" %>
<% my.managerPhone = "15188316017" %>
```

属性添加后，可以在别的页面调用这些属性的值，例如，要调用 managerName 和 managerPhone 属性，可以用以下方法：

```
<% strManagerName = my.managerName %>
<% strManagerPhone = my.managerPhone %>
```

4. Tools 组件

Tools 组件可创建 Tools 对象。Tools 对象的方法如下：FileExists 用于检查文件是否存在，Owner 用于检查当前用户是否站点所有者，PluginExists 检查服务器插件是否存在(只适用于 Machintosh 计算机)，ProcessForm 用于处理 HTML 表单，Random 用于生成一个介于－32768～32767 的随机整数。例如，假设要随机生成 20 个 50～100 之间的正整数，网页文件名为 random.asp，代码如下，运行结果如图 4-22 所示。

```
<%
Set tools = server.CreateObject("MSWC.tools")
For i = 1 To 20
  response.write (abs(tools.random) Mod 51) + 50
  If i <> 20 Then
     response.write " "
  End If
```

```
Next
%>
```

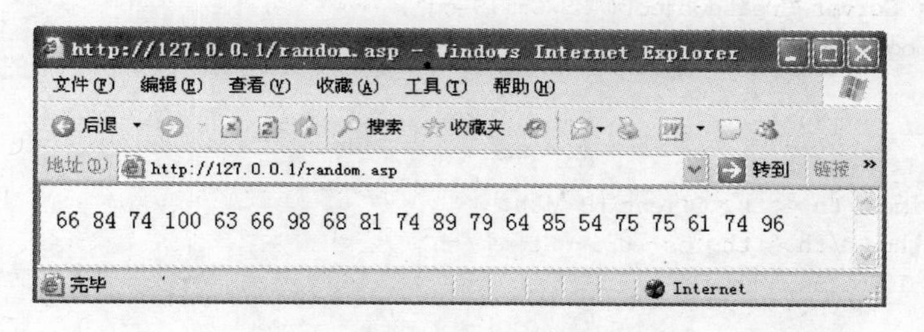

图 4-22 random.asp 的运行结果

5. IIS Log 组件

使用 IIS 服务器的网站,如果启动 IIS 的 LOG 日志记录,每一个网站每天都会有一个日志生成,这个日志详细地记录了网站的所有访问记录。例如,以下是 IIS 日志文件 ex110117.log 中的部分内容。

```
#Software: Microsoft Internet Information Services 5.1
#Version: 1.0
#Date: 2011 - 01 - 17 03:38:56
#Fields: time c - ip cs - method cs - uri - stem sc - status
03:38:56 127.0.0.1 GET /dictionary.asp 200
03:39:05 127.0.0.1 GET /dictionary.asp 500
……
06:36:57 127.0.0.1 GET /myinfo.asp 500
08:45:24 127.0.0.1 GET /random.asp 200
```

IIS Log 组件创建 IISLog 对象,使应用程序从 IIS 日志文件中抽取特定类型的信息。IISLog 对象的方法如下:OpenLogFile 用于打开一个日志文件,CloseLogFiles 用于关闭所有打开的日志文件,AtEndOfLog 用于检查光标是否位于日志文件末尾,ReadFilter 用于从日志文件中读取指定日期和时间范围内的记录,ReadLogRecord 用于从当前日志文件读取下一个可用的 Log 记录,WriteLogRecord 用于将一个 Log 记录写入当前日志文件中。提取 IIS 日志文件中的信息还要使用 IISLog 对象的属性。例如,网页文件为 iislog.asp,代码如下,运行结果如图 4-23 所示。

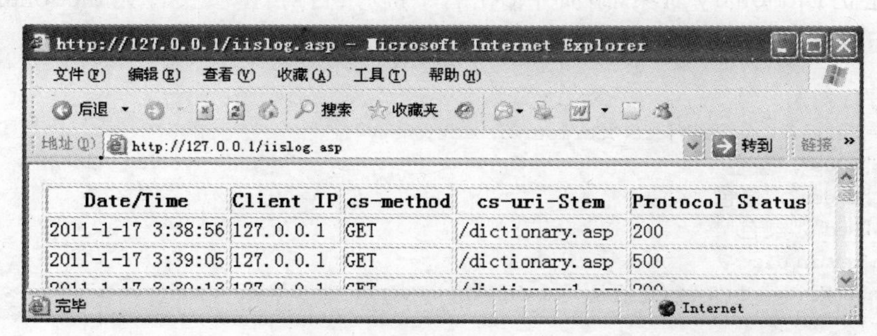

Date/Time	Client IP	cs-method	cs-uri-Stem	Protocol Status
2011-1-17 3:38:56	127.0.0.1	GET	/dictionary.asp	200
2011-1-17 3:39:05	127.0.0.1	GET	/dictionary.asp	500

图 4-23 iislog.asp 的运行结果

```
<%
strFile = "C:\WINDOWS\system32\Logfiles\W3SVC1\ex110117.log"
Set objlog = Server.CreateObject("MSWC.IISLog")
objLog.OpenLogFile strFile,1,"W3SVC",1,0
%>
<TABLE border = "1">
<TR>
<th>Date/Time</th><th>Client IP</th>
<th>cs-method</th><th>cs-uri-Stem</th>
<th>Protocol Status</th>
</TR>
<% Do While Not objLog.AtEndOfLog %>
  <% objLog.ReadLogRecord %>
  <TR>
     <td><% = objLog.DateTime %></td><td><% = objLog.ClientIP %></td>
     <td><% = objLog.Method %></td><td><% = objLog.URIstem %></td>
     <td><% = objLog.ProtocolStatus %></td>
  </TR>
<% Loop %>
<% objLog.CloseLogFiles(1) %>
</TABLE>
```

6. Dictionary 对象

Dictionary 对象用于存储由若干名称和值(等同于键和项目)组成的数据条目信息，它类似于二维数组，把键和相关条目的数据存放在一起，但必须使用 Dictionary 对象支持的方法和属性来访问数据条目，是处理关联数据的有效解决方案。Dictionary 对象的方法主要包括："Add key,item"(不包括引号)用于向 Dictionary 对象添加一个新的 key/item 对(键/条目对)；Exists(key)用于返回是否存在指定的 key 的布尔值(键存在时返回 True)；Items 返回一个包含所有 item 的数组；Keys 返回一个包含所有 key 的数组；Remove(key)用于删除指定的 key/item 对；RemoveAll 用于从一个 Dictionary 对象中删除所有的 key/item 对。Dictionary 对象的属性主要包括：CompareMode 用于设置或返回比较键的比较模式(0 为二进制比较，1 为文本比较，2 为数据库比较)；Count 用于返回 key/item 对的数目；Item(key)用于设置或返回 Dictionary 对象中某个项目的值；Key(key)用于为已有的 key 设置新值。

例如，建立 Dictionary 对象，添加并输出若干键/条目对，网页文件为 dictionary.asp，代码如下，运行结果如图 4-24 所示。

```
<%
Set dic = Server.CreateObject("Scripting.Dictionary")
dic.Add "Blue","蓝色"
dic.Add "Green","绿色"
dic.Add "Red","红色"
For Each key In dic
  Response.Write key & "的键值是:" & dic(key) & "<br>"
Next
%>
```

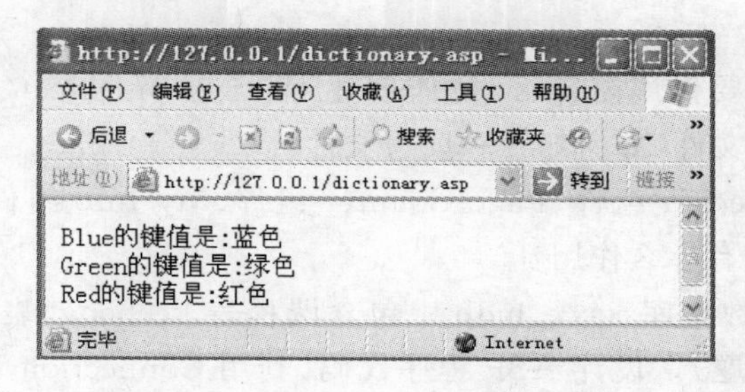

图 4-24 dictionary. asp 的运行结果

思考题

1. Response 对象有哪些主要方法，起什么作用，如何使用？代码＜％ response. write "＜Hr＞" ％＞可以简写成什么形式？

2. Request 对象的主要用途是什么，有哪些集合可供使用？Request("变量名")和 Request. Form("变量名")的作用有何不同？

3. Server 对象有哪些主要方法，有什么作用？

4. Connection 对象有何用途，如何创建 Connection 对象实例，如何打开和关闭数据库连接？

5. RecordSet 对象的用途是什么，如何建立 RecordSet 对象？AddNew、Delete、Update、UpdateBatch、MoveFirst、MovePrevious、MoveNext、MoveLast 方法和 AbsolutePage、AbsolutePosition、EditMode、EOF 属性各有什么作用？

6. 利用 RecordSet 对象打开记录集的基本格式是什么？游标类型和锁定类型分别有哪几种取值，作用有何不同？

7. Command 对象的用途是什么，如何建立 Command 对象？Command 对象有哪些属性和方法？CommandText 属性可以指定的数据查询信息类型有哪几种？CommandType 和 CommandText 属性的取值有何对应关系？CommandType 属性值缺省时会出现什么结果？

8. Application 对象和 Session 对象各有何作用，分别有哪些属性和方法？

9. Global. asa 文件有何作用，其存放位置有何要求，标准的 Global. asa 文件结构是怎样的？

10. 如何利用 Content Linking 组件创建网页信息导航系统，有什么优点？Content Linking 组件内容链接列表文件中的内容格式是什么？如何创建 Content Linking 组件对象实例，Content Linking 组件的主要方法及其功能是什么？

11. Ad Rotator 组件有什么功能，其工作原理是什么？Ad Rotator 计划文件的内容格式是什么？如何建立 AdRotator 对象，GetAdvertisement 方法的作用是什么？要指定广告的框架名称，需使用 Ad Rotator 组件的哪个属性？

12. Content Rotator 组件的工作原理是什么，内容计划文件的内容格式是什么？如何建立 ContentRotator 对象实例，ChooseContent 和 GetAllContent 方法各有什么用途？

13. Browser Capabilities 组件、Counters 组件各有什么作用，如何创建 BrowserType

对象和 Counters 对象？

14. FSO组件的主要作用是什么，如何创建 FileSystemObject 主对象？如何创建、复制、移动、删除文件夹和文件，如何打开和读写文件？

15. Permission Checker 组件、Page Counter 组件、My Info 组件、Tools 组件、IIS Log 组件、Dictionary 对象各有什么作用？

16. 已知学生选课数据库 xsxk.mdb 中包含课程表 kecheng，表的结构如表 1-24 所示（见第 1 章思考题第 10 题）。设计 ASP 程序代码，利用 Connection 和 Recordset 等对象实现以下功能：

(1) 向 kecheng 表中添加一条新记录，课程号、课程名、任课教师、学分、学期的值分别为 K2001、Web 数据库、李四、3、5；

(2) 将 kecheng 表中课程号为 K2001 的记录的任课教师修改为“王小二”；

(3) 查询 kecheng 表中课程名称为“Web 数据库”的记录；

(4) 删除 kecheng 表中任课教师为“王小二”的记录。

第5章 学生信息管理的设计

5.1 学生信息管理概述

1. 建立 Access 数据库和数据表

假定学生信息保存在数据库文件 db1. mdb 的数据表 stu 中，如第 3. 3. 1 节和第 3. 3. 2 节所述。如果不存在此数据库和数据表，则需要首先建立相应的文件夹(例如在 E：盘根目录下建立 student 文件夹)，并利用 Access 建立数据库文件 db1. mdb，再在该数据库中建立 stu 数据表(简称 stu 表)，stu 表的结构如表 5-1 所示。

表 5-1　stu 表的结构

字段名称	数据类型	字段大小	备注
xh	文本	11	学号，主键
xm	文本	4	姓名
xb	文本	1	性别
csrq	日期/时间		出生日期
dhhm	文本	8	电话号码

需要注意的是，字段大小应根据实际情况设置。在 Access 中，对于文本型数据，每个汉字、字符或数字的字段大小均按 1 计算，这里给出的是字段大小的参考值。如果不进行专门设置，Access 的文本型字段大小默认为 50。

2. 安装 IIS

如果还没有安装 IIS，就需要安装与测试 IIS。

3. 创建虚拟目录

从 Windows XP 桌面的“开始”菜单中选“控制面板”，在出现的控制面板窗口双击“管理工具”图标，再在出现的管理工具窗口双击“Internet 信息服务”快捷方式图标，出现 Internet 信息服务控制台。用鼠标左键单击(简称“单击”)左侧窗口的“＋”号(加号)展开，用鼠标右键单击(简称“右击”)目录树的“默认网站”节点，依次选择“新建”、“虚拟目录”，如图 5-1 所示。在出现的虚拟目录创建向导对话框单击“下一步”按钮，在出现的“虚拟目录别名”对话

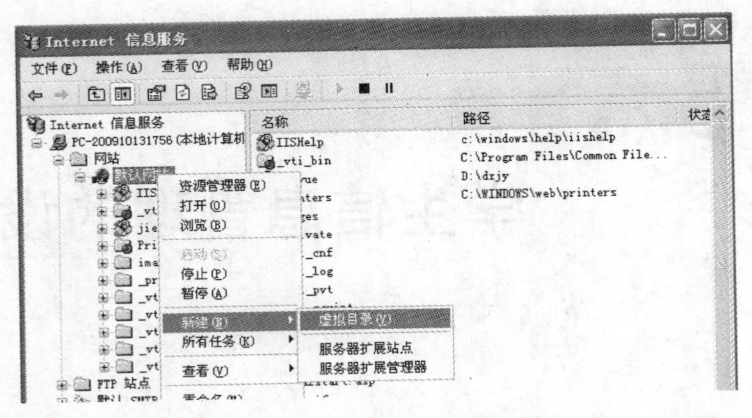

图 5-1 Internet 信息服务控制台

框输入别名 xsgl(“学生管理”的汉语拼音缩写),如图 5-2 所示。再单击“下一步”按钮,出现设置“网站内容目录”对话框,单击“浏览”按钮将 E:\student 文件夹设置为网站文件所在目录(也可在目录输入区直接输入 E:\student),如图 5-3 所示。再单击“下一步”按钮后出现“访问权限”对话框,如图 5-4 所示。选择权限后,依次单击“下一步”、“完成”按钮,就将文件夹 E:\student 设置成了虚拟目录,并且该目录的别名为 xsgl。

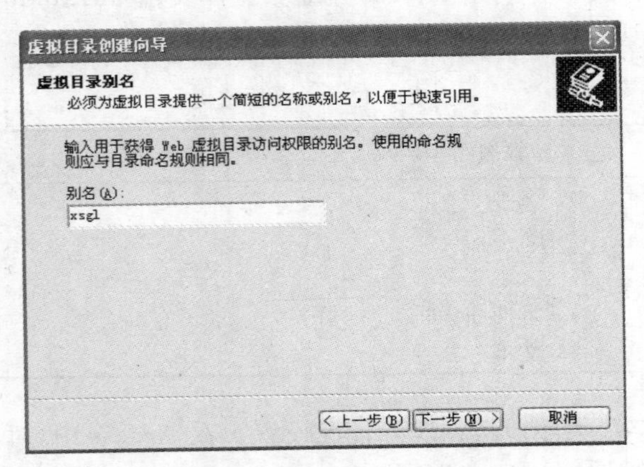

图 5-2 输入虚拟目录别名

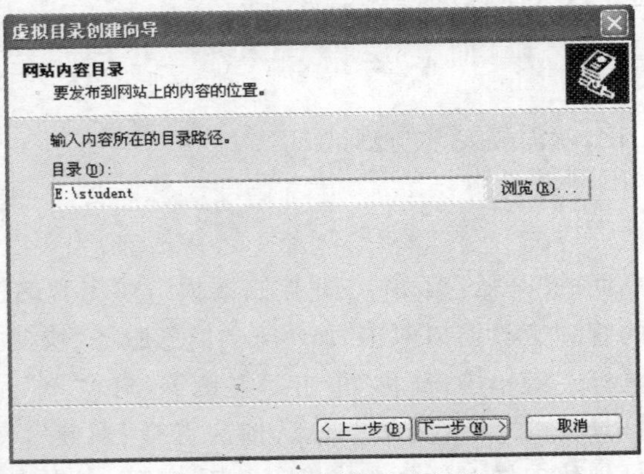

图 5-3 设置网站内容目录

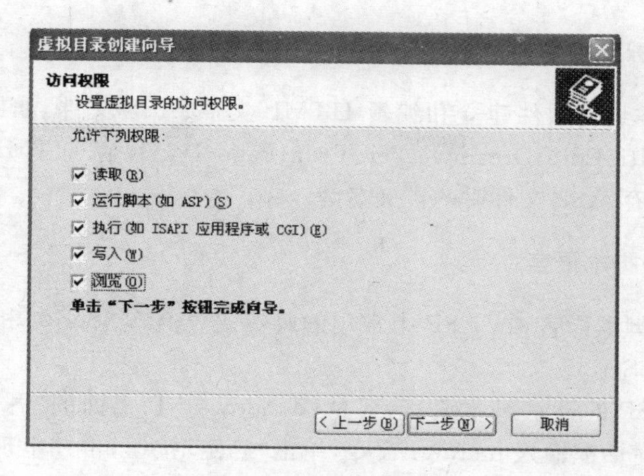

图 5-4　设置访问权限

设置好虚拟目录后，可以在 Internet 信息服务控制台左侧窗口的“默认网站”节点下看到虚拟目录别名（如 xsgl），右击该虚拟目录别名，在弹出的快捷菜单选择执行“属性”，出现 xsgl 属性对话框，在“虚拟目录”选项卡可以重新设置本地路径及访问权限、执行权限等。也可在其他选项卡进行相关设置，如图 5-5 所示。

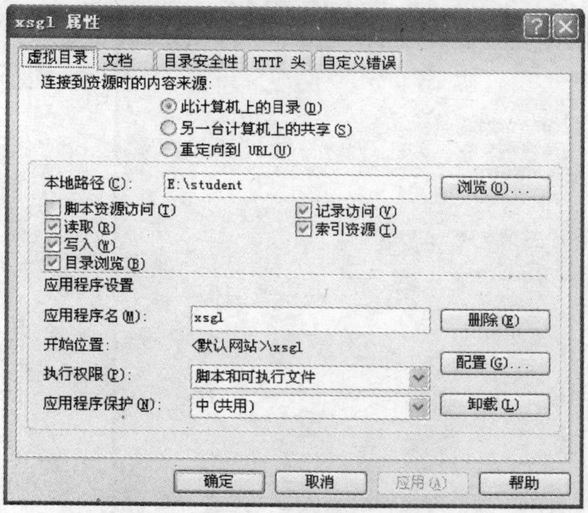

图 5-5　虚拟目录属性

4. 建立 ODBC 数据源

如果要利用 ODBC 数据源建立与数据库的连接，则可参照第 3.3.1 节所述步骤为数据库建立 ODBC 系统数据源。需要说明的是，本章示例采用另外的方法建立与数据库的连接，未用到 ODBC 数据源，所以若使用本章的示例提供的方法，可以不必建立 ODBC 数据源。

5. 建立与编辑 HTML 文件和 ASP 文件

可以用任何文本编辑软件建立和编辑 HTML 文件、ASP 文件，如 Windows 自带的记事本及 EditPlus、UltraEdit、Dreamweaver、FrontPage 等。保存 HTML 文件时的扩展名为.htm 或.html，保存 ASP 文件时的扩展名为.asp。

6. 指定 ASP 的脚本语言

ASP 支持多种脚本语言，在 ASP 中常用的脚本语言有 VBScript 和 JScript 等语言，系统默认的语言为 VBScript。

如果要修改 ASP 的默认脚本语言，可从 Windows XP 桌面的“开始”菜单中选择“运行”，在打开的运行对话框输入 inetmgr 命令，单击“确定”按钮，再在出现的 Internet 信息服务控制台，单击左侧窗口的“+”号(加号)展开，右击“默认网站”(或其他网站名称)，选“属性”，进入相应的网站属性对话框，单击“主目录”选项卡的“配置”按钮，出现“应用程序配置”对话框，可在“选项”选项卡设置默认 ASP 语言，如图 5-6 所示。

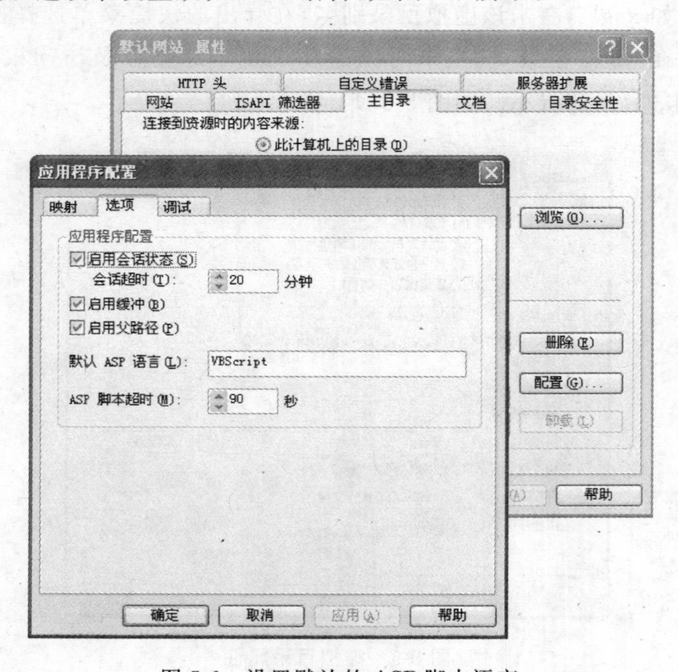

图 5-6 设置默认的 ASP 脚本语言

如果为某个 ASP 程序指定脚本语言，可在该 ASP 程序文件的开始用一条声明语句进行指定。例如，指定某网页脚本语言为 VBScript，可在 ASP 文件首用＜％@ language＝VBScript ％＞或＜％@Language＝VBScript％＞进行声明，字母不区分大小写，@的左边或右边有无空格均可，VBScript 与其右边的％之间有无空格均可。

在一个已设定主脚本语言的页面中，可使用＜Script＞标记指定某一部分采用其他脚本语言。例如，指定某一部分程序语句使用 VBScript 语言，并规定脚本在服务器端执行，可采用以下格式：

```
<Script Language = "VBScript" Runat = "Server">
    …
</Script>
```

如果指定 VBScript 代码在浏览器端执行，则将上述 Runat="Server"删掉即可。

5.2 学生记录增加

5.2.1 用于增加学生记录的表单

增加学生记录时，用户需要从浏览器端用于增加学生记录的表单输入学生的相关数据，单击“提交”按钮，再由服务器进行记录增加处理。浏览器端表单输入界面输入的数据中，只有当日期格式正确（如 2010 年 4 月 5 日可表示为 2010-4-5）、性别为“男”或“女”，且学号不重复时，才允许作为一条记录保存在 stu 表中。否则，服务器应向浏览器端输出相关错误提示的超链接，以便浏览器端用户单击这些超链接时返回到增加学生记录的表单，进行输入数据的修改或重新输入。

1. 表单设计

设计用于增加学生记录的表单如图 5-7 所示。

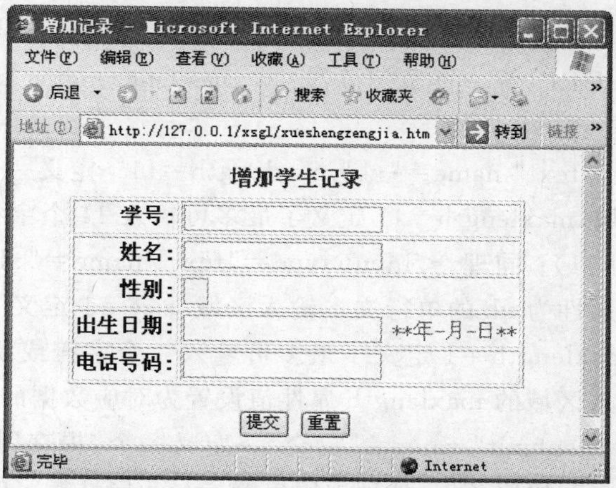

图 5-7 增加学生记录的表单

2. 创建用于增加学生记录的表单文件(xueshengzengjia.htm)

利用记事本软件或其他网页编辑软件，在虚拟目录对应的文件夹（如 E:\student）下创建用于增加学生记录的表单文件 xueshengzengjia.htm，该文件中的网页代码如下。

```
<html>
<head><title>增加记录</title></head>
<body>
<form action = "xueshengzengjia.asp" method = "post">
```

```
<table border=1 align="center">
<caption><font color="blue"><b>增加学生记录</b></font></caption>
<tr><th align="right">学号:</th>
    <td><input type="text" name="xh" maxlength=11></td></tr>
<tr><th align="right">姓名:</th>
    <td><input type="text" name="xm" maxlength=4></td></tr>
<tr><th align="right">性别:</th>
    <td><input type="text" name="xb" size=1 maxlength=1></td></tr>
<tr><th>出生日期:</th><td><input type="text" name="csrq">
    <font color=red>**年-月-日**</font></td></tr>
<tr><th>电话号码:</th>
    <td><input type="text" name="dhhm" maxlength=8></td></tr>
</table>
<p align="center">
<input type="submit" value="提交">
<input type="reset" name="重填">
</p>
</form>
</body>
</html>
```

3. 表单文件 xueshengzengjia.htm 中相关代码的说明

(1) <form action="xueshengzengjia.asp" method="post">与</form>定义一个表单,表单处理程序的 URL(统一资源定位器)为 xueshengzengjia.asp,将表单数据传送给处理程序采用的方法是 POST 方法。

(2) <input type="text" name="xh" maxlength=11>定义一个 Name(名称)属性为 xh 的单行文本输入区域,maxlength=11 定义了最多可输入 11 个字符作为学号的值(学号字段 xh 的字段大小为 11);同理,<input type="text" name="xb" size=1 maxlength=1>定义一个 Name 属性为 xb 的单行文本输入区域,size=1 定义了输入区域的大小(容纳一个汉字的宽度),maxlength=1 定义了最多可输入一个字符或汉字;其余类推。一般而言,应将单行文本输入区域的 maxlength 属性值设置为对应数据的字段大小。

(3) <input type="submit" value="提交">定义一个"提交"按钮,运行期间单击该按钮时,将表单的内容提交给服务器,处理由表单的 action 属性指定的 ASP 程序(这里为由服务器执行学生增加处理文件 xueshengzengjia.asp)。

(4) <input type="reset" name="重填">定义一个"重填"按钮,运行期间单击该按钮时,可将表单内容全部清除,以便重新填写表单输入区域的内容。

(5) <table border=1 align="center">与</table>定义一个表格,表格边框宽度为 1,居中对齐。其中,<caption><font color="blue"><b>增加学生记录</b></font></caption>定义表格的标题,<b>与</b>之间的字符为粗体,<font color="blue">与</font>定义该标记对之间的字符颜色为蓝色。<tr>与</tr>定义表格的一行,<td>与</td>定义一个单元格。<th>与</th>也是定义一个单元格,但单元格中的文字以粗体出现。<th align="right">表示单元格中的内容右对齐。

5.2.2 增加学生记录的处理

1. 学生增加处理文件 xueshengzengjia.asp

在增加学生记录表单，将相关数据输入后，单击“提交”按钮，由服务器执行记录增加处理。判断与处理过程是：①如果服务器接收到的日期(即浏览器表单上输入的日期)不正确，则向浏览器端输出超链接，提示“日期不对，请返回重新输入!”，浏览器端单击此链接后返回增加学生记录表单，可将日期修改正确。日期的正确格式是“年-月-日”(不包括引号)，其中年份为4位年份。②如果日期的值正确，但服务器接收到的性别的值不为“男”或“女”(即浏览器端输入的性别不为“男”或“女”)，则向浏览器端输出超链接，提示“性别只能是'男'或'女'，请返回重新输入!”，浏览器端单击此链接后返回增加学生记录表单，可对输入的性别进行更正。③如果日期、性别的值是都正确，但服务器接收到的学号值在 stu 表中已经存在(表明学号重号，不能再增加此学号的记录)，则向浏览器端输出超链接，提示“学号不能重号，请返回重新输入!”，浏览器端单击此链接后返回增加学生记录表单，可对输入的学号进行更正。④如果浏览器端输入的日期、性别都是合理的值，且学号在数据库的 stu 表中不存在，则服务器就将从浏览器端传递过来的数据作为一条记录增加到 stu 表中。学生增加处理文件 xueshengzengjia.asp 的代码如下。

```
<%
If isdate(request("csrq")) Then
   If request.form("xb") = "男" Or request.form("xb") = "女" Then
      set conn = server.createobject("adodb.connection")
      conn.open "driver = {Microsoft Access Driver ( *.mdb)};dbq = e:\student\db1.mdb"
      set rs = server.createobject("adodb.recordset")
      strSQL = "select * from stu where xh = '" & request.form("xh") & "'"
      rs.open strSQL,conn,0,2
      If rs.eof Then
         rs.addnew
         rs("xh") = request.form("xh")
         rs("xm") = request.form("xm")
         rs("xb") = request.form("xb")
         rs("csrq") = cdate(request.form("csrq"))
         rs("dhhm") = request.form("dhhm")
         rs.update
         response.redirect "xueshengzengjia.htm"
      Else
         response.write "<a href = javascript:history.back()>"
         response.write "学号不能重号,请返回重新输入!</a>"
      End If
      rs.close
      Set rs = Nothing
      conn.close
      Set conn = nothing
   Else
      response.write "<a href = javascript:history.back()>"
      response.write "性别只能是'男'或'女',请返回重新输入!</a>"
```

```
    End If
  Else
    response.write "<a href = javascript:history.back()>"
    response.write "日期不对,请返回重新输入!</a>"
  End If
  %>
```

2. 学生增加处理文件 xueshengzengjia.asp 中相关代码的说明

(1) If … Else … End If 是条件语句,isdate(request("csrq"))是测试接收到的(浏览器端输入的)出生日期数据是否可转换为日期,如果可以转换为日期数据则返回逻辑真值。

(2) 如果已将 ODBC 数据源中的系统数据源设置为"xuesheng"(不包括引号),那么,语句 conn. open "driver={Microsoft Access Driver (*.mdb)};dbq=e:\student\db1. mdb"可替换成 conn. open "xuesheng",或更换为 conn. open "dsn=xuesheng"。如果没有建立系统数据源,那么,该语句可替换成 conn. open "driver={Microsoft Access Driver (*.mdb)};dbq=" & server. mappath("db1. mdb"),或替换为 conn. open "driver={Microsoft Access Driver (*.mdb)};dbq="+server. mappath("db1. mdb"),其中,server. mappath("db1. mdb")的功能是将 db1. mdb 对应的相对路径或虚拟路径映射为服务器上的物理路径。

(3) strSQL 是查询字符串,strSQL="select * from stu where xh='" & request. form("xh") & "'",用于查找 stu 表中学号字段 xh 的值与从浏览器端传递过来的学号(即浏览器端输入的学号)相匹配的记录。

(4) rs. open strSQL,conn,0,2 为打开记录集。由于可能往记录集中增加记录,所以应以可写方式打开记录集。其中 0 表示游标类型(游标类型的值可为 0~3),2 表示锁定类型(锁定类型的值可为 2~4,但不能为 1,为 1 时表示以只读方式打开记录集)。

(5) 当数据表 stu 中没有与待增加学号重复的值时,记录集对象 rs 中不存在任何数据,这时就允许将待增加的学号作为 stu 表的一条新增记录的学号,rs. addnew 的作用是利用 AddNew 方法向记录集对象 rs 中增加一条空记录。

(6) rs("xh")=request. form("xh")的作用是将新增记录的 xh(学号)字段替换成浏览器端传递来的学号的值,该语句也可写成 rs. fields. item("xh")=request("xh")等形式,rs. fields. item("xh")中的 item 和 fields 可省略,而 request("xh")则可能代表 request. QueryString ("xh")、request. Form ("xh")、request. Cookies ("xh")、request. ServerVariables("xh")等,从而会在某种程度上增加系统搜索和判断的时间。rs("csrq")=cdate(request. form("csrq"))中,cdate()的作用是将表达式转换为日期数据,该语句也可写成 rs("csrq")=request. form("csrq")。新增记录的其余字段的值的确定以此类推。

(7) rs. update 的作用是用 Update 方法把 rs 中的记录写到数据库中相应的数据表中。

(8) response. redirect "xueshengzengjia. htm"的功能是重定向到 xueshengzengjia. htm 对应的增加学生记录的表单界面。

(9) 完成对数据库的操作后,要关闭与释放记录集和连接对象。rs. close 表示关闭记录集对象,Set rs=Nothing 表示释放记录集对象,conn. close 表示关闭与数据库的连接,Set

conn＝nothing 表示释放连接对象。

3. 增加记录的另一种方法

1）利用 SQL 的 Insert Into 语句和连接对象的 Execute 方法增加记录

除可以用 rs. addnew 和 rs. update 添加记录外，还可使用 SQL 的 Insert Into 语句结合 conn. execute 方法实现数据添加功能。例如，在不采用 rs. addnew 和 rs. update 方法的情况下，为实现学生记录的增加功能，上述 xueshengzengjia. asp 中的代码也可变成以下内容。

```
<%
If isdate(request("csrq")) Then
   If request.form("xb") = "男" Or request.form("xb") = "女" Then
      set conn = server.createobject("adodb.connection")
      conn.open "driver = {Microsoft Access Driver ( * .mdb)};dbq = e:\student\db1.mdb"
      strSQL = "select * from stu where xh = '" & request.form("xh") & "'"
      set rs = conn.execute(strSQL)
      If rs.eof Then
         strSQL = "insert into stu(xh,xm,xb,csrq,dhhm) values('"
         strSQL = strSQL + request.form("xh") + "','" + request.form("xm") + "', '"
         strSQL = strSQL + request.form("xb") + "',#" + request.form("csrq") + "#,'"
         strSQL = strSQL + request.form("dhhm") + "')"
         conn.execute(strSQL)
         response.redirect "xueshengzengjia.htm"
      Else
         response.write "<a href = javascript:history.back()>"
         response.write "学号不能重号,请返回重新输入!</a>"
      End If
      rs.close
      Set rs = Nothing
      conn.close
      Set conn = nothing
   Else
      response.write "<a href = javascript:history.back()>"
      response.write "性别只能是'男'或'女',请返回重新输入!</a>"
   End If
Else
   response.write "<a href = javascript:history.back()>"
   response.write "日期不对,请返回重新输入!</a>"
End If
%>
```

2）相关说明

首先，set rs＝conn. execute(strSQL)是为了查找数据表中是否已有待增加的学号，并将结果返回记录集对象 rs，这时如果记录指针遇到文件尾(rs. eof)，则表明数据表中还没有此学号的值，该学号可以作为一条新增记录的学号。

其次，If rs. eof Then 与 Else 之间的 conn. execute(strSQL)执行插入操作，需注意 strSQL 的表达形式，可对照以下例句进行理解：strSQL＝ "insert into stu(xh，xm，xb，csrq，dhhm) values('20090301003'，'李鹏'，'男'，＃1991-8-8＃，'01010101')"。还需注意，

这里的 strSQL 表达式中，request. form("csrq")不能写成 cdate(request. form("csrq"))。

5.3 学生记录浏览

1. 学生记录浏览界面及网页代码

学生记录浏览界面如图 5-8 所示，学生浏览网页 xueshengliulan. asp 中的代码如下：

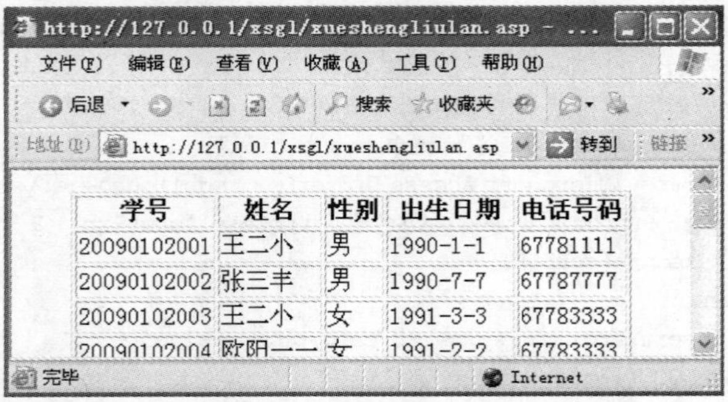

学号	姓名	性别	出生日期	电话号码
20090102001	王二小	男	1990-1-1	67781111
20090102002	张三丰	男	1990-7-7	67787777
20090102003	王二小	女	1991-3-3	67783333
20090102004	欧阳一一	女	1991-2-2	67783333

图 5-8　学生记录浏览

```
<%
set conn = server.createobject("adodb.connection")
conn.open "driver = {Microsoft Access Driver ( * .mdb)};dbq = e:\student\db1.mdb"
set rs = conn.execute("select * from stu order by xh")
response.write "< table border = 1 align = 'center'>"
response.write "< tr>< th>学号</th>< th>姓名</th>< th>性别</th>"
response.write "< th>出生日期</th>< th>电话号码</th></tr>"
do while not rs.eof
  response.write "< tr>"
  response.write "< td>" & rs("xh") & "</td>"
  response.write "< td>" & rs("xm") & "</td>"
  response.write "< td>" & rs("xb") & "</td>"
  response.write "< td>" & rs("csrq") & "</td>"
  response.write "< td>" & rs("dhhm") & "</td>"
  response.write "</tr>"
  rs.movenext
loop
response.write "</table>"
%>
```

2. 学生浏览网页文件 xueshengliulan. asp 中相关代码的说明

(1) set rs = conn. execute("select * from stu order by xh")是建立与打开记录集对象，这里也可写成 set rs = conn. execute("stu order by xh")。相当于“set rs = server. createobject("adodb. recordset")”和“rs. open "stu order by xh",conn,,,2”(或“rs. open "select * from stu order by xh",conn”)两个语句的作用。select * from stu order by xh

的功能是选择 stu 表中的全部记录，并按 xh(学号)排序。

(2) do while not rs. eof … loop 是循环结构，作用是在浏览器端按行显示 stu 表中的每条记录。rs. movenext 是将记录指针指向记录集的下一条记录。

5.4 分页显示

1. 分页显示的基本过程

分页显示的基本过程大致是：①建立与数据库的连接，打开记录集；②指定每页记录数及当前页；③建立页码超链接；④按页输出；⑤建立页码超链接；⑥关闭并释放记录集和数据库连接。

2. 分页显示文件 fenyexianshi.asp

假设每页显示 4 条记录，分页显示结果如图 5-9 所示。分页显示文件为 fenyexianshi. asp，其网页代码如下。

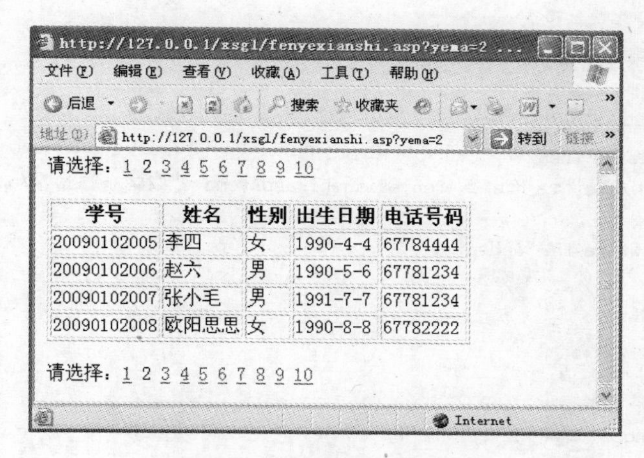

图 5-9 学生信息分页显示

```
<%
set conn = server.createobject("adodb.connection")
conn.open "driver = {Microsoft Access Driver ( * .mdb)};dbq = e:\student\db1.mdb"
set rs = server.createobject("adodb.recordset")
rs.open "select * from stu",conn,1
rs.pagesize = 4
If request("yema")<>"" Then
   dangqianye = cint(request("yema"))
Else
   dangqianye = 1
End If
rs.absolutepage = dangqianye
response.write "请选择："
for i = 1 to rs.pagecount
   If i <> dangqianye Then
```

```
        response.write "< a href = 'fenyexianshi.asp?yema = "&i&"'>"&i&"</a >  "
    Else
        response.write i & " "
    End If
next
response.write "< p >"
response.write "< table border = 1 >"
response.write "< tr >< th >学号</th >< th >姓名</th >< th >性别</th >"&_
                    "< th >出生日期</th >< th >电话号码</th ></tr >"
j = 1
do while not rs.eof and j < = rs.pagesize
  response.write "< tr >"
  response.write "< td >" & rs("xh") & "</td >"
  response.write "< td >" & rs("xm") & "</td >"
  response.write "< td >" & rs("xb") & "</td >"
  response.write "< td >" & rs("csrq") & "</td >"
  response.write "< td >" & rs("dhhm") & "</td >"
  response.write "</tr >"
  rs.movenext
  j = j + 1
loop
response.write "</table >"
response.write "< p >请选择: "
for i = 1 to rs.pagecount
    If i <> dangqianye Then
        response.write "< a href = 'fenyexianshi.asp?yema = "&i&"'>"&i&"</a >  "
    Else
        response.write i & " "
    End If
next
rs.close
set rs = nothing
conn.close
set conn = nothing
%>
```

3. 分页显示文件 fenyexianshi.asp 中相关代码的说明

(1) 分页显示功能中，语句“rs. open "select * from stu",conn,1”中的 1 表示游标类型为 1(键集)，也可以是 3(静态)，但不能是 0(仅向前)和 2(动态)。由于分页显示是针对 stu 表中的全部记录，所以该语句也可以替换成“rs. open "stu",conn,1,,2”，其中 2 表示查询信息的类型是数据表名；若查询信息类型为 SQL 命令类型，则该位置的值为 1；该位置的值缺省时，系统会自行判定查询信息类型。如果需要查询结果按字段 xh(学号)排序，该语句需变为“rs. open "select * from stu order by xh",conn,1”。

(2) 实现分页显示功能时，需利用记录集对象提供的 PageSize、PageCount 和 AbsolutePage 等属性，rs. pagesize=4 确定每页显示 4 条记录，rs. pagecount 返回记录集所包含记录的页数(页数取决于 rs. pagesize 的值)，rs. absolutepage 用于设置或返回当前记录所在页号。

(3) dangqianye(当前页)变量用于保存从浏览器端传递来的yema(页码)的数据,当该网页代码刚运行时,request("yema")="",dangqianye=1,浏览器端显示第1页数据;若浏览器端单击要显示的页数超链接(如超链接"2")时,则服务器端接收到的页码串request("yema")转换为整数后就是待处理的当前页的页数,例如,dangqianye=cint(request("yema"))=2,其中cint()函数的作用是将表达式转换为Integer子类型。

(4) for … next是循环语句结构,用于在浏览器端连续显示从1至总页数之间的全部页数,其中,当前页的页数没有超链接,其余页数均以超链接显示,页数之间以空格隔开。当i=2时,语句"response. write "<a href='fenyexianshi. asp? yema="&i&"'>"&i&"</a> ""表示"response. write "<a href='fenyexianshi. asp? yema=2'>2</a> "",运行后,浏览器端将显示超链接"2"和一个空格,其中" "表示空格。浏览器端如果单击超链接"2",则以GET方式向服务器端提出处理请求,处理该请求的程序文件为fenyexianshi. asp,服务器端利用Request. QueryString集合从查询字符串中读取用户提交的数据,例如,Request. QueryString("yema")="2"。如果不指定QueryString集合,可写成Request ("yema"),这时ASP会自动按顺序搜索QueryString、Form、Cookies、ServerVariables等集合,以获得变量yema的值。

5.5 学生信息查询

5.5.1 按学生姓名查询

1. 单独设计查询表单与查询处理文件

1) 学生查询表单设计及学生查询表单文件xueshengchaxun. htm

为简便起见,这里先介绍按学生姓名进行查询的设计与实现方法,学生查询表单界面如图5-10所示,学生查询表单文件xueshengchaxun. htm中的代码对应如下:

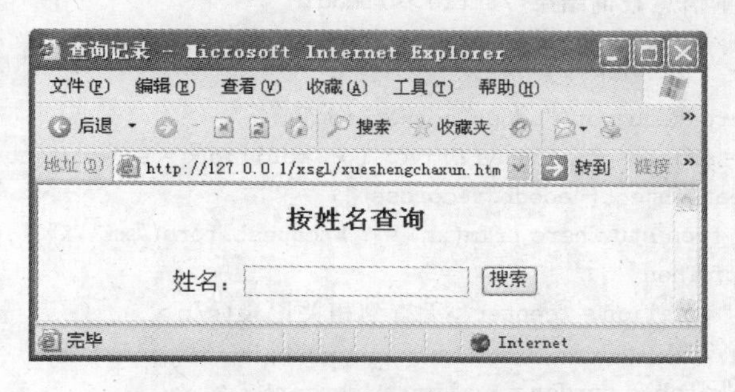

图5-10 学生查询表单(按姓名查询)

```
<html>
<head><title>查询记录</title></head>
<body>
<h3 align=center>按姓名查询</h3>
<form action="xueshengchaxun.asp" method="post">
<p align=center>
```

```
姓名：<input type="text" name="xm">
<input type="submit" name="sousuo" value="搜索">
</p>
</form>
</body>
</html>
```

2）学生查询处理文件 xueshengchaxun.asp

在学生查询表单输入姓名（如输入“王二小”），单击“搜索”按钮，由服务器执行查询处理，处理结果返回浏览器，如图 5-11 所示。查询处理与判断过程是：若 stu 表中不存在要查找的学生姓名，则返回结果为提示“无查到相关记录！”和超链接“返回查询界面”；否则，返回查询结果和超链接“返回查询界面”，可单击该超链接返回学生查询表单继续执行查询操作。

图 5-11 学生查询结果

可据此查询处理与判断过程来创建学生查询处理文件 xueshengchaxun.asp，该文件中的网页代码对应如下。

```
<html>
<head><title>学生信息查询结果</title></head>
<body>
<%
set conn=server.createobject("adodb.connection")
conn.open "driver={Microsoft Access Driver (*.mdb)};dbq=e:\student\db1.mdb"
set rs=server.createobject("adodb.recordset")
rs.open "select * from stu where trim(xm)='"&request.form("xm")&"'",conn
If rs.bof and rs.eof Then
   response.write "<p align='center'>无查到相关记录!</p>"
Else
   response.write "<table border=1 align='center'>"
   response.write "<tr><th>学号</th><th>姓名</th><th>性别</th>" &_
                  "<th>出生日期</th><th>电话号码</th></tr>"
   do while not rs.eof
      response.write "<tr>"
      response.write "<td>"&rs("xh")&"</td>"
      response.write "<td>"&rs("xm")&"</td>"
      response.write "<td>"&rs("xb")&"</td>"
      response.write "<td>"&rs("csrq")&"</td>"
```

```
        response.write "<td>"&rs("dhhm")&"</td>"
        response.write "</tr>"
        rs.movenext
    loop
    response.write "</table>"
End If
response.write "<p align='center'>"
response.write "<a href='xueshengchaxun.htm'>返回查询界面</a></p>"
%>
</body>
</html>
```

2. 查询表单与查询处理合并设计

1）学生查询文件 xueshengchaxun1.asp

将 xueshengchaxun.htm 与 xueshengchaxun.asp 合并成一个文件 xueshengchaxun1.asp 可执行相同的功能，其大致执行功能和大致过程是：浏览器端第一次运行该文件时，只显示查询表单和一条水平线，输入姓名后单击“搜索”按钮，则由服务器进行查询处理，处理完毕后返回浏览器端，并在浏览器端的水平线下显示查询结果。xueshengchaxun1.asp 执行后的一个查询结果如图 5-12 所示，对应的代码如下。

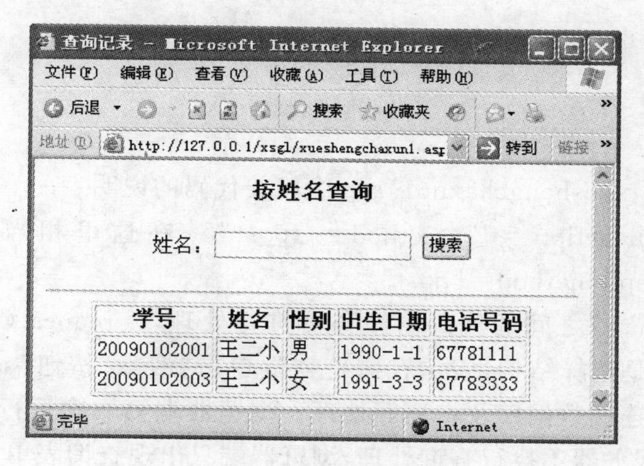

图 5-12　学生查询结果

```
<html>
<head><title>查询记录</title></head>
<body>
<h3 align=center>按姓名查询</h3>
<form action="" method="post">
<p align=center>
姓名：<input type="text" name="xm">
<input type="submit" name="sousuo" value="搜索">
</p>
</form>
<hr>
<%
If request("sousuo")="搜索" Then
```

```
set conn = server.createobject("adodb.connection")
conn.open "driver = {Microsoft Access Driver ( * .mdb)};dbq = e:\student\db1.mdb"
set rs = server.createobject("adodb.recordset")
rs.open "select *  from stu where trim(xm) = '"&request.form("xm")&"'",conn
If rs.bof and rs.eof Then
   response.write "< p align = 'center'>无查到相关记录!</p>"
Else
   response.write "< table border = 1 align = 'center'>"
   response.write "< tr>< th>学号</th>< th>姓名</th>< th>性别</th>" &_
                 "< th>出生日期</th>< th>电话号码</th></tr>"
   do while not rs.eof
      response.write "< tr>"
      response.write "< td>"&rs("xh")&"</td>"
      response.write "< td>"&rs("xm")&"</td>"
      response.write "< td>"&rs("xb")&"</td>"
      response.write "< td>"&rs("csrq")&"</td>"
      response.write "< td>"&rs("dhhm")&"</td>"
      response.write "</tr>"
      rs.movenext
   loop
   response.write "</table>"
 End If
End If
%>
</body>
</html>
```

2）学生查询文件 xueshengchaxun1.asp 中相关代码的说明

（1）语句<form action="" method="post">在这里相当于<form action="xueshengchaxun1.asp" method="post">。

（2）“<%”和“%>”之间的代码由服务器进行处理，If request("sousuo")="搜索" Then … End If 语句是选择结构，表示在浏览器端单击“搜索”按钮（sousuo 是搜索按钮的 name 属性）时才执行连接数据库及查询等处理。浏览器端第一次运行该文件时，还没有单击“搜索”按钮，所以服务器不执行查询处理，浏览器端只出现查询表单及水平线。

5.5.2 查询结果分页显示

有时，查询结果较多，可以分页显示查询结果。可参照第 5.5.1 节“按学生姓名查询”和第 5.4 节“分页显示”的内容和知识点，分别设计学生信息查询表单和查询分页处理程序。

1. 学生信息查询表单

设计学生信息查询表单，以便通过表单界面实现学生信息查询功能。表单界面与图 5-10 类似，学生查询网页文件 xueshengchaxunfenye.htm 中的代码如下。

```
< html>
< head>< title>查询记录</title></head>
< body>
```

```
<h3 align=center>按姓名查询</h3>
<form action="xueshengchaxunfenye.asp" method="post">
<p align=center>
姓名:<input type="text" name="xm">
<input type="submit" name="sousuo" value="搜索">
</p>
</form>
</body>
</html>
```

2. 查询分页处理

由查询表单文件 xueshengchaxunfenye. htm 可知,处理该表单的网页文件是 xueshengchaxunfenye. asp(即学生查询分页处理文件),其程序代码如下。

```
<html>
<head><title>学生信息查询结果</title></head>
<body>
<%
strXm=request("xm")
set conn=server.createobject("adodb.connection")
conn.open "driver={Microsoft Access Driver (*.mdb)};dbq=e:\student\db1.mdb"
set rs=server.createobject("adodb.recordset")
rs.open "select * from stu where trim(xm)='"&strXm&"'",conn,1
If rs.bof And rs.eof Then
 response.write "<p align='center'>无查到相关记录!</p>"
Else
  rs.pagesize=2
  If request("yema")<>"" Then
    dangqianye=cint(request("yema"))
  Else
    dangqianye=1
  End If
  rs.absolutepage=dangqianye
  response.write "请选择:"
  for i=1 to rs.pagecount
    If i<>dangqianye Then
      response.write "<a href='xueshengchaxunfenye.asp?yema="&i&_
                    "&xm="&strXm&"'>"&i&"</a> "
    Else
      response.write i & " "
    End If
  next
  response.write "<p>"
  response.write "<table border=1 align='center'>"
  response.write "<tr><th>学号</th><th>姓名</th><th>性别</th>" &_
                      "<th>出生日期</th><th>电话号码</th></tr>"
  j=1
  do while not rs.eof and j<=rs.pagesize
    response.write "<tr>"
```

```
        response.write "<td>"&rs("xh")&"</td>"
        response.write "<td>"&rs("xm")&"</td>"
        response.write "<td>"&rs("xb")&"</td>"
        response.write "<td>"&rs("csrq")&"</td>"
        response.write "<td>"&rs("dhhm")&"</td>"
        response.write "</tr>"
        rs.movenext
        j=j+1
      loop
      response.write "</table>"
   End If
   response.write "<p align='center'>"
   response.write "<a href='xueshengchaxunfenye.htm'>返回查询界面</a></p>"
   %>
   </body>
   </html>
```

3. 学生查询分页处理文件 xueshengchaxunfenye.asp 中相关代码的说明

(1) 上述文件 xueshengchaxunfenye.asp 中，代码行 strXm＝request("xm")的作用是利用 Request.Form 集合接收浏览器端表单文件 xueshengchaxunfenye.htm 传递来的变量 xm 的数据，利用 Request.QueryString 集合接收 xueshengchaxunfenye.asp 文件本身传递来的变量 yema 和 xm 的数据，因而这里不能写成 strXm＝request.form("xm")或 strXm＝request.querystring("xm")的形式。

(2) 如果将表单文件 xueshengchaxunfenye.htm 中＜Form＞标记所定义的 method 属性由"POST"改为"GET"，即＜form＞语句改成＜form action＝"xueshengchaxunfenye.asp" method＝"get"＞，则 xueshenchaxunfenye.asp 中的 strXm＝request("xm")也可修改成以下形式：strXm＝request.querystring("xm")。

4. 查询举例

假设数据库表中含有 3 条姓名为"欧阳康"的记录。在浏览器的 URL 地址栏输入网址，按图 5-13 所示输入姓名后单击"搜索"按钮，则出现如图 5-14 所示的查询结果，单击超链接"2"后显示第 2 页的查询结果，如图 5-15 所示。若数据库表中无此姓名对应的记录，则提示"无查到相关记录!"。每个分页显示界面都有"返回查询界面"的超链接。

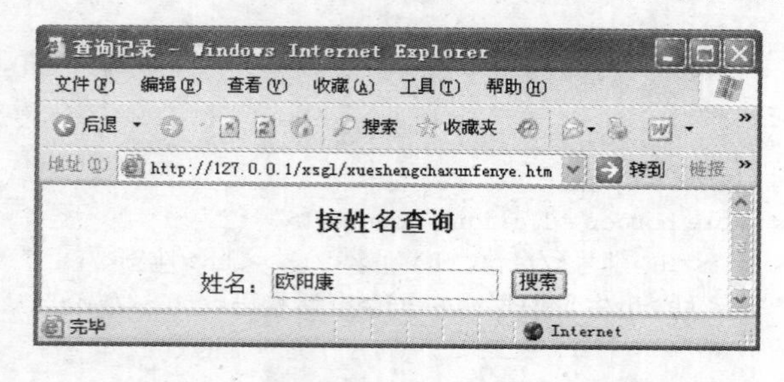

图 5-13 查询界面：输入待查询的姓名

图 5-14　分页显示界面(当单击图 5-13 的“搜索”按钮后)

图 5-15　分页显示界面(当单击图 5-14 的超链接“2”后)

5.5.3　按选择的项目查询

1. 按项目查询的表单

1) 按项目查询的表单设计及表单文件 studentsearch.htm

有时希望分别按学生的学号、姓名、性别、出生日期、电话号码进行查询，这时就可以在查询表单中将这些待查询的项目设计在一个下拉列表中，实现按所选择的下拉列表项进行查询，亦即按选择的项目查询。假设学生信息查询表单文件为 studentsearch.htm，该表单启动时默认的下拉列表项为“姓名”，则设计查询界面如图 5-16 所示，studentsearch.htm 的代码如下。

图 5-16　studentsearch.htm 对应的“学生信息查询”表单界面

```
<form action = "studentsearch.asp" method = "post">
<table border = 1 align = center >
  <caption><font face = "隶书" size = 5 >学生信息查询</font></caption>
  <tr>
     <td align = right>请选择待查询的项目:</td>
     <td>
        <select name = "search" size = 1>
        <option value = "xh">学号
        <option value = "xm" selected>姓名
        <option value = "xb">性别
        <option value = "csrq">出生日期
        <option value = "dhhm">电话号码
        </select>
     </td>
   </tr>
   <tr>
     <td align = right>请输入待查询的值:</td>
     <td><input type  = "text" name = "zhi"></td>
   </tr>
</table>
<br>
<table border = 0 align = center>
  <tr>
     <td align = right><input type = "submit" value = "查找"></td>
     <td><input type = "reset" value = "重填"></td>
  </tr>
</table>
</form>
```

2）学生查询表单文件 studentsearch. htm 中相关代码的说明

（1）文件 studentsearch. htm 的代码中，<select>与</select>标记对之间定义了一个下拉列表，下拉列表中包括“学号”、“姓名”、“性别”、“出生日期”、“电话号码”，相应项的 Value 属性值分别为"xh"、"xm"、"xb"、"csrq"、"dhhm"。运行时，该下拉列表只能显式地显示一个被选择的项，默认的选项为“姓名”。当选择下拉列表的一个项时，变量 search 的值就是所选项对应的 Value 属性的值，例如，选择“出生日期”项时，search 的值为"csrq"，其余类推。

（2）表单元素 zhi 的取值是表单运行期间输入至文本框中的数据，这个数据与下拉列表中选择的项相对应。例如，下拉列表中选择的是“出生日期”，表单元素 zhi 对应的文本输入框中输入的数据就被当作一个日期，zhi 的取值就是该文本框中的日期型数据，如果不为日期型数据，则由该查询表单的处理程序 studentsearch. asp 进行相应的处理。

2. 按项目查询的学生信息查询处理

1）按项目查询的程序处理流程及学生信息查询处理文件 studentsearch. asp

文件 studentsearch. htm 定义的表单中，声明了该表单的处理程序为 studentsearch. asp，以完成学生信息查询的处理。由于表单的下拉列表项中包含了两类数据，即学号、姓名、性别、电话号码为字符型数据（或文本），出生日期为日期型数据，而按日期型数据查询与按字符型数据查询的查询字符串表达式是有区别的，而且，按日期查询时，表单的文本框中输入的文本是否可以转换为日期型数据也需要考虑，因此，必须先判断下拉列表框中选择的项是否为“出生日期”，如果选择的是“出生日期”，还要看文本框中是否对应为一个日期型数据，这样才能针对不同的情况进行相应的处理，其处理过程的 N-S 图如图 5-17 所示。学生信息查询处理文件 studentsearch. asp 的代码如下：

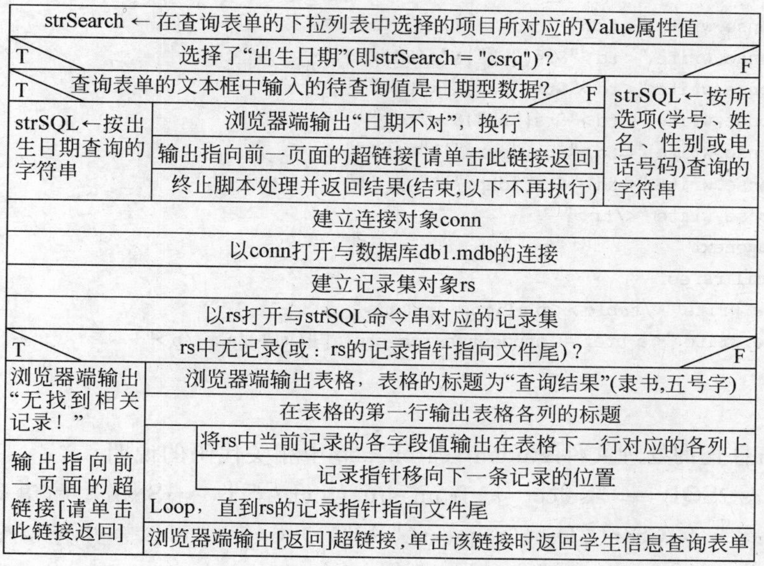

strSearch ← 在查询表单的下拉列表中选择的项目所对应的Value属性值
T　选择了“出生日期”(即strSearch = "csrq")？　F
T　查询表单的文本框中输入的待查询值是日期型数据?　F
strSQL←按出生日期查询的字符串
浏览器端输出“日期不对”，换行
输出指向前一页面的超链接[请单击此链接返回]
终止脚本处理并返回结果(结束,以下不再执行)
strSQL←按所选项(学号、姓名、性别或电话号码)查询的字符串
建立连接对象conn
以conn打开与数据库db1.mdb的连接
建立记录集对象rs
以rs打开与strSQL命令串对应的记录集
T　rs中无记录(或：rs的记录指针指向文件尾)？　F
浏览器端输出“无找到相关记录！”
输出指向前一页面的超链接[请单击此链接返回]
浏览器端输出表格，表格的标题为“查询结果”(隶书,五号字)
在表格的第一行输出表格各列的标题
将rs中当前记录的各字段值输出在表格下一行对应的各列上
记录指针移向下一条记录的位置
Loop，直到rs的记录指针指向文件尾
浏览器端输出[返回]超链接，单击该链接时返回学生信息查询表单

图 5-17　studentsearch. asp 的处理过程

```
<%
strSearch = request("search")
If strSearch = "csrq" Then
   If isdate(request("zhi")) Then
      strSQL = "select * from stu where " & strSearch
      strSQL = strSQL & " = #" & CStr(CDate(request("zhi"))) & "#"
   Else
      response.write "日期不对!<br>"
      response.write "<a href = 'javascript:history.back()'>[请单击此链接返回]</a>"
      response.end
   End If
Else
   strSQL = "select * from stu where "&strSearch&" = '"&request("zhi")&"'"
End If
set conn = server.createobject("ADODB.Connection")
conn.open "Driver = {Microsoft Access Driver ( * .mdb)};DBQ = "&_
        server.mappath("db1.mdb")
set rs = server.createobject("ADODB.Recordset")
rs.open strSQL,conn
If rs.eof Then
   response.write "无找到相关记录!<br>"
   response.write "<a href = 'javascript:history.back()'>[请单击此链接返回]</a>"
Else
```

```
    response.write "< table align = center border = 1 >"
    response.write "< caption >< font face = 隶书 size = 5 >查询结果</font ></caption >"
    response.write "< tr >"
    response.write "< th >学号</th >< th >姓名</th >< th >性别</th >"&_
                   "< th >出生日期</th >< th >电话号码</th >"
    response.write "</tr >"
    do
      response.write "< tr >"
      response.write "< td >"&rs("xh")&"</td >"
      response.write "< td >"&rs("xm")&"</td >"
      response.write "< td >"&rs("xb")&"</td >"
      response.write "< td >"&rs("csrq")&"</td >"
      response.write "< td >"&rs("dhhm")&"</td >"
      response.write "</tr >"
      rs.movenext
    loop until rs.eof
    response.write "</table >< p align = center >"
    response.write "< a href = 'studentsearch.htm'>[返回]</a ></p >"
End If
%>
```

2）学生信息查询处理文件 studentsearch.asp 中相关代码的说明

（1）语句 strSQL ＝ "select * from stu where " & strSearch 和语句 strSQL ＝ strSQL & "＝#" & CStr(CDate(request("zhi"))) & "#"可以合并为 strSQL＝"select * from stu where " & strSearch & "＝#" & CStr(CDate(request("zhi"))) & "#",其作用是用变量 strSQL 表示按日期查询的查询字符串,需注意 where 后面至引号(")之间至少留一个空格。由该语句前面的语句可知,这里 strSearch 相当于字符串"csrq",而 CStr(CDate(request("zhi")))用于将表单文本框中输入的文本(或字符串)转换为日期,再将日期转换成对应的日期形式的字符串,例如将字符串"1991 年 3 月 3 日"或"1991-3-3"转换为日期形式的字符串"1991-3-3"。但表达式中需要在日期数据两端加上符号"#"(不含引号),所以查询出生日期为"1991 年 3 月 3 日"或"1991-3-3"的学生记录的查询命令串可表示为：strSQL＝"select * from stu where csrq＝#1991-3-3#"。请将此 strSQL 表达式与前一个 strSQL 进行比较,以进一步掌握按日期查询时 strSQL 的通用表达方法。

（2）语句 conn.open 所在行行末的下划线表示续行符,表示该行与下一行(通过按 Enter 键换行,而非自然换行)的 server.mappath("db1.mdb")形成一个完整的命令行,即：conn.open "Driver＝{Microsoft Access Driver (*.mdb)};DBQ＝" & server.mappath("db1.mdb")。其中,server.mappath("db1.mdb")用于获取当前 ASP 文件所在目录下的文件 db1.mdb 的绝对路径。由于这里的文件 db1.mdb 位于 E:\student 文件夹下,所以该命令也可以写成以下形式：conn.open "driver＝{Microsoft Access Driver (*.mdb)};dbq＝e:\student\db1.mdb"。

（3）如果在如图 5-16 所示的界面中,在下拉列表选"姓名",再在待查询的值文本框输入"王二小"(不包括引号),那么,单击"查找"按钮时返回查询结果如图 5-18 所示,但若单击"重填"按钮则会重置表单。

（4）也可按分页显示设计查询结果。

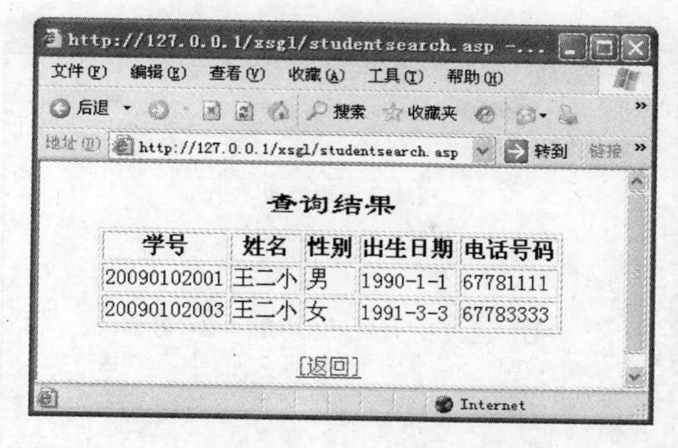

图 5-18　studentsearch. asp 的处理结果

5.6　修改记录

5.6.1　用于修改学生信息的查询表单

修改记录的基本步骤是先在查询界面查询记录，再在查询结果界面选中查到的某条记录的"编辑"超链接，并在编辑界面中进行编辑或修改。在编辑界面修改数据后，可执行以下操作：①单击"保存"按钮即可更新记录，更新后可返回查询结果（对其他查到的记录进行修改），也可返回查询界面进行查询。②单击"返回查询结果"按钮，返回查询结果界面，但不更新记录。③单击"返回查询界面"按钮，返回查询界面，但不更新记录。修改记录功能的实现涉及以下 4 个网页文件：实现查询功能的学生修改查询文件 xueshengxiugaichaxun. asp、用于修改记录的学生编辑界面文件 xueshengbianjijiemian. asp、实现文件更新功能的学生修改处理文件 xueshengxiugaichuli. asp、更新文件后返回查询结果界面并显示新修改记录的数据的学生修改查询界面刷新文件 xueshengxiugaichaxun2. asp。

1. 用于修改学生信息的查询界面及查询文件 xueshengxiugaichaxun. asp

学生信息查询界面如图 5-19 所示。输入姓名（如"王二小"）或姓名中所包含的子字符串，再单击"搜索"按钮，若找到匹配的记录，则查询结果如图 5-20 所示；若未找到，则提示"无查到相关记录！"。学生修改查询文件 xueshengxiugaichaxun. asp 中的代码如下：

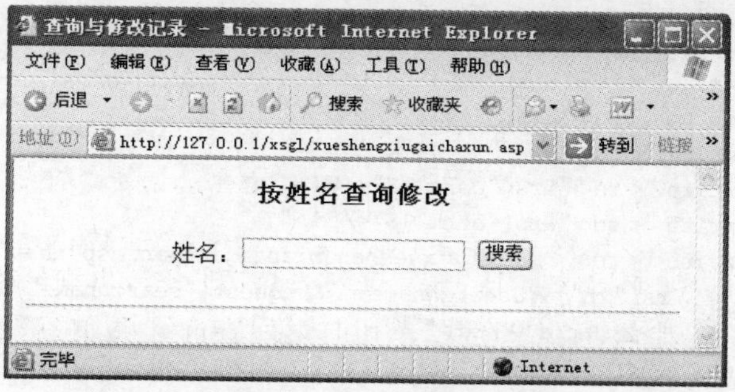

图 5-19　学生信息查询界面

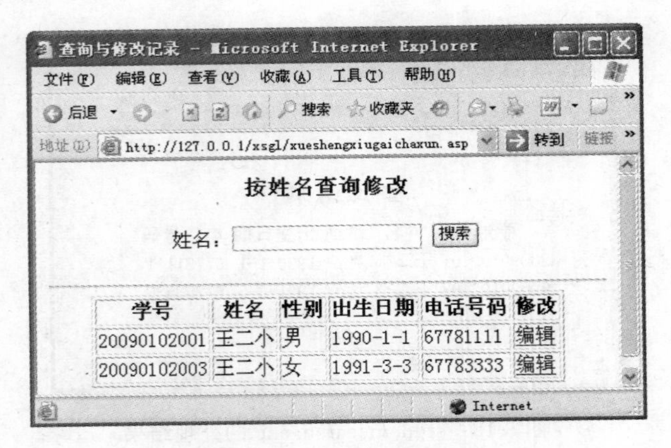

图 5-20 学生信息查询结果界面

```
<html>
<head><title>查询与修改记录</title></head>
<body>
<h3 align=center>按姓名查询修改</h3>
<form action="" method="post">
<p align=center>
姓名:<input type="text" name="searchname">
<input type="submit" name="sousuo" value="搜索">
</p>
</form>
<hr>
<%
If request("sousuo")<>"" Then
  set conn=server.createobject("adodb.connection")
  conn.open "driver={Microsoft Access Driver (*.mdb)};dbq=e:\student\db1.mdb"
  set rs=server.createobject("adodb.recordset")
  strSQL="select * from stu where xm like '%"
  strSQL=strSQL+Trim(request.form("searchname"))&"%' order by xh"
  rs.open strSQL,conn
  If rs.bof and rs.eof Then
    response.write "<p align='center'>无查到相关记录!</p>"
  Else
    response.write "<table border=1 align='center'>"
    response.write "<tr><th>学号</th><th>姓名</th><th>性别</th>" &_
                   "<th>出生日期</th><th>电话号码</th><th>修改</th></tr>"
    do while not rs.eof
      response.write "<tr>"
      response.write "<td>"&rs("xh")&"</td>"
      response.write "<td>"&rs("xm")&"</td>"
      response.write "<td>"&rs("xb")&"</td>"
      response.write "<td>"&rs("csrq")&"</td>"
      response.write "<td>"&rs("dhhm")&"</td>"
      response.write "<td><a href=xueshengbianjijiemian.asp?xh="&_
                    rs("xh")&"&searchname="&request("searchname")&_
                    ">编辑</a></td>"
      response.write "</tr>"
      rs.movenext
    loop
```

```
        response.write "</table>"
    End If
End If
%>
</body>
</html>
```

2. 学生修改查询文件 xueshengxiugaichaxun.asp 中相关代码的说明

(1) 语句 rs.open strSQL,conn 中,strSQL="select * from stu where xm like '%" + Trim(request.form("searchname")) & "%' order by xh",该查询字符串的作用是在 stu 表中查找 xm(姓名)字段包含姓名字符串的记录,结果按 xh(学号)排序。例如,按姓名"王二小"进行查询或修改时,strSQL="select * from stu where xm like '%王二小%' order by xh",则记录集 rs 中包含 stu 表的 xm(姓名)字段含有"王二小"的全部记录,即也包含 xm 字段的值类似"张王二小"之类的记录,并按学号排序。这样,如果姓名输入区中没有输入字符或输入了仅由空格组成的字符串,那么,单击"搜索"按钮时,会列出 stu 表中的全部记录供编辑修改。

(2) response.write "<td><a href=xueshengbianjijiemian.asp? xh=" & rs("xh") & "&searchname = " & request("searchname") &">编辑</a></td>"的主要作用是向浏览器端输出一个"编辑"超链接,该链接指向学生编辑界面网页文件 xueshengbianjijiemian.asp,同时将变量 xh 和 searchname 及它们的值传递给服务器进行处理。其中,xh 的值为"编辑"超链接所在记录的学号,学生编辑界面显示的学生记录就是该学号对应的记录;searchname 的值是在查询界面中输入的姓名,该数据将传递给学生编辑界面网页文件,再传递给学生修改处理文件,最后传递给学生修改查询界面刷新文件。

5.6.2　学生信息的编辑表单

1. 学生信息编辑界面设计

单击学生记录查询结果界面(如图 5-20 所示)的某个"编辑"超链接,则出现该链接所在行记录的编辑界面,以完成对学生信息的修改。设计学生信息编辑界面(或称学生记录编辑界面)如图 5-21 所示。

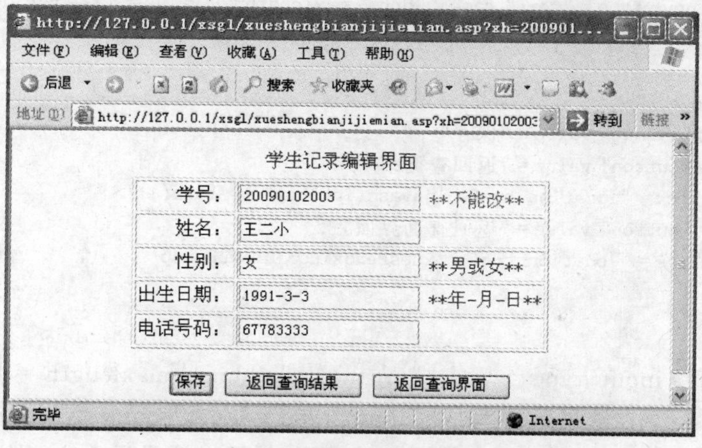

http://127.0.0.1/xsgl/xueshengbianjijiemian.asp?zh=200901...
文件(F)　编辑(E)　查看(V)　收藏(A)　工具(T)　帮助(H)
后退　搜索　收藏夹
地址(D) http://127.0.0.1/xsgl/xueshengbianjijiemian.asp?xh=20090102003　转到　链接

学生记录编辑界面

学号:	20090102003	**不能改**
姓名:	王二小	
性别:	女	**男或女**
出生日期:	1991-3-3	**年-月-日**
电话号码:	67783333	

保存　返回查询结果　返回查询界面

完毕　Internet

图 5-21　学生信息编辑界面(数据未修改前)

2. 学生信息编辑界面网页文件 xueshengbianjijiemian.asp

在学生信息编辑界面(如图 5-21 所示),若修改界面上的数据后单击“保存”按钮,则由服务器进行学生记录修改处理(对应文件 xueshengxiugaichuli.asp);若单击“返回查询结果”按钮,则返回到上一界面(即查询结果界面);若单击“返回查询界面”,则转向学生信息查询界面(对应文件 xueshengxiugaichaxun.asp,不含查询结果)。学生信息编辑界面网页文件 xueshengbianjijiemian.asp 中的代码如下。

```
<%
strXh = request.querystring("xh")
set conn = server.createobject("adodb.connection")
conn.open "driver = {Microsoft Access Driver ( *.mdb)};dbq = e:\student\db1.mdb"
set rs = server.createobject("adodb.recordset")
rs.open "select * from stu where trim(xh) = '"&strXh&"'",conn
%>
<form action = "xueshengxiugaichuli.asp" method = "POST">
<input type = "hidden" name = "searchname" value = <% = request("searchname") %>>
<table align = "center" border = 1>
<caption><font color = "blue">学生记录编辑界面</font></caption>
<tr><td align = "right">学号:</td>
    <td><input type = "text" name = "xh" maxlength = 11 value = <% = rs("xh") %>>
    <font color = "red">** 不能改 **</font>
    <input type = "hidden" name = "xh1" value = <% = rs("xh") %>></td></tr>
<tr><td align = "right">姓名:</td>
    <td><input type = "text" name = "xm" maxlength = 4 value = <% = rs("xm") %>>
    </td></tr>
<tr><td align = "right">性别:</td>
    <td><input type = "text" name = "xb" maxlength = 1 value = <% = rs("xb") %>>
    <font color = "blue">** 男或女 **</font></td></tr>
<tr><td align = "right">出生日期:</td>
    <td><input type = "text" name = "csrq" value = <% = rs("csrq") %>>
    <font color = "blue">** 年 - 月 - 日 **</font></td></tr>
<tr><td align = "right">电话号码:</td>
    <td><input type = "text" name = "dhhm" maxlength = 8 value = <% = rs("dhhm") %>>
    </td></tr>
</table>
<p align = "center">
<input type = "submit" value = "保存">
<input type = "button" value = "返回查询结果"
        onclick = "location.href = 'javascript:history.back()'">
<input type = "button" value = "返回查询界面"
        onclick = "location.href = 'xueshengxiugaichaxun.asp'">
</p>
</form>
```

应当注意,<input type = "text" name = "dhhm" maxlength = 8 value = <% =rs("dhhm")%>>在这里不要写成<input type="text" name="dhhm" value=<% =rs("dhhm")%> maxlength=8>等形式。否则,如果电话号码为空,则刚转到学生信息

编辑界面时显示电话号码为 maxlength=8 之类的内容。

5.6.3 学生信息的修改处理

1. 学生信息修改处理

在学生信息编辑界面(图 5-21),修改相关数据后,如图 5-22 所示。单击保存按钮,由学生修改处理文件 xueshengxiugaichuli.asp 执行记录更新处理。处理逻辑大致是:如果学号发生变化,则用超链接提示“学号不能修改,返回”;如果性别不对,则用超链接提示“性别只能为男或女,返回”;如果日期不对,则用超链接提示“日期不对,格式为年-月-日,如 2010 年 4 月 20 日表示为 2010-4-20,返回”。

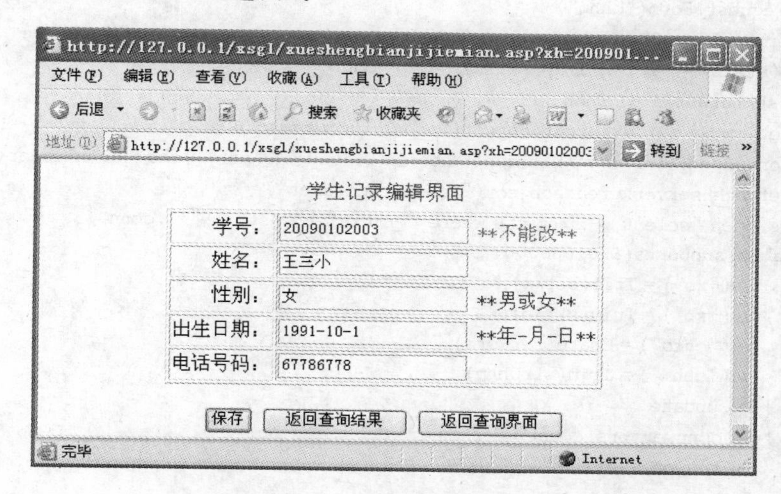

图 5-22 学生信息编辑界面(编辑数据)

如果修改的数据符合要求,但记录集对象不支持更新功能,则提示“没有更新数据”;在支持更新功能的情况下,提示“更新成功”(更新操作无产生错误时)或“更新失败”(更新操作产生错误时)和超链接“返回查询结果”、“返回查询界面”,如图 5-23 所示。单击“返回查询结果”链接,转向刷新后的查询结果网页(对应于学生修改查询刷新文件 xueshengxiugaichaxun2.asp),并将当前被修改记录的学号和原查询姓名字符串作为参数传递给该网页文件进行处理(例如 xh=20090102003、searchname=王二小)。单击“返回查询界面”链接,转向学生信息查询界面(对应于文件 xueshengxiugaichaxun.asp)。

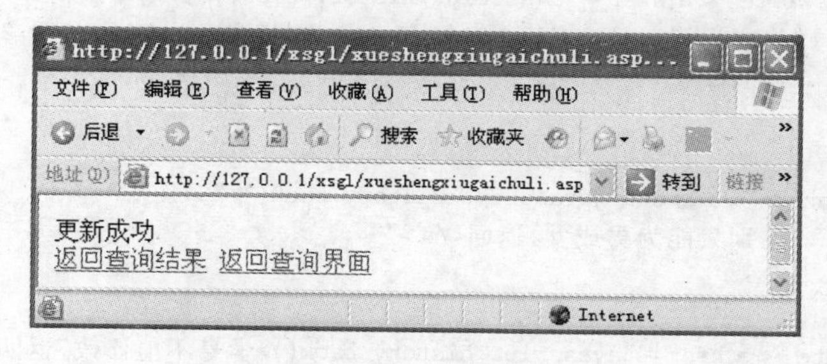

图 5-23 更新成功提示界面

2. 学生信息修改处理文件 xueshengxiugaichuli.asp

根据学生信息修改处理的大致过程，创建学生修改处理文件 xueshengxiugaichuli.asp，该文件中的网页代码如下。

```
<%
strSearchname = request.Form("searchname")
strXh = request.Form("xh")
strXh1 = request.Form("xh1")
strXm = request.Form("xm")
strXb = request.Form("xb")
strCsrq = request.Form("csrq")
strDhhm = request.Form("dhhm")
If Trim(strXh) = Trim(strXh1) Then
   If Trim(strXb) = "男" Or Trim(strXb) = "女" Then
      If IsDate(strCsrq) Then
         set conn = server.createobject("adodb.connection")
         conn.open "driver = {Microsoft Access Driver ( * .mdb)};dbq = e:\student\db1.mdb"
         set rs = server.createobject("adodb.recordset")
         rs.open "select * from stu where trim(xh) = '"&strXh&"'",conn,,3
         If rs.supports(&H01008000) Then
             rs("xm") = Trim(strXm)
             rs("xb") = Trim(strXb)
             rs("csrq") = CDate(strCsrq)
             rs("dhhm") = Trim(strDhhm)
             rs.update
             If conn.errors.count > 0 Then
                response.write "更新失败"
             Else
                response.write "更新成功"
             End If
        Else
          response.write "没有更新数据"
        End If
        response.write "<br><a href = 'xueshengxiugaichaxun2.asp?xh = "&rs("xh")&_
                   "&searchname = "&strSearchname&"'>返回查询结果</a>"
        response.write " <a href = 'xueshengxiugaichaxun.asp'>"&_
                   "返回查询界面</a>"
     Else
        response.write "<a href = javascript:history.back()>日期不对,"&_
                   "格式为年-月-日,如 2010 年 4 月 20 日表示为 2010-4-20,"&_
                   "返回</a>"
     End If
   Else
     response.write "<a href = javascript:history.back()>"&_
                   "性别只能为男或女,返回</a>"
   End If
Else
   response.write "<a href = javascript:history.back()>学号不能修改,返回</a>"
End If
%>
```

3. 学生信息修改处理文件 xueshengxiugaichuli.asp 中相关代码的说明

(1) strSearchname＝request.Form("searchname")用于接收学生信息编辑界面中隐藏区域的数据，该区域保存有在学生信息查询界面输入的姓名字符串。由于该区域被隐藏，所以表示查询姓名的字符串不会被修改，该数据还作为参数传递给学生修改查询界面刷新文件 xueshengxiugaichaxun2.asp，以便进行查询界面刷新处理。

(2) strXh＝request.Form("xh")用于接收学生信息编辑界面中单行文本输入区域的学号数据，strXh1＝request.Form("xh1")则用于接收学生信息编辑界面中隐藏区域所保存的当前记录的学号。如果 Trim(strXh)＝Trim(strXh1)，则表示在学生信息编辑界面没有修改学号的值，这里也规定不允许修改学号。

(3) rs.supports(&H01008000)用于判断记录集对象是否支持 Update 方法，即是否支持更新功能。&H01008000 也可写成十进制数 16809984。

(4) 表示一个空格。

(5) 如果不用 rs.update 方法进行修改，也可以利用 SQL 的 update 语句以及 conn.execute 方法执行更新。例如，上述代码中 If IsDate(strCsrq) Then … Else … End If 对应的条件语句也可以替换成以下内容(注意 strSQL 的表达形式及功能上的细微差别)：

```
If IsDate(strCsrq) Then
   set conn = server.createobject("adodb.connection")
   conn.open "driver = {Microsoft Access Driver ( * .mdb)};dbq = e:\student\db1.mdb"
   strSQL = "update stu set xm = '" + Trim(strXm) + "',xb = '" + Trim(strXb)
   strSQL = strSQL + "',csrq = '" + strCsrq + "',dhhm = '" + Trim(strDhhm)
   strSQL = strSQL + "' where trim(xh) = '" + strXh + "'"
   conn.execute(strSQL)
   response.write "更新成功"
   response.write "<br><a href = 'xueshengxiugaichaxun2.asp?xh = "&strXh&_
                  "&searchname = "&strSearchname&"'>返回查询结果</a>"
   response.write " <a href = 'xueshengxiugaichaxun.asp'>"&_
                  "返回查询界面</a>"
Else
   response.write "<a href = javascript:history.back()>日期不对,"&_
                  "格式为年 - 月 - 日,如 2010 年 4 月 20 日表示为 2010 - 4 - 20,"&_
                  "返回</a>"
End If
```

5.6.4　学生信息查询表单界面的刷新

1. 学生修改查询界面刷新文件 xueshengxiugaichaxun2.asp

在更新成功(或更新失败)提示界面，单击“返回查询结果”链接(图 5-23)，返回刷新后的学生修改查询界面，如图 5-24 所示。该界面显示出原查询姓名字符串、按原查询姓名字符串查询到的记录以及刚更新过的记录，可以通过“编辑”链接继续对相关记录进行修改。同时，可以单击“返回查询界面”按钮返回到学生信息查询界面(对应于文件 xueshengxiugaichaxun.asp)，继续进行查询与修改操作。学生修改查询界面刷新文件 xueshengxiugaichaxun2.asp 中的代码如下。

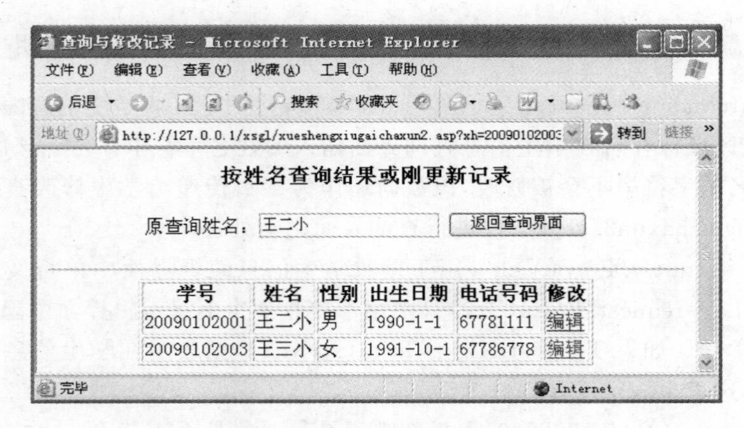

图 5-24　按姓名查询结果或刚更新记录

```
<html>
<head><title>查询与修改记录</title></head>
<body>
<h3 align = center>按姓名查询结果或刚更新记录</h3>
<form action = "" method = "post">
<p align = center>
原查询姓名：<input type = "text" name = "searchname"_
        value = <% = request("searchname") %>>
        <input type = "button" value = "返回查询界面"_
        onclick = "location.href = 'xueshengxiugaichaxun.asp'">
</p>
</form>
<hr>
<%
strXh = request("xh")
strSearchname = request("searchname")
set conn = server.createobject("adodb.connection")
conn.open "driver = {Microsoft Access Driver ( * .mdb)};dbq = e:\student\db1.mdb"
set rs = server.createobject("adodb.recordset")
strSql = "select * from stu where xm like '%"&strSearchname&"%'"
strSql = strSql + "or xh = '"&strXh&"' order by xh"
rs.open strSql,conn
If rs.bof and rs.eof Then
   response.write "<p align = 'center'>无查到相关记录!</p>"
Else
   response.write "<table border = 1 align = 'center'>"
   response.write "<tr><th>学号</th><th>姓名</th><th>性别</th>" &_
             "<th>出生日期</th><th>电话号码</th><th>修改</th></tr>"
   do while not rs.eof
      response.write "<tr>"
      response.write "<td>"&rs("xh")&"</td>"
      response.write "<td>"&rs("xm")&"</td>"
      response.write "<td>"&rs("xb")&"</td>"
      response.write "<td>"&rs("csrq")&"</td>"
      response.write "<td>"&rs("dhhm")&"</td>"
```

```
        response.write "<td><a href = xueshengbianjijiemian.asp?xh = "&rs("xh")&_
                    "&searchname = "&request("searchname")&">编辑</a></td>"
        response.write "</tr>"
        rs.movenext
    loop
    response.write "</table>"
End If
%>
</body>
</html>
```

2. 学生修改查询界面刷新文件 xueshengxiugaichaxun2.asp 中相关代码的说明

rs. open strSql, conn 中, strSql = " select * from stu where xm like '%" &strSearchname&"%' or xh='"&strXh&"' order by xh",其中 order 与其前面的单引号之间至少留一空格。这样,打开的记录集 rs 中,将包含 stu 表中 xm(姓名)字段含有原查询姓名(字符串)的记录以及刚更新过的学生的记录(如前所述,已修改记录的学号不变,学号改变时不允许更新记录),这些记录按学号排序。

5.7 学生信息删除

1. 学生信息删除界面及删除文件 xueshengshanchu.asp

为简化论述,只介绍按姓名进行删除的操作设计,学生信息删除的表单界面如图 5-25 所示。刚执行网页代码时,浏览器端只显示表单要素(界面中水平线之上的部分),当输入要删除的姓名,并单击"删除"按钮时,由服务器端进行删除处理,并向浏览器端返回处理结果。浏览器端表单要素下方将会显示水平线及记录删除情况,若 stu 表中没有匹配的记录,则提示"没有要删除的姓名为'胡涂'的记录"之类的信息;若有匹配的记录,则提示"共删除 1 条姓名为'韦小宝'的记录"之类的信息。学生删除文件 xueshengshanchu. asp 文件中的代码如下:

图 5-25 删除学生记录

```
<html>
<head><title>删除记录</title></head>
<body>
<p align = center>
```

```
<form action = "" method = "post">
姓名：<input type = "text" name = "xm">
<input type = "submit" name = "shanchu" value = "删除">
</form>
</p>
<%
If request.Form("shanchu") = "删除" Then
   response.write "<hr><p align = center>"
   set conn = server.createobject("adodb.connection")
   conn.open "driver = {Microsoft Access Driver (*.mdb)};dbq = e:\student\db1.mdb"
   conn.execute "delete from stu where xm = '"&request.form("xm")&"'",x
   If x <> 0 Then
      response.write "共删除"& x &"条姓名为'"& request("xm") & "'的记录"
   Else
      response.write "没有要删除的姓名为'"& request("xm") &"'的记录"
   End If
   response.write "</p>"
End If
%>
</body>
</html>
```

2. 学生信息删除文件 xueshengshanchu.asp 中相关代码的说明

(1) 第一次运行该代码时，浏览器端显示表单界面，由于还没有单击“删除”按钮，所以服务器端 request.Form("shanchu")=""。只有浏览器端单击“删除”按钮时，服务器端才满足 request.Form("shanchu")="删除"，才能由服务器处理后向浏览器返回处理结果。

(2) <p align=center>与</p>是段落标记，段落中的文字居中显示。

(3) <form action="" method="post">中，action=""表示处理该表单的 ASP 文件仍是该表单所在文件本身，本例仍为 xueshengshanchu.asp。

(4) conn.execute "delete from stu where xm='"&request.form("xm")&"'",x 的功能是执行删除操作，即删除 stu 表中与来自浏览器端待删除姓名匹配的记录，删除记录的条数保存在变量 x 中。

5.8 查看源代码

1. 查看源代码界面及文件 yuandaima.asp

为便于管理人员(尤其是维护人员)了解和掌握网页代码，更好地进行信息管理，这里阐述如何实现查看程序源代码的功能。

查看源代码界面如图 5-26 所示。刚启动时，只显示界面中的第一行内容，可在单行文本输入区域输入程序文件名(含路径)，或者通过单击“浏览”按钮，再在出现的“选择文件”对话框中选择程序文件，然后单击“查看源程序”按钮，即可显示出指定的程序文件的代码。查看源代码的 ASP 程序文件 yuandaima.asp 中的代码如下。

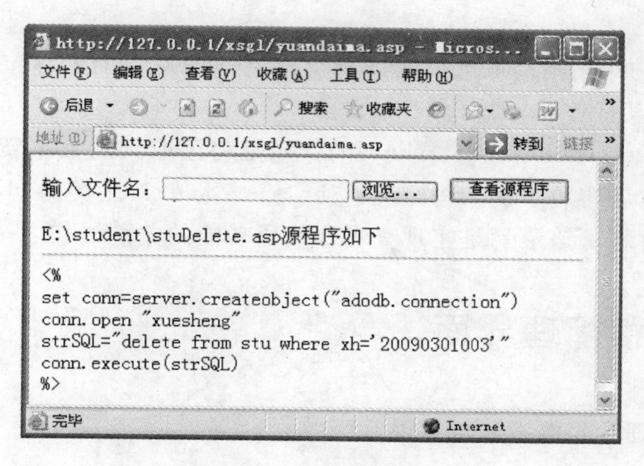

图 5-26 查看源代码

```
<form action="" method="post">
输入文件名：<input type="file" name="filename">
<input type="submit" value="查看源程序">
</form>
<%
filename=request.form("filename")
If trim(filename)<>"" Then
  response.write filename & "源程序如下<hr>"
  set fso=server.createObject("scripting.FileSystemObject")
  set f=fso.opentextfile(filename,1)
  do while not f.atendofstream
    rsline=f.readline
    rsline=server.htmlencode(rsline)
    response.write rsline & "<br>"
  loop
End If
%>
```

2. 查看源代码文件 yuandaima.asp 中相关代码的说明

(1) <input type="file" name="filename">是一个 File 类型的表单元素，包含一个文本文件名输入区域和一个“浏览”按钮，可以通过单击该按钮选择需要的文件，并将所选文件放置在文件名输入区域。

(2) set fso = server. createObject (" scripting. FileSystemObject") 的功能是利用 Server.CreateObject 方法创建 FileSystemObject 对象 fso。

(3) set f=fso.opentextfile(filename,1)的作用是利用 OpenTextFile 方法以只读方式打开一个已有的文件，其中 1 表示只读方式，该位置的值为 2 时表示只写方式，8 表示追加方式。

(4) do while not f.atendofstream … loop 是当循环语句结构，表示当光标不在数据流文件的末尾时执行循环体，其中 f.atendofstream 取逻辑真值时表示光标位于流末尾。如果将该循环语句结构替换成 while not f.atendofstream … wend 当循环语句结构，也可达到同样的目的。

(5) f. readline 的作用是读取已打开的数据流文件内从当前光标位置开始至所在行末的数据，当光标位于某行首时，则读取一行数据。

(6) rsline＝server. htmlencode(rsline)的作用是将读取到的数据转换为不由浏览器解释的字符代码，这样，就避免了诸如＜br＞、＜hr＞、＜%、%＞之类的 HTML 标记或特定字符被浏览器进一步解释。该语句是实现查看源代码功能的关键语句之一，不能省略。

5.9 学生信息管理界面

1. 学生信息管理界面的设计与实现

综上所述，学生信息管理功能包括学生信息增加、学生记录浏览、记录分页显示、信息查询、记录修改、信息删除、查看源代码等，这些功能已通过设计表单界面及编写网页代码实现。为便于利用这些功能，需要设计一个界面以完成学生信息的统一管理。

学生信息管理界面可以有不同的设计方法，这里利用 Content Linking(内容链接)组件设计超链接形式的目录列表界面，实现对学生信息的组织和管理功能。内容链接组件用于创建管理 URL 列表的内容链接(NextLink)对象，通过该对象可以自动生成和更新目录列表及先前和后续的 Web 页的导航链接。

首先，创建一个内容链接列表文件 list. txt，如图 5-27 所示。该文件是一个纯文本文件，第一列 URL 是与页面相关的超链接地址(虚拟地址或相对地址)，第二列是在网页界面上显示的超链接描述，第一列与第二列之间必须用 Tab 键隔开。

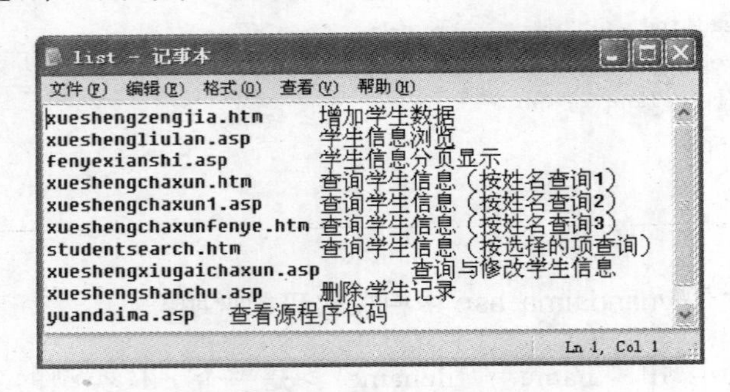

图 5-27 创建内容链接列表文件 list. txt

其次，建立学生管理网页文件 xueshengguanli. asp。在该文件中，建立内容链接对象，并利用 Content Linking 组件的方法读取内容链接列表文件，以获得处理链接的所有页面的信息。运行后的学生信息管理目录界面如图 5-28 所示，学生管理网页文件 xueshengguanli. asp 的代码如下。

```
<h2>学生信息管理</h2><hr>
<OL>
<%
set NL = server.createobject("MSWC.nextlink")
for i = 1 to NL.getlistcount("list.txt")
   response.write "<Li>"
```

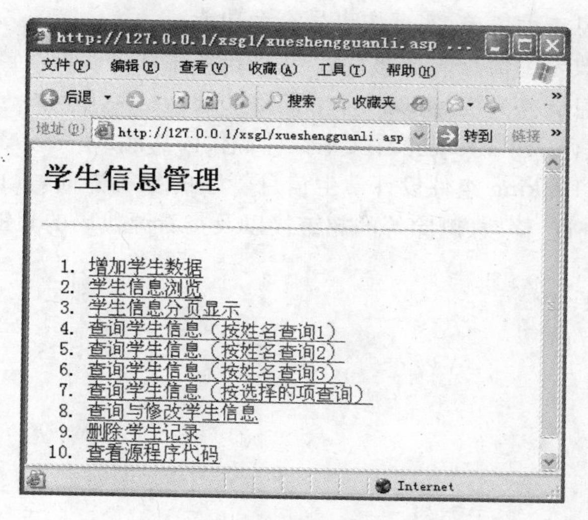

图 5-28 学生信息管理操作目录

```
    response.write "<a href = '" + NL.getnthurl("list.txt",i) + "' target = '_New'>"
    response.write NL.getnthDescription("list.txt",i) & "</a>"
next
 %>
</OL>
```

2. 学生信息管理界面网页文件 xueshengguanli.asp 中相关代码的说明

(1) <OL>与</OL>是 HTML 的编号列表(Ordered List)标记对，<Li>是列表项(List Item)标记。

(2) set NL = server.createobject("MSWC.nextlink")是利用 Server 对象的 CreateObject 方法建立内容链接对象 NL。

(3) for … next 语句用于在浏览器端依次显示链接列表文件 list.txt 中的超链接描述和相应的超链接。NL.getlistcount("list.txt")用于返回 list.txt 文件中所包含的链接的文件数目，NL.getnthurl("list.txt",i) 用于返回 list.txt 文件中(第一列对应的)第 i 个网页的文件的 URL 地址，NL.getnthDescription("list.txt",i)则用于返回 list.txt 文件中(第二列对应的)第 i 个网页的描述，target="_New"的作用是将链接目标的内容打开在新的浏览器窗口中(注意网页代码中 target 和其前面的单引号之间至少包含一个空格)。

思考题

1. 已知学生选课数据库 xsxk.mdb 中包含学生表 xuesheng，表的结构如表 1-23 所示(见第 1 章思考题第 10 题)。不建立 ODBC 系统数据源，实现以下功能：

(1) 设计学生信息添加表单，实现学生信息添加功能；

(2) 实现学生信息浏览功能；

(3) 实现学生信息分页显示功能；

(4) 设计学生信息查询表单,实现按班号查询功能;

(5) 设计用于修改学生信息的查询界面,实现按学生姓名查询与修改功能;

(6) 设计学生信息删除界面,实现按学号删除功能。

2. 设计查看源代码表单,实现查看文本文件源代码功能。

3. 利用 Content Linking 组件设计学生信息管理的导航界面,界面中包括学生信息添加、浏览、分页显示、查询、修改、删除等的超链接以及查看源代码的超链接,从而实现对学生信息的管理功能。

第6章 读者借阅系统的设计与实现

6.1 读者借阅系统概述

1. 读者借阅系统的结构与基本功能

1) 读者借阅系统的数据库结构

读者借阅系统包括读者借书子系统和读者借刊子系统。但为减少篇幅，这里仅以读者借书子系统为例阐释读者借阅系统的设计与实现，并将读者借书子系统称为读者借书信息系统，或称为读者借阅系统。

读者借阅系统中，“读者”与“图书”分别为实体，“借书”为联系，读者与图书之间的“借书”联系为多对多联系，其概念结构和逻辑结构参见第1.2.2节“关系数据库设计”。分析可知，读者借阅数据库中包含读者、图书和借书等以下三个关系：

- 读者(读者编号*，姓名，性别，出生日期，单位，是否学生，电话号码，E-mail)
- 图书(图书编号*，图书名称，内容提要，作者，出版社，定价，类别，ISBN，版次，库存数，在库数，在架位置)
- 借书(读者编号，图书编号，借阅日期，归还日期，还书标记)

其中，读者编号是“读者”关系的主键，图书编号是“图书”关系的主键，它们都是“借书”关系的外键。可在此基础上，利用 Microsoft Access 创建读者借阅数据库，并在数据库中建立与读者、图书、借书关系相对应的数据表，其物理结构分别见第6.2.1节、第6.3.1节和第6.4.1节。

2) 读者借阅系统的基本功能

通过对读者借阅系统数据库结构的分析可知，读者借阅系统主要包括读者管理、图书管理和借阅管理三大功能模块。借助读者借阅系统，可通过 Internet 网络实现读者、图书、借阅信息的添加、浏览、查询、修改、删除及图书信息的分类汇总、统计与计算等项必备的基本功能。另外，用户(包括超级用户和普通用户)使用该系统需要进行登录，而且为方便用户使用，还应将各种功能进行归类集成和管理。为实现这些功能，就需要在配置 ASP 运行环境的基础上，创建相关数据库和数据表，并设计和运行能执行这些功能的应用程序代码。

2. 配置 ASP 运行环境

1) 安装与测试 IIS

2) 建立虚拟目录

事先在 D:盘建立 dzjy 文件夹(即“读者借阅”文件夹)。之后,在“控制面板”双击“管理工具”,出现管理工具页面,再双击“Internet 信息服务”快捷方式,弹出“Internet 信息服务”控制台,然后单击控制台左侧各节点的“+”(加号)展开,右击“默认网站”,在出现的快捷菜单中依次选择“新建”、“虚拟目录”,利用“虚拟目录创建向导”完成虚拟目录的设置。假设虚拟目录别名设置为“jieyue”(表示“借阅”),对应的网站内容所在目录设置为“D:\dzjy”,允许权限全选(即包括读取、运行脚本、执行、写入、浏览,以方便对相关文件进行读写操作)。

6.2 读者管理

6.2.1 建立读者借阅数据库与读者数据表

利用 Microsoft Access 在 D:\dzjy 目录下建立读者借阅数据库文件 duzhejieyue.mdb。在该数据库中建立名为“duzhe”的读者数据表(简称 duzhe 表),表的结构如表 6-1 所示。

表 6-1 duzhe 表的结构

字段名称	数据类型	字段大小	备　注
dzbh	文本	5	读者编号,主键
xm	文本	30	姓名,考虑外籍读者
xb	文本	1	性别
csrq	日期/时间		出生日期
dw	文本	30	单位
sfxs	是/否		是否学生
dhhm	文本	8	电话号码,8 位数字字符
email	文本	30	E-mail

说明:利用 Microsoft Access 的表设计器定义数据表的结构时,文本型字段的字段大小如不进行专门设置,则默认为 50。

6.2.2 增加读者

1. 设置数据库文件的读写权限

增加读者信息是通过浏览器窗口的表单输入读者的相关信息,通过服务器处理后保存到数据库文件 duzhejieyue.mdb 中的 duzhe 数据表中,必须保证此数据库文件具有可修改权限。为此,需要在 D:\dzjy 目录下右击文件 duzhejieyue.mdb,在出现的快捷菜单选“属性”,再在属性对话框选择“安全”选项卡,再依次选择“Users”用户、“安全控制”权限(允许修改、读取和运行、读取、写入等),然后单击“确定”按钮即可。

2. 增加读者记录的表单

1) 用于增加读者记录的表单文件 duzhezengjia.htm

在浏览器端,用于增加读者记录的表单(简称读者增加表单)如图 6-1 所示。输入数据,单击“提交”按钮，程序转到服务器执行增加读者信息的处理，即执行读者增加文件duzhezengjia.asp；如果单击“重填”按钮，则清空各输入文本框的内容。据此，可在虚拟目录对应的文件夹D:\dzjy下创建读者增加表单文件duzhezengjia.htm，该文件中的网页代码如下。

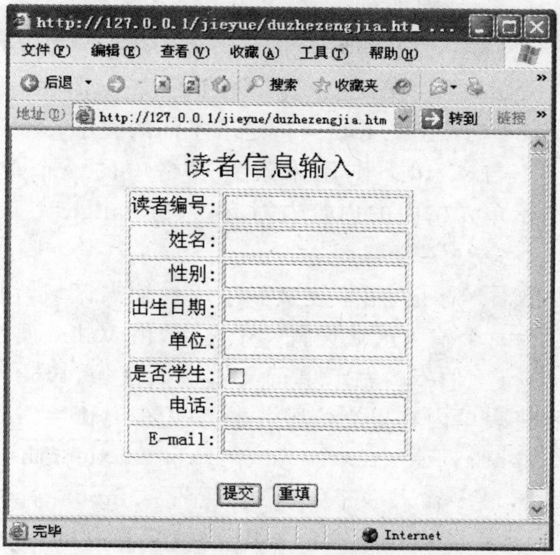

图 6-1　读者增加表单

```
<form action="duzhezengjia.asp" method="post"><table align="center" border=1>
<caption><font size=5>读者信息输入</font></caption>
<tr><td align="right">读者编号:</td>
    <td><input type="text" name="dzbh" maxlength="5"></td></tr>
<tr><td align="right">姓名:</td>
    <td><input type="text" name="xm" maxlength="30"></td></tr>
<tr><td align="right">性别:</td>
    <td><input type="text" name="xb" maxlength="1"></td></tr>
<tr><td align="right">出生日期:</td>
    <td><input type="text" name="csrq"></td></tr>
<tr><td align="right">单位:</td>
    <td><input type="text" name="dw" maxlength="30"></td></tr>
<tr><td align="right">是否学生:</td>
    <td><input type="checkbox" name="sfxs" value="shi"></td></tr>
<tr><td align="right">电话:</td>
    <td><input type="text" name="dhhm" maxlength="8"></td></tr>
<tr><td align="right">E-mail:</td>
    <td><input type="text" name="email" maxlength="30"></td></tr>
</table>
<br>
<table align="center">
  <tr>
    <td align="center"><input type="submit" value="提交">
    <input type="reset" value="重填"></td>
  </tr>
```

```
</table>
</form>
```

2）读者增加表单文件 duzhezengjia.htm 中相关代码的说明

(1) <form action="duzhezengjia.asp" method="post">与</form>是表单标记，表示由文件 duzhezengjia.asp 处理表单请求，采用 POST 方法。

(2) <table align="center" border=1>与</table>是表格标记，其中 align="center"表示表格居中，border=1 表示边框宽度为 1。标记<caption>与</caption>之间是表格的标题，<font size=5>与</font>指定了字体的大小。<tr>与</tr>标记用来创建表格的一行，<td>与</td>则用来设置表格中的一个单元格的内容及格式，<td align="right">表示单元格内的内容右对齐。<td align="center">表示单元格的内容居中。

(3) <input>是表单输入标记，用来定义一个用户输入区域，由 type 属性确定输入区域的类型，由 name 属性为每个输入区域设置一个名字，由 Value 属性确定输入区域的数据值。<input>标记中，type="text"表示单行文本输入区域，type="checkbox"表示复选框，type="submit"表示将表单内容提交给服务器的按钮，type="reset"表示用于清除表单内容的重置按钮。如<input type="text" name="xb" maxlength="1">表示单行文本输入区域，该区域名称为 xb，最多输入一个字符或汉字；<input type="checkbox" name="sfxs" value="shi">表示名称为 sfxs 的一个复选框，其值为 shi。

3. 增加读者记录的处理

1）增加读者处理的流程与增加读者处理文件 duzhezengjia.asp

在浏览器的读者增加表单，单击“提交”按钮时，信息输入的请求交服务器进行处理，即运行增加读者处理文件 duzhezengjia.asp，接收浏览器输入界面的数据，若这些数据符合要求(或者说满足条件)，则保存至 duzhe 数据表，并重定向到读者增加表单；否则，会弹出页面提示出错类型，要求返回输入界面更正出错数据。其程序流程如图 6-2 所示。

单击“提交”按钮前，输入至表单的数据必须正确，即满足以下条件：①读者编号、姓名、单位均不能为空；②性别只能输入“男”或“女”；③读者编号不能重复；④日期必须输入正确。否则，单击“提交”按钮时数据不会保存至数据库文件中，并分别提示：①“读者编号、姓名、单位均不能为空，请返回重新输入!”；②“性别只能为男或女，请返回重新输入!”；③“读者编号不能重复，请返回重新输入!”；④“日期不对，请返回重新输入!”。增加读者处理文件 duzhezengjia.asp 中的代码如下。

```
<%
If Len(trim(request("dzbh")))<> 0 and Len(trim(request("xm")))<> 0 and _
    Len(trim(request("dw")))<> 0 Then
   If request("xb") = "男" Or request("xb") = "女" Then
     set conn = server.createobject("adodb.connection")
     conn.open "driver = {Microsoft Access Driver ( * .MDB)};DBQ = "&_
             server.mappath("duzhejieyue.MDB")
     set rs = server.createobject("adodb.recordset")
     rs.open "select * from duzhe where dzbh = '"&request.form("dzbh")&"'",conn
     If rs.eof Then
```

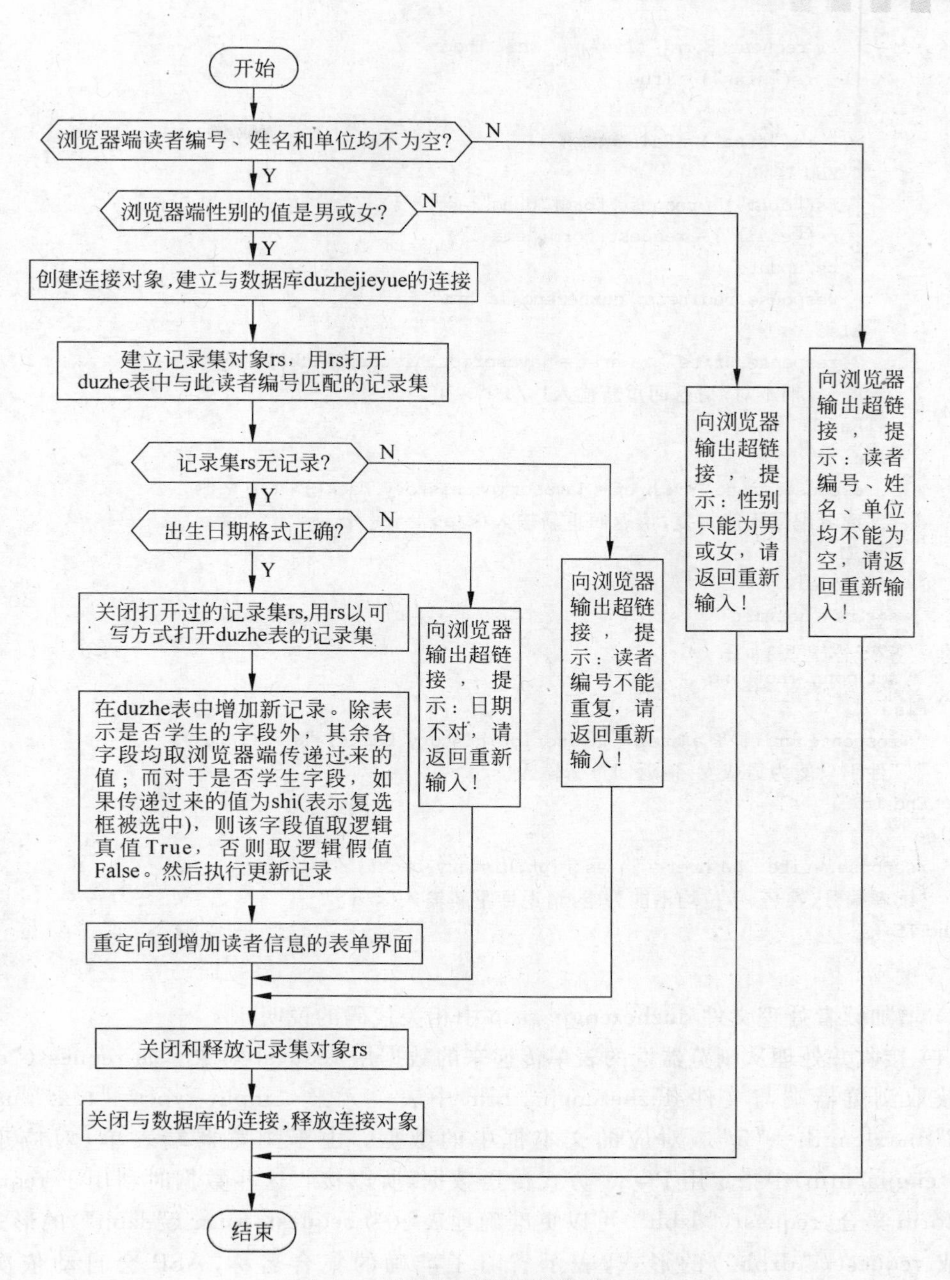

图 6-2　增加读者处理的程序流程

```
If isDate(request.form("csrq")) Then
    rs.close
    rs.open "duzhe",conn,1,2,2
    rs.addnew
    rs.fields.item("dzbh") = request("dzbh")
    rs("xm") = request.form("xm")
    rs("xb") = request.form("xb")
    rs("csrq") = request.form("csrq")
    rs("dw") = request.form("dw")
```

```
            If request.Form("sfxs") = "shi" Then
              rs("sfxs") = True
            Else
              rs("sfxs") = False
            End If
            rs("dhhm") = request.form("dhhm")
            rs("email") = request.form("email")
            rs.update
            response.redirect "duzhezengjia.htm"
          Else
            response.write "<a href = javascript:history.back()>"&_
            "日期不对,请返回重新输入!</a>"
          End If
        Else
          response.write "<a href = javascript:history.back()>"&_
          "读者编号不能重复,请返回重新输入!</a>"
        End If
        rs.close
        set rs = nothing
        conn.close
        set conn = nothing
      Else
        response.write "<a href = javascript:history.back()>"&_
        "性别只能为男或女,请返回重新输入!</a>"
      End If
    Else
      response.write "<a href = javascript:history.back()>"&_
      "读者编号、姓名、单位均不能为空,请返回重新输入!</a>"
    End If
    %>
```

2) 增加读者处理文件 duzhezengjia.asp 中相关代码的说明

(1) 接收并处理从浏览器端的表单传递来的数据用 request 对象。如 request("dzbh")表示获取浏览器端与文件 duzhezengjia.htm 中表单元素<input type="text" name="dzbh" maxlength="5">对应的文本框中的数据。由于浏览器端表单(对应于文件 duzhezengjia.htm)中指定用 POST 方式传送数据,所以接收这些数据时利用了 request 对象的 form 集合,request("dzbh")可以更准确地表示为 request.form ("dzbh")的形式。如果写成 request("dzbh")的形式,表示省略了准确的集合名称,ASP 会自动依次搜索 QueryString、Form、Cookies 和 ServerVariables 等集合,逐一检查是否有信息输入;如果有,就会返回获得的变量信息。标记"<%"与"%>"之间是 ASP 的脚本。

(2) If … Then … Else … End If 是选择结构,Len(trim(request("dzbh")))<>0 and Len(trim(request("xm")))<>0 and Len(trim(request("dw")))<>0 表示从浏览器端传递过来的读者编号、姓名、单位都不为空,trim()函数的功能是去掉字符串的前导和尾部空格,len()函数的功能是求字符串的长度,and 是逻辑与运算符,字母大小写不区分,行尾的下划线_表示续行符。

(3) set conn = server.createobject("adodb.connection")表示创建连接对象,conn.

open "driver={Microsoft Access Driver (*.MDB)};DBQ="& server.mappath("duzhejieyue.MDB")表示打开数据源 duzhejieyue.MDB。其中 server.mappath("duzhejieyue.MDB")表示利用 Server 对象的 MapPath 方法将文件 duzhejieyue.MDB 的路径映射到服务器上相应的真实路径上。

(4) set rs=server.createobject("adodb.recordset")表示建立记录集对象,rs.open "select * from duzhe where dzbh='"&request.form("dzbh")&"'",conn 表示打开 duzhe 表中与浏览器端读者编号值相匹配的记录集,打开该记录集后,若记录指针指向文件尾,则表明浏览器端输入的读者编号是一个在 duzhe 表中不存在的编号,作为待增加记录的读者编号是允许的,否则说明浏览器端输入的读者编号是重号,相应的读者数据不能添加到 duzhe 表中。记录集的指针指向文件尾用 rs.eof 表示。

(5) isDate(request.form("csrq"))是测试浏览器端输入的出生日期是否为一个正确的日期型数据,isDate()函数是日期测试函数,其值为逻辑真值时表示括号中的表达式可转换为日期。

(6) rs.close 表示关闭但不释放记录集,rs.open "duzhe",conn,1,2,2 表示打开 duzhe 表对应的记录集,以记录集对象 rs 打开新的记录集时,必须先关闭前面以 rs 打开的记录集。打开记录集的格式是"rs.open 命令字符串,连接字符串,游标类型,锁定类型,命令类型"(不包括引号),其中命令字符串可以是 SQL 语句、数据表、存储过程等对应的字符串,连接字符串就是创建的连接对象;游标类型包括仅向前(值为 0)、键集(值为 1)、动态(值为 2)、静态(值为 3),若未指定游标类型,则默认为仅向前;锁定类型包括只读(值为 1)、保守式(值为 2)、开放式(值为 3)、开放式批处理(值为 4),若未指定锁定类型,则默认为只读,返回的记录集不允许修改,即添加、修改、删除记录时,锁定类型值只能是 2、3 或 4(一定不能为 1);命令类型中常用的主要包括 SQL 命令类型(值为 1)、数据表名(值为 2)、查询名或存储过程名(值为 4),在未指定命令类型值的情况下,系统会自动判断查询信息的类型,但如果指定命令类型值,则必须与命令字符串对应的命令相匹配,这时可节省系统判断时间,加快运行速度。由于本例是增加记录,所以上述代码中的 rs.open "duzhe",conn,1,2,2 也可以替换成下述语句形式(只要锁定类型的值不为 1):

```
rs.open "duzhe",conn,1,2
rs.open "duzhe",conn,1,3
rs.open "duzhe",conn,,3
rs.open "select * from duzhe",conn,1,2,1
```

(7) rs.addnew 表示往 rs 记录集增加记录,rs.fields.item("dzbh")=request("dzbh")表示将 rs 中当前记录(新增记录)的读者编号字段(dzbh)赋值为浏览器端输入的读者编号,也可简写为 rs("dzbh")=request("dzbh"),其余类推。rs.update 表示以 rs 记录集中的数据更新数据表。

(8) response 对象用于向客户端(浏览器端)输出返回结果,response.write 方法可以将输出传送至浏览器端,response.redirect "duzhezengjia.htm"表示将浏览器端的网页重定向到 duzhezengjia.htm 对应的读者增加表单界面。response.write "<a href=javascript:history.back()>"&"日期不对,请返回重新输入! </a>"等同于 response.write "<a href=javascript:history.back()>日期不对,请返回重新输入! </a>",作用是向浏览器

端输入超链接“日期不对，请返回重新输入！”，若单击该超链接，则浏览器端返回到前一个网页，其余类推。& 为字符串连接运算符。

(9) 处理完毕，应关闭并释放记录集对象和连接对象。关闭记录集使用 rs. close，释放记录集对象用 set rs＝nothing；关闭连接使用 conn. close，释放连接对象用 set conn＝nothing。

6.2.3 读者信息浏览

1. 依次显示浏览结果

读者信息浏览的基本处理过程是：创建和打开与数据库的连接，建立和打开记录集，显示表格各列标题，利用循环语句结构依次显示表中每条记录。读者信息浏览结果如图 6-3 所示，读者浏览文件 duzheliulan. asp 中的代码对应如下。

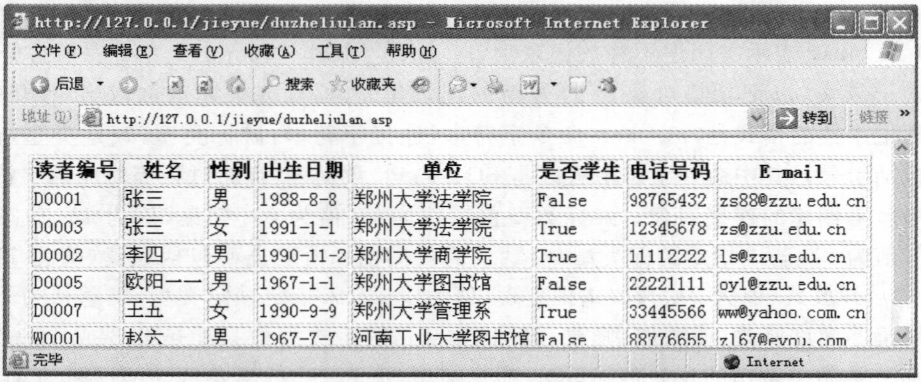

http://127.0.0.1/jieyue/duzheliulan.asp - Microsoft Internet Explorer

文件(F) 编辑(E) 查看(V) 收藏(A) 工具(T) 帮助(H)

后退 搜索 收藏夹

地址(D) http://127.0.0.1/jieyue/duzheliulan.asp 转到 链接

读者编号	姓名	性别	出生日期	单位	是否学生	电话号码	E-mail
D0001	张三	男	1988-8-8	郑州大学法学院	False	98765432	zs88@zzu.edu.cn
D0003	张三	女	1991-1-1	郑州大学法学院	True	12345678	zs@zzu.edu.cn
D0002	李四	男	1990-11-2	郑州大学商学院	True	11112222	ls@zzu.edu.cn
D0005	欧阳一一	男	1967-1-1	郑州大学图书馆	False	22221111	oy1@zzu.edu.cn
D0007	王五	女	1990-9-9	郑州大学管理系	True	33445566	ww@yahoo.com.cn
W0001	赵六	男	1967-7-7	河南工业大学图书馆	False	88776655	z167@eyou.com

完毕 Internet

图 6-3 读者信息浏览

```
<%
set conn = server.createobject("adodb.connection")
conn.open "driver = {Microsoft Access Driver ( *.mdb)};"&_
          "dbq = "&server.mappath("duzhejieyue.mdb")
set rs = conn.execute("select * from duzhe")
response.write "<table border = 1 align = 'center'><tr>"&_
         "<th>读者编号</th><th>姓名</th><th>性别</th>"&_
         "<th>出生日期</th><th>单位</th><th>是否学生</th>"&_
         "<th>电话号码</th><th>E-mail</th></tr>"
do while not rs.eof
  response.write "<tr>"
  response.write "<td>"&rs("dzbh")&"</td>"
  response.write "<td>"&rs("xm")&"</td>"
  response.write "<td>"&rs("xb")&"</td>"
  response.write "<td>"&rs("csrq")&"</td>"
  response.write "<td>"&rs("dw")&"</td>"
  response.write "<td>"&rs("sfxs")&"</td>"
  response.write "<td>"&rs("dhhm")&"</td>"
  response.write "<td>"&rs("email")&"</td>"
```

```
    response.write "</tr>"
    rs.movenext
  loop
  response.write "</table>"
  %>
```

说明：set rs＝conn.execute("select ＊ from duzhe")表示利用连接对象的 execute 方法执行 select ＊ from duzhe，执行结果返回给记录集对象 rs。由于 select ＊ from duzhe 的执行结果是选择 duzhe 表中的全部记录，所以该语句也可以用 set rs＝conn.execute ("duzhe")替换。该语句的作用相当于以下两个语句的共同作用：

```
set rs = server.createobject("adodb.recordset")
rs.open "duzhe",conn
```

do while not rs.eof … loop 是循环结构，当记录指针没有遇到记录集的文件尾时，执行循环体，此处是将 duzhe 表中每条记录的字段信息输出到浏览器端，一条记录占表格的一行，一个字段占一个单元格。rs.movenext 的作用是将记录指针移向下一条记录。

2. 利用命令按钮分页显示浏览结果

1）带命令按钮的读者信息分页浏览文件 duzhefenyeliulan1.asp

duzhe 表中记录较多时，可采用分页浏览，每页显示规定的记录条数，并依据情况显示"首页"、"上一页"、"下一页"、"尾页"等按钮，通过单击这些按钮实现信息的浏览。分页浏览的处理流程是：第一次运行时，显示"首页"、"下一页"、"尾页"按钮，并按规定的记录条数显示出第一页的各条记录。分页浏览界面如图 6-4 所示，读者分页浏览文件 duzhefenyeliulan1.asp 中的代码对应如下。

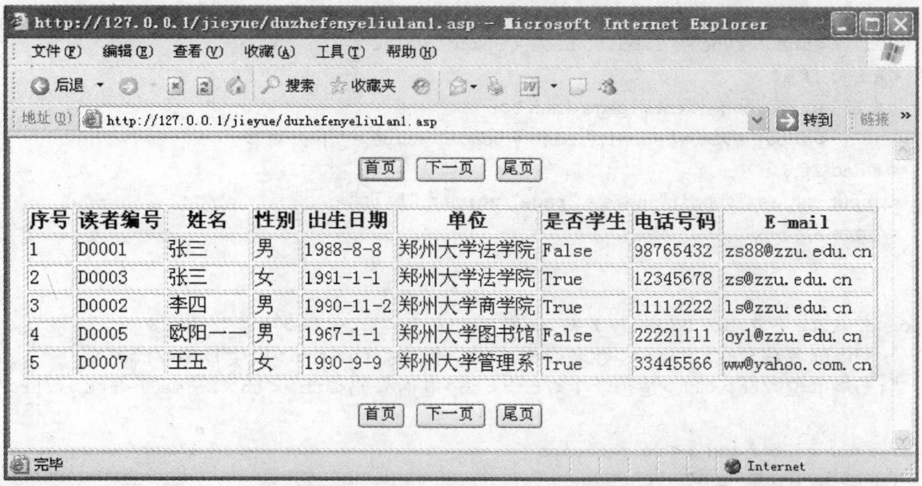

http://127.0.0.1/jieyue/duzhefenyeliulan1.asp - Microsoft Internet Explorer
文件(F) 编辑(E) 查看(V) 收藏(A) 工具(T) 帮助(H)
后退 搜索 收藏夹
地址(D) http://127.0.0.1/jieyue/duzhefenyeliulan1.asp 转到 链接
首页 下一页 尾页
序号 读者编号 姓名 性别 出生日期 单位 是否学生 电话号码 E-mail
1 D0001 张三 男 1988-8-8 郑州大学法学院 False 98765432 zs88@zzu.edu.cn
2 D0003 张三 女 1991-1-1 郑州大学法学院 True 12345678 zs@zzu.edu.cn
3 D0002 李四 男 1990-11-2 郑州大学商学院 True 11112222 ls@zzu.edu.cn
4 D0005 欧阳一一 男 1967-1-1 郑州大学图书馆 False 22221111 oyl@zzu.edu.cn
5 D0007 王五 女 1990-9-9 郑州大学管理系 True 33445566 ww@yahoo.com.cn
首页 下一页 尾页
完毕
Internet

图 6-4 利用命令按钮分页浏览读者信息

```
<%
If request.servervariables("content_length") = 0 Then
   currentpage = 1
```

```
Else
    currentpage = request.form("curpage")
    select case request.form("page")
        case "首页"
            currentpage = 1
        case "上一页"
            currentpage = currentpage - 1
        case "下一页"
            currentpage = currentpage + 1
        case "尾页"
            currentpage = CInt(request.form("lastpage"))
    end select
End If
set conn = server.createobject("adodb.connection")
conn.open "driver = {Microsoft Access Driver ( * .mdb)};dbq = "&_
        server.mappath("duzhejieyue.mdb")
set rs = server.createobject("adodb.recordset")
rs.cursorLocation = 3    '使用客户端游标类型
rs.open "duzhe",conn
rs.pagesize = 5
rs.absolutepage = currentpage
totalpage = rs.pagecount
%>
<p align = 'center'>
    <form action = "<% = request.servervariables("script_name") %>" method = "post">
     <input type = "hidden" name = "curpage" value = "<% = currentpage %>">
     <input type = "hidden" name = "lastpage" value = "<% = totalpage %>">
     <input type = "submit" name = "page" value = "首页">
     <% If currentpage > 1 Then %>
          <input type = "submit" name = "page" value = "上一页">
     <% End If %>
     <% If currentpage < totalpage Then %>
          <input type = "submit" name = "page" value = "下一页">
     <% End If %>
     <input type = "submit" name = "page" value = "尾页">
     </form>
</p>
<%
response.write "<table border = 1 align = 'center'><tr><th>序号</th>"&_
    "<th>读者编号</th><th>姓名</th><th>性别</th><th>出生日期</th>"&_
    "<th>单位</th><th>是否学生</th><th>电话号码</th><th>E-mail</th></tr>"
i = 0
do while not rs.eof and i < rs.pagesize
  response.write "<tr>"
  response.write "<td>"&rs.absoluteposition&"</td>"
  response.write "<td>"&rs("dzbh")&"</td>"
  response.write "<td>"&rs("xm")&"</td>"
  response.write "<td>"&rs("xb")&"</td>"
  response.write "<td>"&rs("csrq")&"</td>"
  response.write "<td>"&rs("dw")&"</td>"
```

```
    response.write "<td>"&rs("sfxs")&"</td>"
    response.write "<td>"&rs("dhhm")&"</td>"
    response.write "<td>"&rs("email")&"</td>"
    response.write "</tr>"
    rs.movenext
    i = i + 1
loop
response.write "</table>"
%>
<p align = center>
  <form action = "<% = request.servervariables("script_name")%>" method = "post">
    <input type = "hidden" name = "curpage" value = "<% = currentpage %>">
    <input type = "hidden" name = "lastpage" value = "<% = totalpage %>">
    <input type = "submit" name = "page" value = "首页">
    <% If currentpage > 1 Then %>
        <input type = "submit" name = "page" value = "上一页">
    <% End If %>
    <% If currentpage < totalpage Then %>
        <input type = "submit" name = "page" value = "下一页">
    <% End If %>
    <input type = "submit" name = "page" value = "尾页">
  </form>
</p>
```

2）读者信息分页浏览文件 duzhefenyeliulan1.asp 中相关代码的说明

（1）request.servervariables("content_length")表示客户器端所提交内容的长度。服务器首次执行该网页代码时，客户器端所提交内容的长度为 0，这时应显示第一页为当前页，currentpage＝1 表示将当前页设置为第一页。

（2）currentpage＝CInt(request.form("lastpage"))表示将最后一页(即尾页)作为当前页。该语句也可表示为 currentpage＝request.form("lastpage")。根据表单的定义可知，变量 lastpage 是一个隐藏的区域，其值是由变量 totalpage 确定，而 totalpage＝rs.pagecount 表示记录集的总页数，因此，request.form("lastpage")的值是总页数对应的字符串，CInt(request.form("lastpage"))即可表示总页数或最后一页的页数。

（3）rs.pagesize、rs.absolutepage、rs.absoluteposition 分别用于设置或返回每页显示的记录数、当前记录所在的页号、当前记录在记录集中的位置，rs.pagecount 用于返回记录集所包含的页数(取决于 rs.pagesize 的设置)。

（4）＜％＝request.servervariables("script_name")％＞表示服务器端将从客户端获得的执行脚本的名称输出到客户端，等同于＜％response.write request.servervariables("script_name")％＞。语句＜form action＝"＜％＝request.servervariables("script_name")％＞" method＝"post"＞在这里等同于＜form action＝"duzhefenyeliulan1.asp" method＝"post"＞。由于处理该表单的文件是同一个文件，所以该语句还可以表示成＜form action＝"" method＝"post"＞。

3. 利用超链接分页显示浏览结果

利用超链接方式分页显示浏览结果的界面如图 6-5 所示。如果相关的数据库表中无读者记录,则会提示无记录。创建带超链接的读者信息分页浏览文件为 duzhefenyeliulan2.asp,该文件中的网页代码如下。

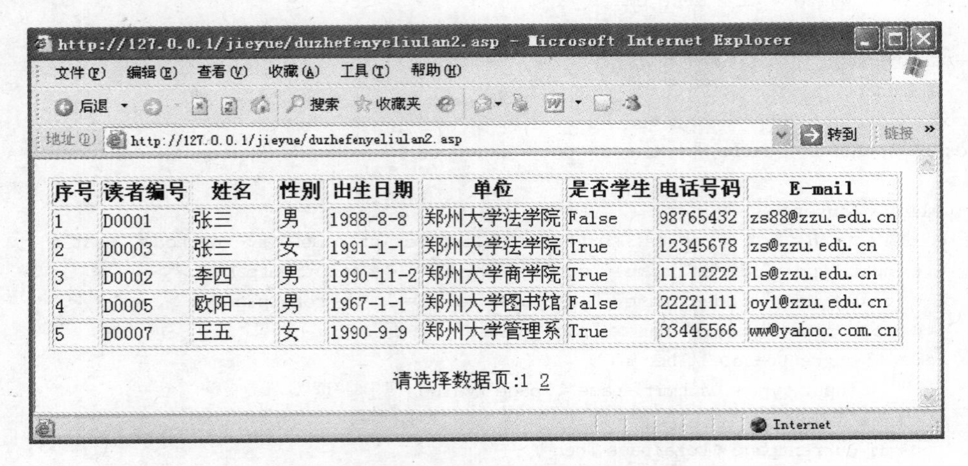

图 6-5 利用超链接分页浏览读者信息

```
<%
set conn = server.createobject("adodb.connection")
conn.open "driver = {Microsoft Access Driver ( * .mdb)};dbq = "&_
        server.mappath("duzhejieyue.mdb")
set rs = server.createobject("adodb.recordset")
rs.cursorlocation = 3   '对以下 rs.absoluteposition 起作用
rs.open "duzhe",conn,1
If not rs.bof and not rs.eof Then
  page_size = 5
  If request.querystring("page_no") = "" Then
    page_no = 1
  Else
    page_no = cint(request.querystring("page_no"))
  End If
  rs.pagesize = page_size
  page_total = rs.pagecount
  rs.absolutepage = page_no
  response.write "< table border = 1 align = 'center'>< tr >< th>序号</th>< th>读者编号</th>"&_
        "< th>姓名</th>< th>性别</th>< th>出生日期</th>< th>单位</th>"&_
        "< th>是否学生</th>< th>电话号码</th>< th> E - mail </th></tr >"
 i = 1
 do while not rs.eof and i <= rs.pagesize
   response.write "< tr >"
   response.write "< td >"&rs.absoluteposition&"</td >"   '事先设置 rs.cursorlocation = 3
   response.write "< td >"&rs("dzbh")&"</td >"
   response.write "< td >"&rs("xm")&"</td >"
   response.write "< td >"&rs("xb")&"</td >"
   response.write "< td >"&rs("csrq")&"</td >"
   response.write "< td >"&rs("dw")&"</td >"
   response.write "< td >"&rs("sfxs")&"</td >"
```

```
        response.write "<td>"&rs("dhhm")&"</td>"
        response.write "<td>"&rs("email")&"</td>"
        response.write "</tr>"
        rs.movenext
        i = i + 1
      loop
      response.write "</table>"
    Else
      response.write "无记录"
      response.end
    End If
    rs.close
    conn.close
    %>
    <p align = "center">
      <form action = "" method = "get">
      <%
      response.write "请选择数据页:"
      for i = 1 to page_total
        If i = page_no Then
          response.write i&" "
        Else
          response.write "<a href = 'duzhefenyeliulan2.asp?page_no = "&i&"'>"&i&"</a> "
          '例:response.write "<a href = 'duzhefenyeliulan2.asp?page_no = 4'>4</a> "
        End If
      next
      %>
      </form>
    </p>
```

6.2.4 查询与修改读者信息

1. 读者信息查询与修改设计概述

查询与修改属于两种不同的操作,其功能本应分开设计,但修改功能需要用到查询操作,其查询代码与纯查询功能中的查询代码仅存在很小的差别,为减少篇幅,这里不再专门介绍查询设计,而是在完成修改设计的过程中阐述查询功能的实现,并在修改功能的查询代码中将区别于纯查询功能的代码进行必要的注释。

查询与修改读者信息的大致过程是:先按某种条件查询要修改的读者信息,如果按某条件输入时数据不合逻辑(如输入性别时不是“男”或“女”)或没有找到相关记录,则进行必要的提示;如果找到符合条件的记录,则将结果显示在表格中,并且每条记录后都有名为“编辑”的超链接,若单击超链接就会在编辑窗口(读者记录修改界面)出现对应的记录;在编辑窗口修改数据后,再单击“保存”按钮,若修改后的数据符合要求,则更新 duzhe 表中相应的记录;若不符合要求,则不能修改读者信息,并且会进行相关的提示。

2. 读者查询表单

1）读者查询表单文件 duzhechaxun. htm

读者信息查询表单如图 6-6 所示。“请选择待查询的项目:”对应的下拉列表中包含读者编号、姓名、性别、出生日期、单位、是否学生、电话号码和 E-mail，表单运行后默认的选项为姓名。“请输入待查询的值:”对应的文本框中用于输入待查询项目对应的值，从而构成一个查询条件。单击“查找显示”按钮，由服务器执行读者查询处理（对应于文件 duzhechaxun. asp)，并返回处理结果。例如，待查询项目为“姓名”、待查询项目对应的值为“张三”，则单击“查找显示”按钮时应看到姓名为“张三”的全部记录。若单击“重填”按钮，则表单中待查询的项目变为默认的“姓名”，待查询项目对应的值为空白。创建读者查询表单文件 duzhechaxun. htm，该文件中的网页代码如下。

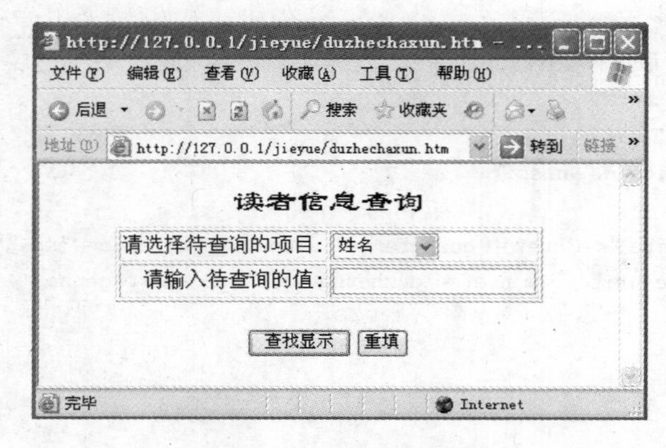

图 6-6 读者信息查询表单

```
<form action = "duzhechaxun.asp" method = "post">
<table border = 1 align = center >
<caption><font face = "隶书" size = 5 >读者信息查询</font ></caption >
<tr >
<td align = right >请选择待查询的项目:</td >
<td >< select name = "search" size = 1 >
    <option value = "dzbh">读者编号
    <option value = "xm" selected >姓名
    <option value = "xb">性别
    <option value = "csrq">出生日期
    <option value = "dw">单位
    <option value = "sfxs">是否学生
    <option value = "dhhm">电话号码
    <option value = "email"> E - mail
    </select ></td >
</tr >
<tr >
<td align = right >请输入待查询的值:</td >
<td >< input type = "text" name = "zhi"></td >
```

```
</tr>
</table>
<br>
<table align = center border = 0>
<tr>
<td align = right><input type = "submit" value = "查找显示"></td>
<td><input type = "reset" value = "重填"></td>
</tr>
</table>
</form>
```

2）读者查询表单文件 duzhechaxun. htm 中相关代码的说明

（1）<font face＝"隶书" size＝5>与</font>标记对用于将它们之间的文字的字体设置成隶书，大小设置为 5。

（2）<select name＝"search" size＝1>与</select>用于定义表单的列表框，该列表框的名称是 search，列表的高度是 1（即只能显式列出列表框中的某一项，其他列表项隐藏在下拉列表框中）。其中，"<option value＝"xm" selected>姓名"表示下拉列表项"姓名"，当选中该项时，search 的值是 xm（表示姓名字段的字符串），selected 表示默认被选中，其余类推。

（3）<input type ＝"text" name＝"zhi">表示名称为 zhi 的单行文本输入框，运行时输入到该文本框的数据被保存在 zhi 中。

（4）<input type＝"submit" value＝"查找显示">表示名称为"查找显示"的提交按钮，运行后单击该按钮，search 和 zhi 的值被传送到服务器进行处理。

3. 读者查询处理

1）读者查询处理流程

读者查询的处理逻辑大致是：①首先判断"出生日期"和"是否学生"的值是否符合要求。当选择待查询项目为"出生日期"时，要求输入的日期格式必须正确，当不符合要求时，会提示"日期不对，日期输入格式为：年-月-日。如：2010-1-1"和超链接"[请单击此链接返回]"。待查询项目为"是否学生"时，要求输入表示"是"或"否"的数据，当不符合要求时，会以超链接提示"[是否学生]只能输入 Y/N、y/n、T/F、t/f、是/否，请单击此链接返回重新输入！！"。可按要求返回查询表单修改其输入数据继续查询。按其他项查询时无输入要求。②不管按什么项目查询，当输入待查询项目的值符合要求时，如果 duzhe 表中无符合条件的记录，则出现提示"无找到相关记录！"和超链接"[请单击此链接返回]"，单击此链接后返回读者查询表单界面。③当输入待查询项目的值符合要求时，如果 duzhe 表中存在符合条件的记录，则以表格形式显示出来。读者查询处理流程如图 6-7 所示。

例如，在读者查询表单，选择待查询项目为"姓名"，输入待查询项目对应的值为"张三"，则单击"查找显示"按钮时，会在新的页面以表格形式列出姓名为"张三"的全部记录，如图 6-8 所示。

2）读者查询处理文件 duzhechaxun. asp

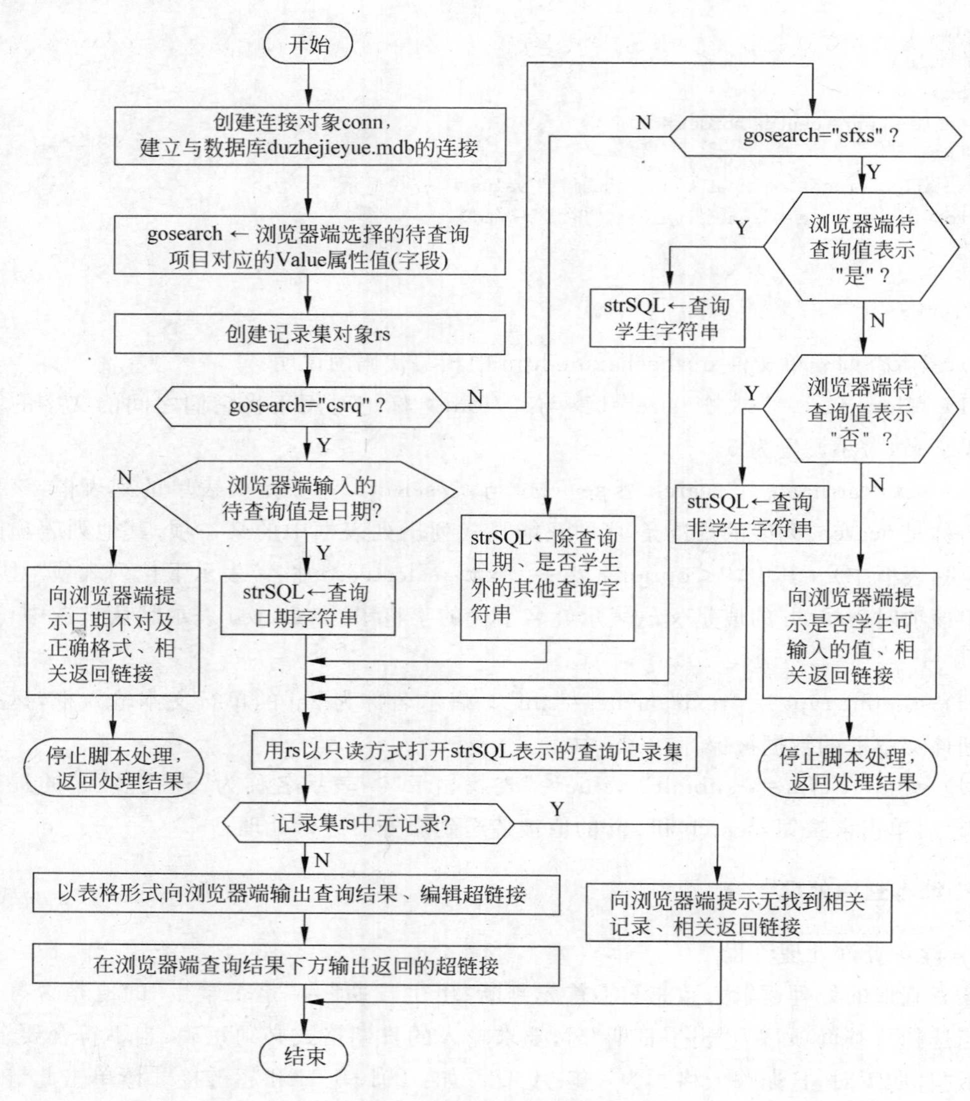

图 6-7 读者查询处理流程

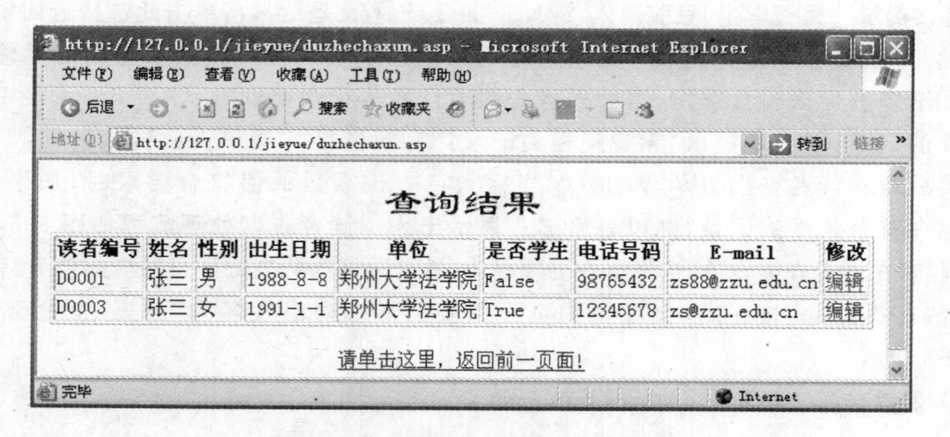

图 6-8 读者姓名为“张三”的查询结果

根据读者查询处理流程，创建读者查询处理文件 duzhechaxun.asp，该文件中的网页代码如下：

```
<%
set conn = server.createobject("ADODB.Connection")
conn.open = "Driver = {Microsoft Access Driver ( * .mdb)};DBQ = "&_
         server.mappath("duzhejieyue.mdb")
gosearch = request("search")
set rs = server.createobject("ADODB.Recordset")
If gosearch = "csrq" Then
  If isdate(request("zhi")) Then
     strSQL = "select * from duzhe where "&gosearch&" = #"&cdate(request("zhi"))&"#"
  Else
     response.write "日期不对,日期输入格式为：年-月-日。如：2010-1-1<br>"
     response.write "<a href = 'javascript:history.back()'>[请单击此链接返回]</a>"
     response.End  '本句不能少
  End If
ElseIf gosearch = "sfxs" Then
  If ucase(request("zhi")) = "Y" Or ucase(request("zhi")) = "T" Or _
        request("zhi") = "是" Then
    strSQL = "select * from duzhe where "&gosearch&" = True"  'where 后必须有空格
  ElseIf UCase(request("zhi")) = "N" Or UCase(request("zhi")) = "F" Or _
        request("zhi") = "否" Then
    strSQL = "select * from duzhe where "&gosearch&" = False"
  Else
    response.write "<a href = 'javascript:history.back()'>"&_
                "[是否学生]只能输入 Y/N、y/n、T/F、t/f、是/否,"&_
                "请单击此链接返回重新输入!!</a>"
    response.End '本句不能少
  End If
Else
  strSQL = "select * from duzhe where "&gosearch&" = '"&request("zhi")&"'"
End If
rs.open strSQL,conn
If rs.eof Then
  response.write "无找到相关记录!<br>"
  response.write "<a href = 'javascript:history.back()'>[请单击此链接返回]</a>"
Else
  response.write "<table align = center border = 1>"
  response.write "<caption><font face = 隶书 size = 6>查询结果</font></caption>"
  response.write "<tr>"
  response.write "<th>读者编号</th><th>姓名</th><th>性别</th>"&_
            "<th>出生日期</th><th>单位</th><th>是否学生</th>"&_
            "<th>电话号码</th><th>E-mail</th><th>修改</th>"
  rem 如不进行修改操作,则省略上一 response.write 语句中的<th>修改</th>
  response.write "</tr>"
  do
    response.write "<tr>"
    response.write "<td>"&rs("dzbh")&"</td>"
    response.write "<td>"&rs("xm")&"</td>"
```

```
        response.write "<td>"&rs("xb")&"</td>"
        response.write "<td>"&rs("csrq")&"</td>"
        response.write "<td>"&rs("dw")&"</td>"
        response.write "<td>"&rs("sfxs")&"</td>"
        response.write "<td>"&rs("dhhm")&"</td>"
        response.write "<td>"&rs("email")&"</td>"
        response.write "<td><a href=duzhejiluxiugaijiemian.asp?dzbh='"&_
                        rs("dzbh")&"'>编辑</a></td>"
        rem 如不进行修改操作,则省略上一 response.write 语句
        response.write "</tr>"
        rs.movenext
    loop until rs.eof
    response.write "</table>"
    response.write "<p align=center><a href=javascript:history.back()>"&_
                    "请单击这里,返回前一页面!</a></p>"
End If
%>
```

3) 读者查询处理文件 duzhechaxun.asp 中相关代码的说明

(1) gosearch=request("search")表示由变量 gosearch 来保存从浏览器端传递来的 search 的值,例如,当浏览器端选中"姓名"时,gosearch="xm",其余类推。

(2) If … Then … ElseIf … Then … Else … End If 是分支语句,当 If 后的条件成立时,执行该条件对应的 Then 后面至 ElseIf 之间的语句;否则,当 ElseIf 后的条件成立时,执行该 ElseIf 对应的 Then 后面至 ElseIf 之间的语句;如果 If 和所有 ElseIf 后的条件都不成立,则执行 Else 后的语句。

(3) 当 gosearch="csrq"时,表示待查询项目是出生日期。isdate(request("zhi"))用于判断从浏览器端传递来的文本框中的内容是否为一个日期型数据,isdate()是日期测试函数,返回逻辑真值时表示日期。如果是日期,则 strSQL="select * from duzhe where "&gosearch&"=#"&cdate(request("zhi"))&"#",注意 where 之后至少有一空格;这样表示时,可输入"1991-1-1"或"1991 年 1 月 1 日"格式的日期。该语句变为 strSQL="select * from duzhe where "&gosearch&"=#"&request("zhi")&"#"也可以,但不能输入"1991 年 1 月 1 日"格式的日期。例如,浏览器端文本框的待查询值为 1991-1-1,则 strSQL="select * from duzhe where csrq=#1991-1-1#"。

(4) 当 gosearch="sfxs"时,表示待查询项目是是否学生。"ucase(request("zhi"))="Y" Or ucase(request("zhi"))="T" Or request("zhi")="是""用于测试浏览器端输入的数据转换为大写后是否为 Y 或 T 或者(不转换)是否为"是",ucase()的作用是将小写字母转换为大写。这样,当浏览器端传递来 zhi 的值是 Y、y、T、t 或"是"时,就查询是学生的读者信息,这时,strSQL="select * from duzhe where "&gosearch&"=True",注意 where 后必须有空格,相当于 strSQL="select * from duzhe where sfxs=True",或者也可表示为 strSQL="select * from duzhe where sfxs=cbool('True')",其中 cbool('True')用于将字符串 True 转换为逻辑真值。

(5) 同理,"ucase(request("zhi")) = "N" Or ucase(request("zhi")) = "F" Or request("zhi") = "否""表示当浏览器端传递来 zhi 的值是 N、n、F、f 或"否"时,就查询非学

生的读者信息，这时 strSQL="select * from duzhe where "&gosearch&"=False"，相当于 strSQL="select * from duzhe where sfxs=False"。

(6) 当 gosearch="dzbh"(或等于"xm"、"xb"、"dw"、"dhhm"、"email")时，strSQL="select * from duzhe where "&gosearch&"='"&request("zhi")&"'"，例如，strSQL="select * from duzhe where xm='张三'"。

(7) response. write "<td><a href=duzhejiluxiugaijiemian. asp? dzbh='" & rs("dzbh") & "'>编辑</a></td>"表示向浏览器端输出“编辑”超链接(在表格的单元格内)。当浏览器端查询结果中的“编辑”链接对应于读者编号 D0003 时，该语句可表示为 response. write "<td><a href=duzhejiluxiugaijiemian. asp? dzbh='D0003'>编辑</a></td>"。运行期间，在浏览器端单击“编辑”链接时，会将 duzhejiluxiugaijiemian. asp 文件及参数 dzbh='D0003'传递给服务器进行处理。

(8) do … loop until rs. eof 是直到型循环，用于输出查询到的各条记录。rs. movenext 是将记录指针指向下一条记录，遇到记录集 rs 的文件尾时退出循环。

(9) rem 是 ASP 代码中的注释语句。

4. 读者记录修改界面

1) 读者记录修改界面文件 duzhejiluxiugaijiemian. asp

在读者查询结果界面，单击读者编号为 D0001 的记录对应的“编辑”链接，出现读者记录修改界面，如图 6-9 所示。可在该界面修改对应的各项数据，单击“保存”按钮，程序交给服务器执行读者记录修改处理(对应于文件 duzhejiluxiugaichuli. asp)，单击“返回查询界面”按钮，则转到读者信息查询表单界面。创建读者记录修改界面文件 duzhejiluxiugaijiemian. asp，文件中对应的网页代码如下。

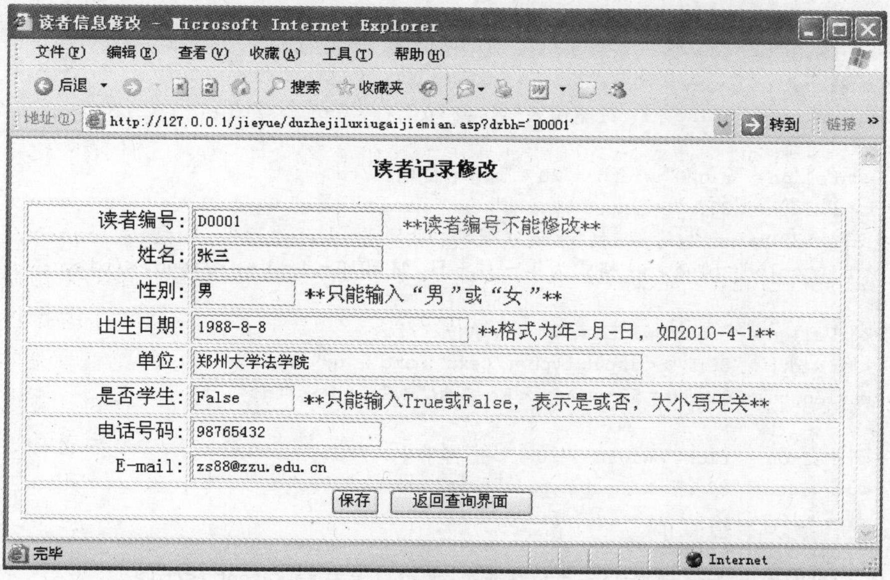

图 6-9　读者记录修改界面

```
<%@ Language = VBScript %>
<SCRIPT Language = "VBScript" RUNAT = "Server">
  dim conn,rs,strConn,StrSql,strDzbh
  sub get_record()
      strDzbh = request.querystring("dzbh")
      set conn = Server.createObject("ADODB.connection")
      strConn = "Driver = {Microsoft Access Driver ( *.MDB)};DBQ = " &_
              server.mappath("duzhejieyue.MDB")
      conn.open strConn
      StrSql = "select * from duzhe where dzbh = " & strDzbh
      set rs = server.createobject("adodb.recordset")
      rs.open strSql,conn
  end sub
</script>
<html><head><title>读者信息修改</title></head>
<body>
<center><h4>读者记录修改</h4></center>
<% call get_record() %>
<form action = "duzhejiluxiugaichuli.asp" method = POST>
<table border = "1" width = "100%">
<tr><td align = "right" width = "20%">读者编号:</td>
     <td width = "80%"><input type = "text" name = "dzbh" &_
     maxlength = 5 size = 20 value = <% = rs("dzbh") %>>
     <input type = "hidden" name = "dzbh1" &_
      value = <% = rs("dzbh") %>>
     <font color = red>** 读者编号不能修改 **</font></td>
</tr>
<tr><td align = "right" width = "20%">姓名:</td>
     <td width = "80%"><input type = "text" name = "xm" &_
     maxlength = 30 size = 20 value = <% = rs("xm") %>></td>
</tr>
<tr><td align = "right" width = "20%">性别:</td>
     <td width = "80%"><input type = "text" name = "xb" &_
     maxlength = 1 size = 10 value = <% = rs("xb") %>>
     <font color = blue>** 只能输入"男"或"女" **</font></td>
</tr>
<tr><td align = "right" width = "20%">出生日期:</td>
     <td width = "80%"><input type = "text" name = "csrq" &_
     size = 30 value = <% = rs("csrq") %>>
     <font color = blue>** 格式为年-月-日,如 2010-4-1 **</font></td>
</tr>
<tr><td align = "right" width = "20%">单位:</td>
     <td width = "80%"><input type = "text" name = "dw" &_
     maxlength = 30 size = 50 value = <% = rs("dw") %>></td>
</tr>
<tr><td align = "right" width = "20%">是否学生:</td>
     <td width = "80%"><input type = "text" name = "sfxs" &_
     size = 10 value = <% = rs("sfxs") %>>
     <font color = blue>
     ** 只能输入 True 或 False,表示是或否,大小写无关 **</font></td>
</tr>
```

```
<tr><td align="right" width="20%">电话号码:</td>
    <td width="80%"><input type="text" name="dhhm" &_
    maxlength=8 size=20 value=<%  =rs("dhhm") %>></td>
</tr>
<tr><td align="right" width="20%">E-mail:</td>
    <td width="80%"><input type="text" name="email" &_
    maxlength=30 size=30 value=<%  =rs("email") %>></td>
</tr>
<tr><td colspan=2 align="center">
    <input type="submit" name="btnUpdate" value="保存">
    <input type="button" value="返回查询界面" _
    onclick="location.href='duzhechaxun.htm'"></td>
</tr>
</table>
<%
rs.close
set rs=nothing
conn.close
set conn=nothing
%>
</form>
</body>
</html>
```

2）读者记录修改界面文件 duzhejiluxiugaijiemian.asp 中相关代码的说明

（1）在读者记录修改界面文件 duzhejiluxiugaijiemian.asp 中，将<table border="1" width="100%">改为<table border="1" align="center">，并将单元格标记中的 width="20%"、width="80%"去掉，那么，表单的运行结果与图 6-9 所示的"读者记录修改界面"基本相同。

（2）<%@ Language=VBScript %>用来指定该页面使用的脚本语言是 VBScript，该语句必须放在所有语句之前。如果默认的脚本语言已设置为 VBScript，则该语句可以省略。

（3）<SCRIPT Language="VBScript"、RUNAT="Server">与</script>是在<Script>标记中加入所需的脚本语言，Language="VBScript"限定了<Script>标记中使用的脚本语言是 VBScript，而 RUNAT="Server"指定该脚本在服务器端实现，如果不指定 RUNAT 属性，则表明脚本在浏览器端执行。如果已用某种方法指定脚本语言，而且代码需要在服务器端运行，则上述<script>和</script>标记对可分别替换成"<%"和"%>"。

（4）dim conn,rs,strConn,StrSql,strDzbh 用来显式声明用到的变量。

（5）sub get_record() … end sub 用来定义名为 get_record 的过程，该过程主要作用是建立数据库，打开与数据库的连接，并以只读方式打开与待修改记录的读者编号相匹配的记录集。调用该过程使用<% call get_record() %>。

（6）<font color=red> ** 读者编号不能修改 ** </font>指定字符串"** 读者编号不能修改 **"的颜色为红色。如果<font>中的 color=blue，则指定字符串的颜色为蓝色。

（7）<input type="text" name="dzbh" maxlength=5 size=20 value=<% =rs("dzbh") %>>表示一个名称为 dzbh 的单行文本输入区域（表单元素的属性设置分两行

书写时，可在第一行末尾使用 &_或使用下划线，其余属性写在第二行)，该区域的数据为当前记录的读者编号，最多允许输入 5 个汉字或字符。这里应注意 value 属性应在所有其他属性之后设置，否则刚转到读者记录修改界面时，空值字段对应的信息会显示为 value 属性后的第一个属性及其设置情况。另外，<input type="hidden" name="dzbh1" value=<% =rs("dzbh") %>>表示一个名称为 dzbh1 的隐藏的区域，该区域的数据也为当前记录的读者编号，<% =rs("dzbh") %>表示向浏览器输出当前记录的读者编号的值。设置隐藏区域 dzbh1 的目的是为了比较文本输入区域 dzbh 中的数据是否发生了变化，如果 dzbh 中的值发生了变化，则不允许以读者记录修改界面的数据更新数据库或数据表。

(8) 表单各输入文本框的 name 属性指定为相应字段名对应的字符串。

(9) <input type = "button" value = "返回查询界面" onclick = "location. href = 'duzhechaxun. htm'">表示“返回查询界面”按钮，单击该按钮时转到网页文件 duzhechaxun. htm 表示的读者查询表单界面。

5. 读者记录修改处理

1) 读者记录修改处理文件 duzhejiluxiugaichuli. asp

在读者记录修改界面，相关数据修改后，单击“保存”按钮，若读者编号被修改了，则数据不能被更新，并以超链接提示“不能修改读者编号!”，单击该链接后返回读者记录修改界面，恢复原读者编号后才能继续修改该读者信息；若性别、出生日期或是否学生的数据不符合要求，则以超链接提示“输入的性别、出生日期、是否学生不全对，请返回，更正不对的数据!”，单击该链接后返回记录修改界面，可按界面上的提示进行数据的修改；若修改后的数据符合要求，则以表单上显示的这些符合要求的数据更新 duzhe 表，并以超链接提示“已更新，返回”，单击此链接返回记录修改界面。读者记录修改处理文件 duzhejiluxiugaichuli. asp 中的代码如下。

```
<%@ Language = VBScript %>
<%
strDzbh = request.form("dzbh")
If Trim(strDzbh) = Trim(request.Form("dzbh1")) Then
   If isDate(request.form("csrq")) and _
     (UCase(request("sfxs")) = "TRUE" Or UCase(request("sfxs")) = "FALSE") And _
     (Trim(request.Form("xb")) = "男" Or Trim(request.Form("xb")) = "女") Then
      set conn = server.createobject("adodb.connection")
      strconn = "Driver = {Microsoft Access Driver ( * .MDB)};DBQ = " &_
              server.mappath("duzhejieyue.MDB")
      conn.mode = 3   '设置连接数据库的权限, 3 为读写
      conn.open strconn
      set rs = server.createobject("adodb.recordset")
      strSQL = "select * from duzhe where dzbh = '" & trim(strDzbh) & "'"
      rs.open strSQL,conn,3,3
      If rs.supports(&H01008000) Then     '如果 rs 支持 Update 方法
         rs("dzbh") = trim(request.form("dzbh"))
         rs("xm") = trim(request.form("xm"))
         rs("xb") = trim(request.form("xb"))
         rs("csrq") = request.form("csrq")
```

```
            rs("dw") = trim(request.form("dw"))
            If UCase(request.form("sfxs")) = "TRUE" Then
               rs("sfxs") = True
            Else
               rs("sfxs") = False
            End If
            rs("dhhm") = trim(request.form("dhhm"))
            rs("email") = trim(request.form("email"))
            rs.update
            If conn.errors.count > 0 Then
               response.write "<a href = javascript:history.back()>更新失败,返回</a>"
            Else
               response.write "<a href = javascript:history.back()>已更新,返回</a>"
            End If
        Else
            respons.write "不能更新数据!"
        End If
        rs.close
        set rs = nothing
        conn.close
        set conn = Nothing
      Else
        response.write "<a href = javascript:history.back()>"
        response.write "输入的性别、出生日期、是否学生不全对,"
        response.write "请返回,更正不对的数据!</a>"
      End If
   Else
     response.write "<a href = javascript:history.back()>不能修改读者编号!</a>"
   End If
   %>
```

2）读者记录修改处理文件 duzhejiluxiugaichuli.asp 中相关代码的说明

(1) conn.mode＝3 是将所连接数据库的权限设置为 3，表示可读写。另外，权限为 1 表示只读，2 表示只写，默认为读写。这里是修改数据记录，所以连接数据库的权限设置为 3，此语句可替换成 conn.mode＝2，或者也可省略。

(2) rs.supports(&H01008000)用于确定 rs 对象是否支持 Update 方法，若支持则返回逻辑真值 True。也可表示为 rs.supports(16809984)。可将 adovbs.inc 文件存放在应用程序的当前目录中，并在该程序代码的开始部分加入代码＜!--#include file＝"adovbs.inc"--＞，然后用 rs.supports(adUpdate)来表示此功能。

6.2.5　删除读者信息

1. 用于删除读者信息的表单

1）读者删除表单的设计

设计用于删除读者信息的表单（简称读者删除表单）如图 6-10 所示。其中，“请选择待删除的项目”对应的下拉列表中包含读者编号、姓名、性别、出生日期、单位、是否学生、电话号码、E-mail 等选项。从“请选择待删除的项目:”下拉列表选择待删除的项目（如“姓名”），将该项目对应的值输入“请输入待删除的值”对应的文本框(如“张三”),就指定了待删除记录应满足的条件。此时,单击“删除”按钮可删除满足条件的记录(如删除“姓名”为“张三”的记录);若单击“重填”按钮,则待删除的项目初始化为“姓名”,待删除的值初始化为空白值,以方便重新输入。

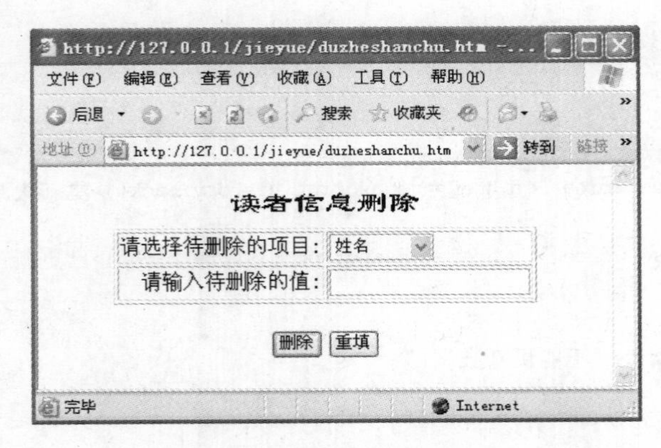

图 6-10 读者信息删除

2) 读者删除表单文件 duzheshanchu. htm

根据设计的读者删除表单,创建读者删除表单文件 duzheshanchu. htm,该文件中的网页代码如下。

```
<form action = "duzheshanchu.asp" method = "post">
<table border = 1 align = center >
<caption>< font face = "隶书" size = 5 >读者信息删除</font ></caption>
<tr>
<td align = right >请选择待删除的项目:</td>
<td>< select name = "shanchu" size = 1 >
    <option value = "读者编号">读者编号
    <option value = "姓名" selected>姓名
    <option value = "性别">性别
    <option value = "出生日期">出生日期
    <option value = "单位">单位
    <option value = "是否学生">是否学生
    <option value = "电话号码">电话号码
    <option value = "E - mail"> E - mail
</select></td>
</tr>
<tr>
<td align = right >请输入待删除的值:</td>
<td>< input type  = "text" name = "zhi"></td>
</tr>
</table>
<br>
<table align = center border = 0 >
<tr>
<td align = right >< input type = "submit" value = "删除"></td>
<td>< input type = "reset" value = "重填"></td>
```

```
</tr>
</table>
</form>
```

2. 读者信息删除处理

1）读者删除处理流程

在读者信息删除界面，指定条件后，单击“删除”按钮，则执行删除操作。删除流程大致是：

如果是按“读者编号”、“姓名”、“性别”、“单位”、“电话号码”、“E-mail”等项目执行删除操作，则会在新的页面提示删除记录的条数（如提示“共删除1条姓名为张三的记录!”），并显示超链接“请单击这里，返回前一页面!”，单击超链接后可返回到读者信息删除界面，以便继续执行删除操作。

如果是按“出生日期”执行删除操作，但输入的待删除日期格式不对，则提示“日期不对，日期输入格式为：年-月-日。如：2010-1-1”，并显示超链接“[请单击此链接返回]”，单击此超链接后返回到删除界面。

如果按“是否学生”执行删除操作，待删除的值只能输入表示是学生的Y、y、T、t、是，以及表示不是学生的N、n、F、f、否，否则，提示“[是否学生]只能输入Y/N、y/n、T/F、t/f、是/否，请单击此链接返回重新输入!!”，单击此超链接后返回到删除界面。

2）读者删除处理文件 duzheshanchu.asp

根据读者删除处理流程，设计和建立读者删除处理文件 duzheshanchu.asp，该文件中的网页代码如下。

```
<%
goshanchu = Trim(request.form("shanchu"))
zhi = request("zhi")
set conn = server.createobject("adodb.connection")
conn.open "Driver = {Microsoft Access Driver ( * .mdb)};Dbq = "&_
        server.mappath("duzhejieyue.mdb")
Select Case goshanchu
  Case "读者编号"
     strSQL = "delete * from duzhe where dzbh = '" + zhi + "'"
  Case "姓名"
     strSQL = "delete * from duzhe where xm = '" + zhi + "'"
  Case "性别"
     strSQL = "delete * from duzhe where xb = '" + zhi + "'"
  Case "出生日期"
    If IsDate(zhi) Then
       strSQL = "delete * from duzhe where csrq = #" + zhi + "#"
    Else
       response.write "日期不对,日期输入格式为：年 - 月 - 日。如：2010 - 1 - 1 <br>"
       response.write "<a href = 'javascript:history.back()'>[请单击此链接返回]</a>"
       response.End  '本句不能少
    End If
  Case "单位"
    strSQL = "delete * from duzhe where dw = '" + zhi + "'"
  Case "是否学生"
```

```
    If Ucase(zhi) = "Y" Or ucase(zhi) = "T" Or zhi = "是" Then
      strSQL = "delete * from duzhe where sfxs = True"
    ElseIf UCase(zhi) = "N" Or UCase(zhi) = "F" Or zhi = "否" Then
      strSQL = "delete * from duzhe where sfxs = False"
    Else
      response.write "<a href = 'javascript:history.back()'>"&_
            "[是否学生]只能输入 Y/N、y/n、T/F、t/f、是/否,"&_
            "请单击此链接返回重新输入!!</a>"
      response.End  '本句不能少
    End If
  Case "电话号码"
      strSQL = "delete * from duzhe where dhhm = '" + zhi + "'"
  Case "E-mail"
      strSQL = "delete * from duzhe where email = '" + zhi + "'"
End Select
conn.execute strSQL,shuliang
response.write "<p align = center>共删除"& shuliang &"条"&_
          goshanchu&"为"&zhi&"的记录!"
response.write "<BR><BR><a href = javascript:history.back()>"&_
          "请单击这里,返回前一页面!</a></p>"
conn.close
%>
```

3) 读者删除处理文件 duzheshanchu.asp 中相关代码的说明

(1) goshanchu＝Trim(request.form("shanchu"))表示以 goshanchu 接收从浏览器端传递来的待删除项目。

(2) Select Case goshanchu … End Select 是多分支选择结构,其作用是判断 goshanchu 的值,分别表示出取读者编号、姓名、性别、出生日期、单位、是否学生、电话号码、E-mail 时对应的 strSQL 删除字符串。

(3) strSQL＝"delete * from duzhe where dzbh＝'"＋zhi＋"'"等同于 strSQL＝"delete * from duzhe where dzbh＝'"&zhi&"'"。其中,"＋"和"&"(不包括引号)都是字符串连接运算符。

(4) response.End 的作用是使服务器停止当前脚本的处理并返回当前结果。该语句在本代码中不能缺少,否则出错。

(5) Ucase(zhi)＝"Y" Or ucase(zhi)＝"T" Or zhi＝"是",有时表示成 Ucase(Trim(zhi))＝"Y" Or ucase(Trim(zhi))＝"T" Or Trim(zhi)＝"是"。

(6) conn.execute strSQL,shuliang 的功能是执行 strSQL 对应的删除命令,shuliang 参数用来返回被删除记录的数量。

6.3 图书管理

6.3.1 建立图书数据表

利用 Microsoft Access 在文件名为 duzhejieyue.mdb 的读者借阅数据库中建立名为"tushu"的图书数据表(简称 tushu 表),表的结构如表 6-2 所示。

表 6-2　tushu 表的结构

字段名称	数据类型	字段大小	备　注
tsbh	文本	5	图书编号，主键
tsmc	文本	40	图书名称
nrty	备注		内容提要
zz	文本	30	作者，考虑外国作者
cbs	文本	40	出版社
dj	数字	单精度型	定价
lb	文本	6	类别
isbn	文本	35	ISBN 书号，考虑分类号
bc	文本	20	版次，考虑出版年月
kcs	数字	整型	库存数
zks	数字	整型	在库数
zjwz	文本	2	在架位置

6.3.2　图书信息查询与管理

1. 图书信息查询与管理界面设计及功能概述

设计“图书信息查询与管理”界面，如图 6-11 所示。通过“图书信息查询与管理”界面可实现图书信息的添加、查询、编辑修改和删除等功能。具体来说，就是分别实现以下功能：

(1) 单击“添加”按钮，出现“图书记录添加”界面(参见图 6-12)，可将图书的详细信息追加到 tushu 数据表；

(2) 在“请输入图书名称：”右边的文本框输入书名(或相关的字、词)，单击“查找”按钮，则图书名称中含有该书名(或相关字、词)的图书的简明信息就会出现在下方的列表中，如果文本框中没有输入任何字符，则单击“查找”按钮时，会列出全部图书的简明信息；

(3) 单击“重置”按钮，则文本框的内容清空；

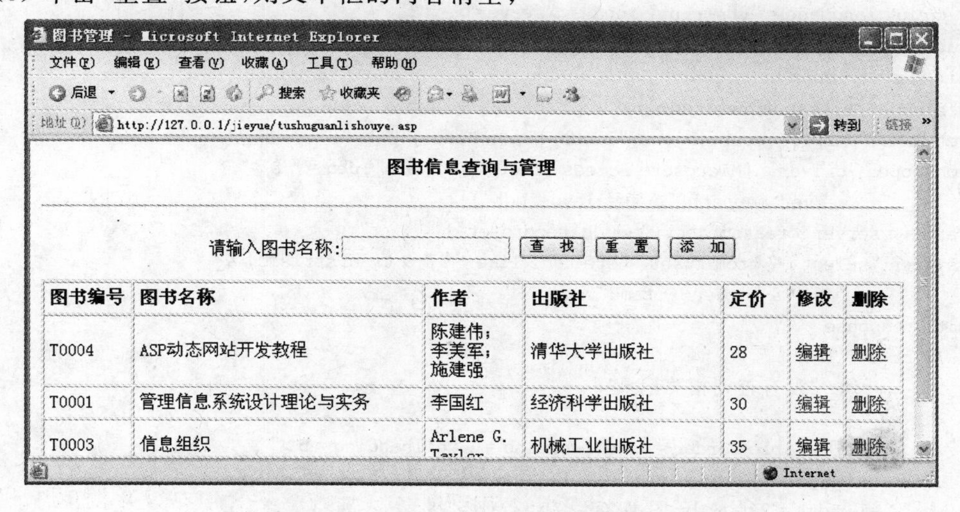

图 6-11　图书信息查询与管理界面首页

(4) 单击“编辑”链接，图书的详细信息出现在“图书记录修改”界面(参见图 6-13)，可方便地执行修改操作；

(5) 单击“删除”链接，将直接删除所在行对应的图书记录。

2. 图书管理首页对应的网页文件 tushuguanlishouye.asp

本网页文件执行时，出现“图书信息查询与管理”界面首页，按图书名称升序排序列出 tushu 表中全部记录。可在“请输入图书名称:”右边的文本框输入书名(或相关的字、词)，然后单击“查找”按钮进行模糊查询。即图书名称中只要含有输入的书名(或相关的字、词)，对应的记录就会按图书名称升序显示在列表中；若输入的书名或字、词不出现在任何一条记录的图书名称中，则提示“没有查到相关记录!”；若输入的是由空格组成的字符串或没有输入任何字符，则单击“查找”时列出全部图书记录。文件 tushuguanlishouye.asp 中的代码对应如下。

```
<%@ language = VBScript %>
<html>
<head><title>图书管理</title></head>
<body>
<center><h4>图书信息查询与管理</h4>
<hr>
<form name = "thisform" method = "post" _
    action = "<% = request.servervariables("script_name") %>">
<p>请输入图书名称:<input type = text name = "tsmc" size = 20>
  <input type = "submit" name = "btnSubmit" value = "查  找">
  <input type = "reset" name = "btnReset" value = "重  置">
  <input type = "button" name = "btnInsert" value = "添  加" _
      onclick = "location.href = 'tushujilutianjia.htm'">
</p>
</form>
<% call rs_Display() %>
<hr>
</center></body>
<script language = "vbscript" runat = "server">
sub rs_Display()
dim strTsmc,conn
strTsmc = request.form("tsmc")
set conn = server.createobject("adodb.connection")
conn.open "driver = {Microsoft Access Driver (*.mdb)};dbq = " &_
      server.mappath("duzhejieyue.mdb")
set rs = server.createobject("adodb.recordset")
rs.open "select * from tushu where tsmc like '%" & trim(strTsmc) &_
      "%'" & "order by tsmc",conn
with response
  If rs.eof Then
    .write "没有查到相关记录!"
  Else
   .write "<table border = 1 cellspacing = 1 cellpadding = 5>" &_
   "<tr height = 12><td width = 70><b>图书编号</b></td>" &_
   "<td width = 270><b>图书名称</b></td>" &_
   "<td width = 80><b>作者</b></td>" &_
```

```
        "<td width=180><b>出版社</b></td>" &_
        "<td width=50><b>定价</b></td>" &_
        "<td width=40><b>修改</b></td>" &_
        "<td width=40><b>删除</b></td></tr>"
    End If
    do until rs.eof
      .write "<tr height=12><td width=70>" & rs("tsbh") & "</td>" &_
      "<td width=270>" & rs("tsmc") & "</td>" &_
      "<td width=80>" & rs("zz") & "</td>" &_
      "<td width=180>" & rs("cbs") & "</td>" &_
      "<td width=50>" & rs("dj") & "</td>" &_
      "<td width=40><a href=" & chr(34) & "tushujiluxiugaijiemian.asp?tsbh='" &_
          rs("tsbh") & "'" & chr(34) & ">" & "编辑</a></td>" &_
      "<td width=40><a href=" & chr(34) & "tushujilushanchu.asp?tsbh='" &_
          rs("tsbh") & "'" & chr(34) & ">" & "删除</a></td></tr>"
        '注: chr(34)表示双引号"
      rs.movenext
    loop
    .write "</table>"
end with
rs.close
set rs=nothing
conn.close
set conn=nothing
end sub
</script>
</html>
```

3. 相关代码的说明

(1) with response … end with 之间的".write"相当于"response.write"。也就是说，如果"response.write"语句写在"with response … end with"的结构中，就要写成".write"的形式。

(2) 代码""<td width=40><a href=" & chr(34) & "tushujiluxiugaijiemian.asp?tsbh='" & rs("tsbh") & "'" & chr(34) & ">" & "编辑</a></td>""可表示为""<td width=40><a href=tushujiluxiugaijiemian.asp? tsbh='" & rs("tsbh") & "'>编辑</a></td>""。其中，chr(34)表示双引号"。

6.3.3 添加图书信息

单击"图书信息查询与管理"界面首页的"添加"按钮，执行添加图书记录的操作，通过图书记录添加表单向 tushu 数据表添加记录，表单文件为 tushujilutianjia.htm，处理该表单的网页文件为 tushujilutianjia.asp。

1. 图书记录添加表单文件：tushujilutianjia.htm

设计图书记录添加界面如图 6-12 所示。由于新添加一条图书记录时，初始的在库数与库存数相等，所以添加界面中不含在库数的输入项，而在添加处理中将新添记录的在库数字段 zks 的值用库存数的值表示。将相关数据输入表单后，若单击“保存”按钮，则由服务器执行图书记录添加处理文件 tushujilutianjia.asp；若单击“重置”按钮，则表单清空以便重新输入；若单击“返回”按钮，则返回到图书信息查询与管理界面(对应于文件 tushuguanlishouye.asp)。图书记录添加表单文件 tushujilutianjia.htm 中的代码如下。

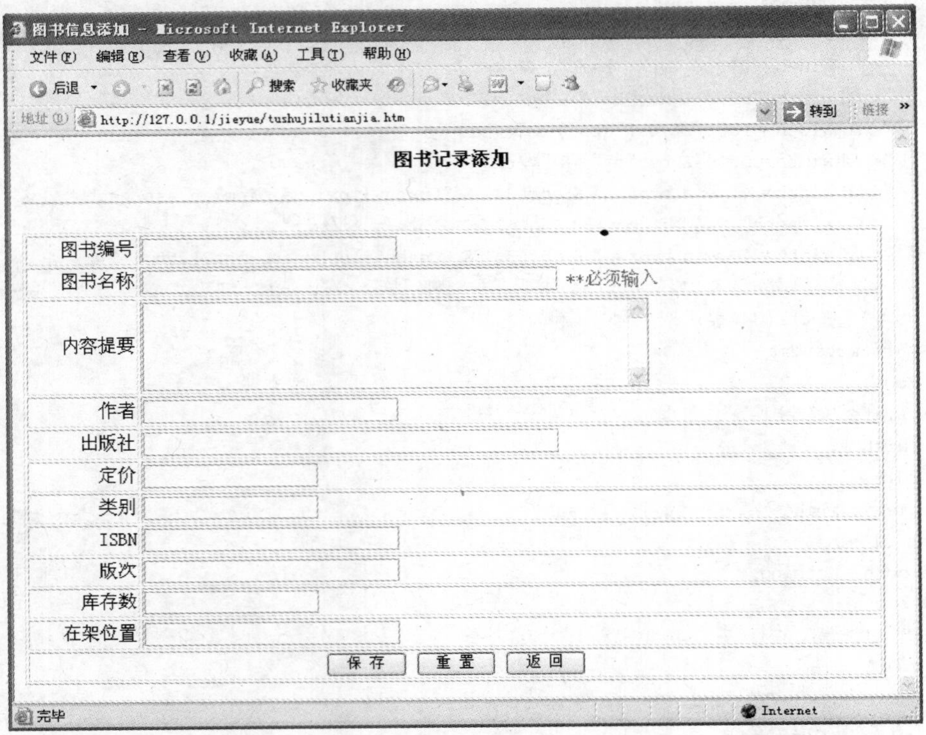

图 6-12　图书记录添加界面

```
<html><head><title>图书信息添加</title></head>
<body>
<center><h4>图书记录添加</h4></center>
<hr>
<form action = "tushujilutianjia.asp" method = post>
<table border = "1" width = "100%">
    <tr><td align = "right">图书编号</td>
        <td><input type = "text" name = "tsbh" size = 30 maxlength = 5></td></tr>
    <tr><td align = "right">图书名称</td>
        <td><input type = "text" name = "tsmc" size = 50 maxlength = 40>
        <font color = red>** 必须输入</font></td></tr>
    <tr><td align = "right">内容提要</td>
        <td><textarea name = "nrty" cols = 60 rows = 5></textarea></td></tr>
    <tr><td align = "right">作者</td>
        <td><input type = "text" name = "zz" size = 30 maxlength = 30></td></tr>
    <tr><td align = "right">出版社</td>
        <td><input type = "text" name = "cbs" size = 50 maxlength = 40></td></tr>
    <tr><td align = "right">定价</td>
        <td><input type = "text" name = "dj" size = 20 maxlength = 6></td></tr>
```

```
    <tr><td align="right">类别</td>
        <td><input type="text" name="lb" size=20 maxlength=6></td></tr>
    <tr><td align="right">ISBN</td>
        <td><input type="text" name="isbn" size=30 maxlength=35></td></tr>
    <tr><td align="right">版次</td>
        <td><input type="text" name="bc" size=30 maxlength=20></td></tr>
    <tr><td align="right">库存数</td>
        <td><input type="text" name="kcs" size=20 maxlength=4></td></tr>
    <tr><td align="right">在架位置</td>
        <td><input type="text" name="zjwz" size=30 maxlength=2></td></tr>
    <tr><td colspan=2 align="center"><input type="submit" value=" 保 存 ">
        <input type="reset" value=" 重 置 ">
        <input type="button" value=" 返 回 " _
        onclick="location.href='tushuguanlishouye.asp'"></td></tr>
</table>
</form>
</body>
</html>
```

2. 图书记录添加处理文件 tushujilutianjia.asp

在“图书记录添加”界面输入相关数据后，单击“保存”按钮，若定价、库存数不全为数值型数据，则在新页面显示超链接“输入的定价、库存数均应为数值型数据，请重新输入！”，单击该链接后返回到上一个输入页面，可修改前面的输入数据；若输入的定价、库存数都为数值型数据，但输入的图书编号已在 tushu 表中有匹配的记录，则在新的页面用超链接提示“图书编号不能重复！”，单击该链接后返回到上一个页面可进行修改；若输入的定价、库存数都为数值型数据，且图书编号是一个 tushu 表中不存在的新的编号，则表单上的数据符合要求，单击“保存”按钮后，表单上的数据作为一条图书记录直接保存在 tushu 表中，且在库数字段 zks 的值用库存数的数据表示。图书记录添加处理文件 tushujilutianjia.asp 中的代码如下：

```
<%@ language=VBScript %>
<%
If isnumeric(request.form("kcs")) and isnumeric(request.form("dj")) Then
  set conn=server.createobject("adodb.connection")
  conn.mode=3   '设置连接数据库的权限，3 为读写
  conn.connectionstring="Driver={Microsoft Access Driver (*.mdb)};" &_
      "DBQ="&server.mappath("duzhejieyue.mdb")
  conn.open
  set rs=server.createobject("adodb.recordset")
  strSql="select * from tushu where tsbh='" & request.form("tsbh") & "'"
  rs.open strSql,conn
  If rs.eof Then
    rs.close
    rs.open "tushu",conn,1,3,2
    rs.addnew
    rs("tsbh")=trim(request.form("tsbh"))
    rs("tsmc")=trim(request.form("tsmc"))
```

```
        rs("nrty") = trim(request.form("nrty"))
        rs("zz") = trim(request.form("zz"))
        rs("cbs") = trim(request.form("cbs"))
        rs("dj") = trim(request.form("dj"))
        rs("lb") = trim(request.form("lb"))
        rs("isbn") = trim(request.form("isbn"))
        rs("bc") = trim(request.form("bc"))
        rs("kcs") = trim(request.form("kcs"))
        rs("zks") = trim(request.form("kcs"))     '添加记录时在库数与库存数相等
        rs("zjwz") = trim(request.form("zjwz"))
        If rs.supports(&H01008000) Then          '如果 rs 支持 Update 方法
           rs.update
           response.redirect("tushujilutianjia.htm")
        End If
        rs.close
        set rs = nothing
        conn.close
        set conn = nothing
     Else
        response.write "<a href = 'javascript:history.back()'>"
        response.write "图书编号不能重复!</a>"
     End If
  Else
     response.write("<a href = 'javascript:history.back()'>")
     response.write("输入的定价、库存数均应为数值型数据,请重新输入!</a>")
  End If
  %>
```

6.3.4 修改图书信息

1. 图书记录修改界面

1）界面设计及图书记录修改文件 tushujiluxiugaijiemian. asp

在图书信息查询与管理界面，单击某记录的“编辑”链接，应出现详细的图书记录修改界面。设计图书记录修改界面(表单)，如图 6-13 所示。若单击修改界面的“保存”按钮，则由服务器执行图书记录修改处理文件 tushujiluxiugaichuli. asp；单击“返回”按钮则转到图书信息查询与管理界面(对应于文件 tushuguanlishouye. asp)。图书记录修改界面对应的表单文件 tushujiluxiugaijiemian. asp 中的代码如下。

```
<html><head><title>图书信息修改</title></head>
<body>
<center><h4>图书记录修改</h4></center>
<%
strTsbh = request.querystring("tsbh")
set conn = Server.createObject("ADODB.connection")
strConn = "Driver = {Microsoft Access Driver ( * .MDB)};DBQ = " &_
    server.mappath("duzhejieyue.MDB")
conn.open strConn
StrSql = "select * from tushu where tsbh = " & strTsbh
```

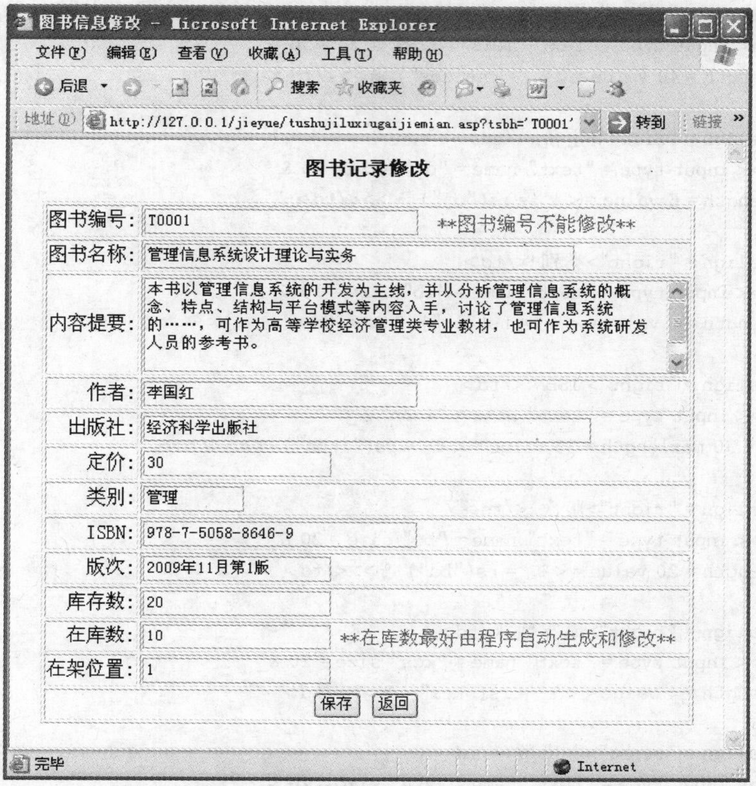

图 6-13　图书记录修改界面

```
set rs = server.createobject("adodb.recordset")
rs.open strSql,conn
 %>
<form action = "tushujiluxiugaichuli.asp" method = POST>
<table border = "1" align = "center">
<tr><td align = "right">图书编号:</td>
    <td><input type = "text" name = "tsbh" size = 30 &_
    maxlength = 5 value = <% = rs("tsbh") %>>
    <input type = "hidden" name = "tsbh1" value = <% = rs("tsbh") %>>
    <font color = red>** 图书编号不能修改 **</font></td>
</tr>
<tr><td align = "right">图书名称:</td>
    <td><input type = "text" name = "tsmc" size = 48 &_
    maxlength = 40 value = <% = rs("tsmc") %>></td>
</tr>
<tr><td align = "right">内容提要:</td>
    <td><textarea cols = 60 rows = 5 name = "nrty"><% = rs("nrty") %>
    </textarea></td>
</tr>
<tr><td align = "right">作者:</td>
    <td><input type = "text" name = "zz" size = 30 &_
    maxlength = 30 value = <% = rs("zz") %>></td>
</tr>
```

```
<tr><td align="right">出版社:</td>
    <td><input type="text" name="cbs" size=50 &_
    maxlength=40 value=<%  =rs("cbs") %>></td>
</tr>
<tr><td align="right">定价:</td>
    <td><input type="text" name="dj" size=20 &_
    maxlength=6 value=<%  =rs("dj") %>></td>
</tr>
<tr><td align="right">类别:</td>
    <td><input type="text" name="lb" size=10 &_
    maxlength=6 value=<%  =rs("lb") %>></td>
</tr>
<tr><td align="right">ISBN:</td>
    <td><input type="text" name="isbn" &_
    size=30 maxlength=35 value=<%  =rs("isbn") %>></td>
</tr>
<tr><td align="right">版次:</td>
    <td><input type="text" name="bc" size=20 &_
    maxlength=20 value=<%  =rs("bc") %>></td>
</tr>
<tr><td align="right">库存数:</td>
    <td><input type="text" name="kcs" size=20 &_
    maxlength=4 value=<%  =rs("kcs") %>></td>
</tr>
<tr><td align="right">在库数:</td>
    <td><input type="text" name="zks" size=20 &_
    maxlength=4 value=<%  =rs("zks") %>>
    <font color=red>** 在库数最好由程序自动生成和修改 **</font></td>
</tr>
<tr><td align="right">在架位置:</td>
    <td><input type="text" name="zjwz" size=20 &_
    maxlength=2 value=<%  =rs("zjwz") %>></td>
</tr>
<tr><td colspan=2 align="center">
    <input type="submit" name="btnUpdate" value="保存">
    <input type="button" value="返回" _
    onclick="location.href='tushuguanlishouye.asp'"></td>
</tr>
</table>
<%
rs.close
set rs=nothing
conn.close
set conn=nothing
%>
</form>
</body>
</html>
```

2）图书记录修改文件 tushujiluxiugaijiemian.asp 中相关代码的说明

(1) 在类似＜input type＝"text" name＝"zz" size＝30 maxlength＝30 value＝＜% ＝

rs("zz") %>>的表单元素中,value 属性要在所有其他属性之后进行设置。

(2) <input type="hidden" name="tsbh1" value=<% =rs("tsbh") %>>表示一个名称为 tsbh1 的隐藏区域,用于服务器端对比读者编号的值是否发生了变化,若读者编号被修改,则不能以此表单界面的数据更新 tushu 表。

2. 图书记录修改处理

1) 图书记录修改处理概述

在图书记录修改界面,对记录的信息进行修改后,单击“保存”按钮,若浏览器端读者编号输入区数据发生了变化,则向浏览器端输出超链接“图书编号不能修改,返回!”,浏览器端单击该链接返回图书记录修改界面;若定价、库存数、在库数的数据不符合要求,则在新的页面出现超链接“输入的定价、库存数和在库数均应为数值型数据,请重新输入!”,单击该链接返回记录修改界面,可继续进行修改;若这些数据都符合要求,则单击“保存”按钮后会将更改后的数据保存到 tushu 表中相应的记录。

值得注意的是,由于图书编号 tsbh 是关键字,更新记录时按图书编号在 tushu 表中查找对应的记录,所以图书编号不能修改。另外,在库数一般由计算机程序自动生成和更新,所以一般也不要轻易修改。为防止这两种数据被无意修改,可在图书记录修改界面隐藏这两种数据。

2) 图书记录修改处理文件 tushujiluxiugaichuli. asp

根据上述图书记录修改处理概述,设计图书记录修改处理文件 tushujiluxiugaichuli. asp,该文件中的网页代码如下。

```
<%@ Language = VBScript %>
<%
strTsbh = request.form("tsbh")
strTsbh1 = request.form("tsbh1")
If Trim(strTsbh) = Trim(strTsbh1) Then
   If isNumeric(request.form("dj")) and _
      isNumeric(request.form("kcs")) and _
      isNumeric(request.form("zks")) Then
      set conn = server.createobject("adodb.connection")
      strconn = "Driver = {Microsoft Access Driver ( *.MDB)};DBQ = " &_
               server.mappath("duzhejieyue.MDB")
      conn.mode = 3   '设置连接数据库的权限, 3 为读写
      conn.open strconn
      set rs = server.createobject("adodb.recordset")
      strSQL = "select * from tushu where tsbh = '" & trim(strTsbh) & "'"
      rs.open strSQL,conn,3,3
      If rs.supports(&H01008000) Then         '如果 rs 支持 Update 方法
         rs("tsbh") = trim(request.form("tsbh"))
         rs("tsmc") = trim(request.form("tsmc"))
         rs("nrty") = trim(request.form("nrty"))
         rs("zz") = trim(request.form("zz"))
         rs("cbs") = trim(request.form("cbs"))
         rs("dj") = Ccur(trim(request.form("dj")))
```

```
            rs("lb") = trim(request.form("lb"))
            rs("isbn") = trim(request.form("isbn"))
            rs("bc") = trim(request.form("bc"))
            rs("kcs") = Cint(trim(request.form("kcs")))
            rs("zks") = Cint(trim(request.form("zks")))
            rs("zjwz") = trim(request.form("zjwz"))
            rs.update
            If conn.errors.count > 0 Then
               response.write "Transaction Error"
            Else
               response.write "transaction OK"
            End If
            response.redirect("tushuguanlishouye.asp")
         Else
            respons.write "不能更新数据!"
         End If
         rs.close
         set rs = nothing
         conn.close
         set conn = nothing
      Else
         response.write "<a href = javascript:history.back()>"
         response.write "输入的定价、库存数和在库数均应为数值型数据,"
         response.write "请重新输入!</a>"
      End If
   Else
      response.write "<a href = javascript:history.back()>"
      response.write "图书编号不能修改,返回!</a>"
   End If
   %>
```

6.3.5 图书记录删除

在图书信息查询与管理界面,单击某记录对应的"删除"链接,即可将此记录从 tushu 表中删除,同时该记录的信息也会从查询与管理界面的图书记录列表中消失。创建图书记录删除文件 tushujilushanchu.asp,该文件中的网页代码如下:

```
<%
strTsbh = request.querystring("tsbh")
set conn = server.createobject("adodb.connection")
conn.mode = 3   '设置连接数据库的权限为读写, 此句可省略
conn.connectionstring = "Driver = {Microsoft Access Driver ( *.mdb)};" &_
                        "DBQ = " & server.mappath("duzhejieyue.mdb")
conn.open
strsql = "delete from tushu where tsbh = " & trim(strTsbh)
conn.execute strsql
conn.close
set conn = nothing
response.redirect("tushuguanlishouye.asp")
%>
```

6.3.6 图书信息的分类汇总、统计与计算

1. 按出版社分类汇总与计算

1）基础知识

为便于理解，先介绍按出版社进行分类汇总与计算的实现方法。分类汇总与计算主要包括按类统计记录个数，以及按类求各数值型数据的平均值、总和、最大值、最小值等。分类汇总与计算所使用的 select 语句的基本形式如下：

```
select 字段, 表达式 1, 表达式 2, … from 表名 group by 字段 having 条件
```

其中，“字段”表示分组所用的字段；“表达式 1”、“表达式 2”等均可以用 count(*)、avg(字段名)、sum(字段名)、max(字段名)、min(字段名)等函数形式求各组中符合条件的记录的数目以及各数值型字段的平均值、总和、最大值、最小值。例如，要计算 tushu 表中含有至少两种图书（或两条记录）的出版社所出版图书的种数、平均定价、定价总和、最大定价、最小定价、平均库存数、库存数之和、平均在库数、在库数之和，可用以下 select 语句：select cbs, count(*), avg(dj), sum(dj), max(dj), min(dj), avg(kcs), sum(kcs), avg(zks), sum(zks) from tushu group by cbs having count(*)>=2。如果是统计或计算各出版社出版的图书总数、平均定价等的值，则将此 select 语句中的“having count(*)>=2”去掉即可。

由于 select 语句中含有非字段型表达式，在输出记录集 rs 内的数据时，可用 rs(0)、rs(1)、rs(2)、…来表示相应的字段或表达式的值。

2）按出版社进行分类汇总与计算的文件 tushufenleihuizong. asp

创建按出版社进行分类汇总与计算的文件 tushufenleihuizong. asp，其代码如下（运行结果如图 6-14 所示）。

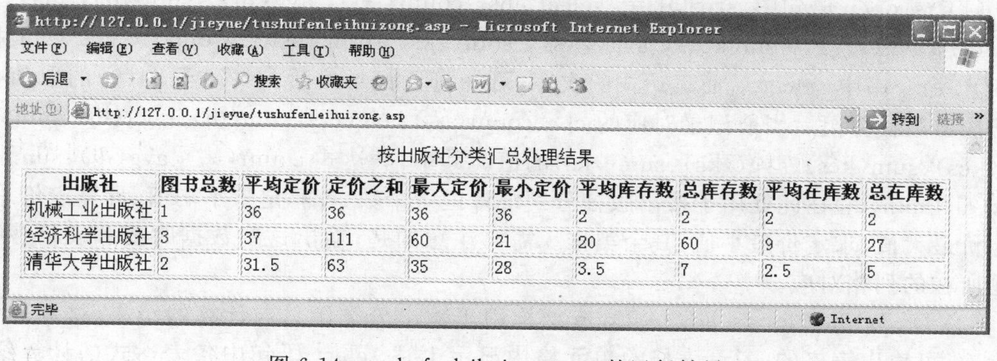

按出版社分类汇总处理结果

出版社	图书总数	平均定价	定价之和	最大定价	最小定价	平均库存数	总库存数	平均在库数	总在库数
机械工业出版社	1	36	36	36	36	2	2	2	2
经济科学出版社	3	37	111	60	21	20	60	9	27
清华大学出版社	2	31.5	63	35	28	3.5	7	2.5	5

图 6-14 tushufenleihuizong. asp 的运行结果

```
<%
set conn = server.createobject("adodb.connection")
conn.open "driver = {Microsoft Access Driver ( * .mdb)};dbq = "&_
        server.mappath("duzhejieyue.mdb")
strSQL = "select cbs,count( * ),avg(dj),sum(dj),max(dj),min(dj)"
strSQL = strSQL + ",avg(kcs),sum(kcs),avg(zks),sum(zks)"
```

```
strSQL = strSQL + "from tushu group by cbs"
set rs = server.createobject("adodb.recordset")
rs.open strSQL,conn
response.write "<table border = 1>"
response.write "<caption>按出版社分类汇总处理结果</caption>"
response.write "<tr>"
response.write "<th>出版社</th><th>图书总数</th>"&_
               "<th>平均定价</th><th>定价之和</th>"&_
               "<th>最大定价</th><th>最小定价</th>"&_
               "<th>平均库存数</th><th>总库存数</th>"&_
               "<th>平均在库数</th><th>总在库数</th>"
response.write "</tr>"
Do While Not rs.eof
  response.write "<tr>"
  response.write "<td>"&rs(0)&"</td>"
  response.write "<td>"&rs(1)&"</td>"
  response.write "<td>"&rs(2)&"</td>"
  response.write "<td>"&rs(3)&"</td>"
  response.write "<td>"&rs(4)&"</td>"
  response.write "<td>"&rs(5)&"</td>"
  response.write "<td>"&rs(6)&"</td>"
  response.write "<td>"&rs(7)&"</td>"
  response.write "<td>"&rs(8)&"</td>"
  response.write "<td>"&rs(9)&"</td>"
  response.write "</tr>"
  rs.movenext
Loop
response.write "</table>"
%>
```

3）分类汇总与计算文件 tushufenleihuizong.asp 中相关代码的说明

(1) rs.open 语句中，strSQL＝"select cbs, count(*), avg(dj), sum(dj), max(dj), min(dj), avg(kcs), sum(kcs), avg(zks), sum(zks) from tushu group by cbs"。依据此 strSQL 命令串中 select 后面表达式的次序，可知打开记录集后，rs(0)至 rs(9)的取值分别等于按出版社分组后当前记录对应的 cbs、count(*)、avg(dj)、sum(dj)、max(dj)、min(dj)、avg(kcs)、sum(kcs)、avg(zks)、sum(zks)的值。其中，表达式 count(*)、avg(dj)、sum(dj)、max(dj)、min(dj)在此处用于按出版社分别统计记录个数、计算定价平均值、计算定价总和、求定价最大值、求定价最小值，其余类推。需要注意的是，输出这些数据时要和表格各列的标题所在的列相对应。

(2) Do While Not rs.eof … Loop 结构用于输出分类汇总与计算的结果，循环体每执行一次，可输出表格的一行，表格的单元格内显示上述 select 语句中各表达式的计算结果。该循环语句也可替换成以下更为通用和实用的代码(其运行结果完全相同)。

```
Do While Not rs.eof
  response.write "<tr>"
  For i = 0 To rs.fields.count - 1
    response.write "<td>"&rs(i)&"</td>"
  Next
  response.write "</tr>"
```

```
  rs.movenext
Loop
```

其中，循环体又嵌套了 For … Next 循环结构。For 循环的作用是输出当前记录各字段或表达式的值，该循环体共执行 rs.fields.count 次，每执行一次，可在一个单元格内输出相应字段或表达式的值。rs.fields.count 用于返回记录集内字段和相关表达式的总个数（此处值为 10）。

2. 更通用的分类汇总与计算功能的实现

1）图书分类汇总表单文件 tushuSubtotals.htm

如果要实现按不同的字段进行分类汇总与计算，则可通过一个表单选择分类汇总的依据（或称字段），再按所选择的依据内容（或字段）进行分类汇总与计算的处理。首先设计一个简单的用于选择分类汇总依据的表单界面，如图 6-15 所示。该表单对应的文件为 tushuSubtotals.htm，其代码如下。

图 6-15 图书分类汇总依据选择界面

```
<form action = "tushuSubtotals.asp" method = "POST">
请选择分类汇总的依据:<br>
<input type = radio name = yiju value = "chubanshe" checked>出版社
<input type = radio name = yiju value = "leibie">类别
<input type = radio name = yiju value = "tushumingcheng">图书名称
<br>
<input type = submit value = "提交">
<input type = reset value = "重置">
</form>
```

2）图书分类汇总处理文件 tushuSubtotals.asp

在图书分类汇总依据选择界面，选中“出版社”单选按钮后，单击“提交”命令按钮，则由服务器执行 tushuSubtotals.asp，返回按出版社分类汇总的处理结果。同样，如果选中“类别”（或“图书名称”）单选按钮，再单击“提交”按钮，则会由 tushuSubtotals.asp 文件按类别（或图书名称）进行分类汇总处理。创建图书分类汇总处理文件 tushuSubtotals.asp，该文件中的网页代码如下。

```
<%
Select Case request.form("yiju")
  Case "chubanshe"
    strFenleiZiduan = "cbs"
```

```
        strZiduanhanyi = "出版社"
      Case "leibie"
        strFenleiZiduan = "lb"
        strZiduanhanyi = "类别"
      Case "tushumingcheng"
        strFenleiZiduan = "tsmc"
        strZiduanhanyi = "图书名称"
    End Select
    set conn = server.createobject("adodb.connection")
    conn.open "driver = {Microsoft Access Driver ( *.mdb)};" &_
            "dbq = "&server.mappath("duzhejieyue.mdb")
    strSQL = "select " + strFenleiZiduan
    strSQL = strSQL + ",count( * ),avg(dj),sum(dj),max(dj),min(dj)"
    strSQL = strSQL + ",avg(kcs),sum(kcs),avg(zks),sum(zks)"
    strSQL = strSQL + "from tushu group by " + strFenleiZiduan
    set rs = server.createobject("adodb.recordset")
    rs.open strSQL,conn
    response.write "<table border = 1>"
    response.write "<caption>按"&strZiduanhanyi&_
                  "分类汇总处理结果</caption>"
    response.write "<tr>"
    response.write "<th>"&strZiduanhanyi&"</th>"&"<th>图书总数</th>"&_
                  "<th>平均定价</th><th>定价之和</th>"&_
                  "<th>最大定价</th><th>最小定价</th>"&_
                  "<th>平均库存数</th><th>总库存数</th>"&_
                  "<th>平均在库数</th><th>总在库数</th>"
    response.write "</tr>"
    Do While Not rs.eof
      response.write "<tr>"
      For i = 0 To rs.fields.count - 1
        response.write "<td>"&rs(i)&"</td>"
      Next
      response.write "</tr>"
      rs.movenext
    loop
    response.write "</table>"
    %>
```

3）图书分类汇总处理文件 tushuSubtotals.asp 中相关代码的说明

（1）Select Case … End Select 的语句结构定义了选择不同分类依据情况下的分类字段变量 strFenleiZiduan 和分类字段含义变量 strZiduanhanyi 的取值。当 request.form("yiju")的值为"chubanshe"时，表示在表单中选择了“出版社”单选按钮，这时，strFenleiZiduan 的值为"cbs"(对应于 tushu 表中的 cbs 字段)，strZiduanhanyi 的值为“出版社”。其余类推。

（2）几个 strSQL 赋值的表达式中，字符串"select "的字符“t”后面至少留有一个空格，同样，字符串"from tushu group by "的“by”后面也要求至少留有一个空格，否则运行时会出错。rs.open 语句中的 strSQL＝"select " ＋ strFenleiZiduan ＋ ", count(*), avg(dj), sum(dj), max(dj), min(dj), avg(kcs), sum(kcs), avg(zks), sum(zks) from tushu group by " ＋ strFenleiZiduan。

4）运行结果举例

在如图 6-15 所示的图书分类汇总依据选择界面，选择“出版社”按钮，单击“提交”按钮，返回处理结果如图 6-16 所示。

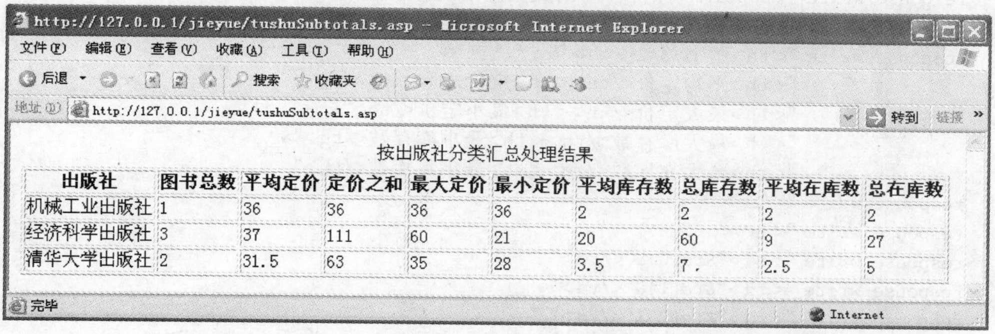

http://127.0.0.1/jieyue/tushuSubtotals.asp - Microsoft Internet Explorer

按出版社分类汇总处理结果

出版社	图书总数	平均定价	定价之和	最大定价	最小定价	平均库存数	总库存数	平均在库数	总在库数
机械工业出版社	1	36	36	36	36	2	2	2	2
经济科学出版社	3	37	111	60	21	20	60	9	27
清华大学出版社	2	31.5	63	35	28	3.5	7	2.5	5

图 6-16　tushuSubtotals. asp 的执行结果

3. 图书统计（不分组）

1）基础知识

和分类汇总与计算不同，图书记录的统计与计算是在整个数据表内或满足条件的记录中，统计记录数与计算数值型字段的数值之和、平均值、最大值、最小值。命令串中用到的 select 语句的基本形式如下：

Select 表达式 1，表达式 2，… from 表名 where 条件

其中，“表达式 1”、“表达式 2”等均可以用 count(∗)、avg(字段名)、sum(字段名)、max(字段名)、min(字段名)等函数形式，计算满足条件的记录数以及这些记录在数值型字段上的平均值、总和、最大值、最小值。如果 select 语句中不含“where 条件”子句，则所作的统计和计算都是针对整个数据表的。

例如，统计 tushu 表中经济科学出版社出版的书的数量、平均定价、定价之和、最大定价、最小定价、最大库存数、最小库存数、最大在库数、最小在库数，可用以下 select 语句：select count (∗), avg (dj), sum (dj), max (dj), min (dj), max (kcs), min (kcs), max(zks), min(zks) from tushu where cbs＝"经济科学出版社"。

2）图书统计文件 tushutongji. asp

假如要计算 tushu 表中经济科学出版社出版的书的总数、平均定价、定价之和、最大定价等各种统计数据，可创建图书统计文件 tushutongji. asp，该文件中的程序代码如下。

```
<%
set conn = server.createobject("adodb.connection")
conn.open "dbq = "&server.mappath("duzhejieyue.mdb")&_
        ";driver = {Microsoft Access Driver ( *.mdb)}"
strSQL = "select count( * ), avg(dj), sum(dj), max(dj), min(dj),"
strSQL = strSQL + "max(kcs), min(kcs), max(zks), min(zks)"
strSQL = strSQL + "from tushu where cbs = '经济科学出版社'"
set rs = server.createobject("adodb.recordset")
```

```
rs.open strSQL,conn
If rs.eof Then
  response.write "无满足条件的记录!"
Else
  response.write "<table border=1>"
  response.write "<caption>经济科学出版社图书统计信息</caption>"
  response.write "<tr>"
  response.write "<th>图书总数</th>"&_
                 "<th>平均定价</th><th>定价之和</th>"&_
                 "<th>最大定价</th><th>最小定价</th>"&_
                 "<th>最大库存数</th><th>最小库存数</th>"&_
                 "<th>最大在库数</th><th>最小在库数</th>"
  response.write "</tr>"
  response.write "<tr>"
  response.write "<td>"&rs(0)&"</td>"
  response.write "<td>"&rs(1)&"</td>"
  response.write "<td>"&rs(2)&"</td>"
  response.write "<td>"&rs(3)&"</td>"
  response.write "<td>"&rs(4)&"</td>"
  response.write "<td>"&rs(5)&"</td>"
  response.write "<td>"&rs(6)&"</td>"
  response.write "<td>"&rs(7)&"</td>"
  response.write "<td>"&rs(8)&"</td>"
  response.write "</tr>"
  response.write "</table>"
End If
%>
```

3）图书统计文件 tushutongji. asp 中相关代码的说明

（1）rs. open 语句中，strSQL＝"select count(＊)，avg(dj)，sum(dj)，max(dj)，min(dj)，max(kcs)，min(kcs)，max(zks)，min(zks) from tushu where cbs＝'经济科学出版社'"。由于 select 后面含有 9 个表达式，记录集 rs 打开后，可分别用 rs(0)、rs(1)、…、rs(8)来表示当前记录的各表达式的值，注意输出时要与表格中各列的标题相互对应。

（2）If … Else … End If 结构用于判断打开的记录集是否含有记录，如果刚打开记录集时，记录指针遇到文件尾，则提示“无满足条件的记录！”，否则表示记录集内有记录。由于在一定的范围内统计记录数、计算平均值、求和、求最大最小值等的操作都是只对应一个特定的值，所以记录集内最多只能包含一条记录，直接输出即可。tushutongji. asp 文件的运行结果如图 6-17 所示。

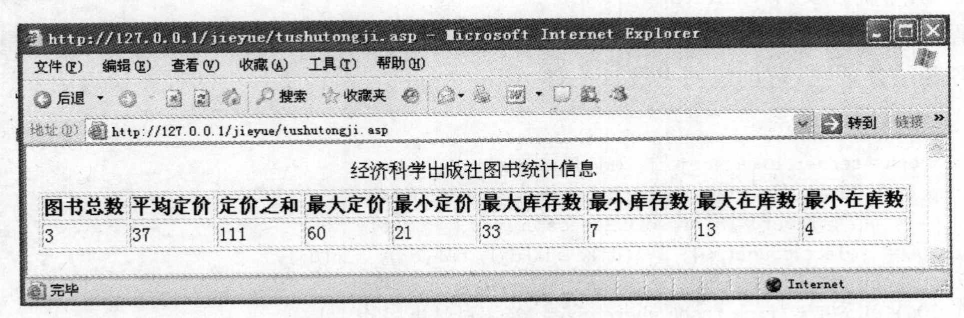

图 6-17　tushutongji. asp 的运行结果

(3) 打开记录集 rs 后，也可以分别用 rs(0). name、rs(1). name 等表示 select 语句后面的表达式对应的标题。如果第 i+1 个表达式是字段名，则 rs(i). name 的值就是该字段名（对应的字符串）；如果第 i+1 个表达式不是字段名，则 rs(i). name 的值就类似于“Expr1001”的形式。例如，可以将上述 tushutongji. asp 文件另存为 tushutongji2. asp，并将 If … Else … End If 结构中的代码替换成以下代码。

```
If rs.eof Then
  response.write "无满足条件的记录!"
Else
  response.write "<table border=1>"
  response.write "<caption>经济科学出版社图书统计信息</caption>"
  response.write "<tr>"
  For i=0 To rs.fields.count-1
    response.write "<th>"&rs(i).name&"</th>"
  Next
  response.write "</tr>"
  response.write "<tr>"
  For i=0 To rs.fields.count-1
    response.write "<td>"&rs(i)&"</td>"
  Next
  response.write "</tr>"
  response.write "</table>"
End If
```

这时，运行 tushutongji2. asp，其结果如图 6-18 所示。试比较 tushutongji2. asp 与 tushutongji. asp 的代码及运行结果，进一步掌握 rs(i)、rs(i). name 及 rs. fields. count 的含义及用法。

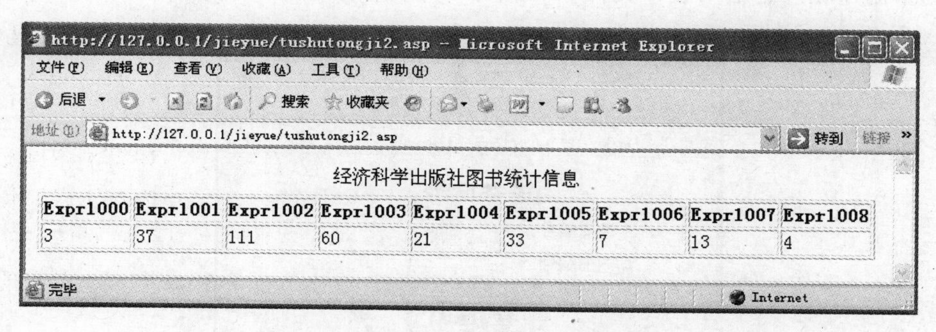

图 6-18 tushutongji2. asp 的运行结果

6.4 借阅管理

6.4.1 创建借阅表

利用 Microsoft Access 在文件名为 duzhejieyue. mdb 的读者借阅数据库中建立名为“jieyuetushu”的借阅图书数据表（简称 jieyuetushu 表），表的结构如表 6-3 所示。

表 6-3 jieyuetushu 表的结构

字段名称	数据类型	字段大小	备注
dzbh	文本	5	读者编号,外键
tsbh	文本	5	图书编号,外键
jyrq	日期/时间		借阅日期
ghrq	日期/时间		归还日期
hsbj	文本	1	还书标记

6.4.2 借书信息管理

1. 借书操作简述

借书操作发生时,应当向反映借阅信息的数据库表中增加相应的借阅记录。也就是说,当读者借书时,需要将借书信息保存至 jieyuetushu 表。借书处理的基本流程是,先查待借图书是否在库,再查读者借书有无超期或是否超过允许借书册数,如果有超期未还图书或借书册数已达到最大允许值,则不允许借书;否则,可将借阅信息写入 jieyuetushu 表中,借书日期取系统当前日期,同时将 tushu 表中对应图书的在库数减 1。

要实现借书处理功能,可先设计和建立借书表单(界面),再创建借书处理文件。

2. 借书表单界面和借书表单文件 jieshu.htm

为实现读者借书操作,可设计和建立借书表单(界面),如图 6-19 所示。单击"提交"按钮,由服务器执行借书处理(对应文件 jieshu.asp);单击"重填"按钮,则清空表单的输入区域。据此,创建相应的借书表单文件 jieshu.htm,该表单文件中的网页代码如下。

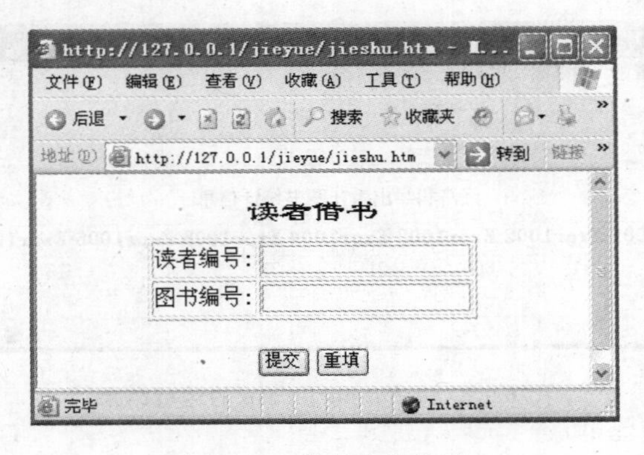

图 6-19 借书表单界面

```
<form action = "jieshu.asp" method = "post">
<table border = 1 align = center >
<caption>< font face = "隶书" size = 5 >读者借书</font ></caption >
<tr>< td align = right >读者编号:</td>
     <td>< input type  = "text" name = "dzbh" maxlength = 5 ></td></tr>
<tr>< td align = right >图书编号:</td>
     <td>< input type  = "text" name = "tsbh" maxlength = 5 ></td></tr>
```

```
</table>
<br>
<table align = center border = 0>
<tr>
<td align = right><input type = "submit" value = "提交"></td>
<td><input type = "reset" value = "重填"></td>
</tr>
</table>
</form>
```

3. 借书处理

1) 读者借书处理的程序流程

在借书表单界面,单击“提交”按钮,若输入区域(文本框)中没有输入数据或输入的是由空格组成的字符串,则在新的页面出现超链接“读者编号、图书编号均不能为空,请返回重新输入!”,可单击此链接返回到借书表单界面;若输入的读者编号不在 duzhe 表中,则在新页面显示超链接“读者编号不在读者表中,请先注册!”,可单击此链接返回前一个借书表单界面,以继续操作;若读者编号合法(出现在 duzhe 表中),但输入的图书编号不正确(没出现在 tushu 表中),则在新的页面出现超链接“库中无此图书!”,可单击此链接返回前一个借书表单界面,以继续操作。

若读者编号和图书编号都合法,则依据读者所借图书是否在库数为 0、是否超过允许最大借书册数、是否有未还超期图书、是否有未还的已借相同图书等的情况,判断读者是否允许借书。当待借图书的在库数大于 0 时,如果已借且未还的图书累计至 10 本,则出现超链接“您已借 10 本书,暂不能再借!”;如果存在已借且未还的图书超期,则出现类似“您有 1 本书超期未还,暂不能再借!”的超链接;如果已借相同的图书但还未归还,则出现超链接“您已借相同的书 1 本未还,暂不能再借!”;单击这些超链接均可返回借书表单界面。

若读者编号和图书编号都合法,而且所借图书的在库数大于 0、未还图书没有达到允许最大借书册数、未还图书均没有超期、没有未还的已借相同图书,则读者可以借书,并把借书表单中已输入的读者编号、图书编号添加到 duzhejieyue 表,借阅日期用系统当前日期表示,还书标记设置为空字符串,归还日期不填。同时,应将 tushu 表中相同图书编号的记录的在库数自动减 1。借书处理完成后应重定向到借书表单,以便继续执行借书操作。读者借书处理程序流程如图 6-20 所示。

2) 借书处理文件 jieshu. asp

根据读者借书处理的程序流程,创建借书处理文件 jieshu. asp,该文件中的网页代码如下。

```
<%
strDzbh = Trim(request.form("dzbh"))
strTsbh = Trim(request.form("tsbh"))
If Len(strDzbh)<> 0 and Len(strTsbh)<> 0 Then
   set conn = server.createobject("adodb.connection")
   conn.open "DRIVER = {Microsoft Access Driver (*.MDB)};"&_
          "DBQ = "&server.mappath("duzhejieyue.mdb")
   set rs = server.createobject("adodb.recordset")
```

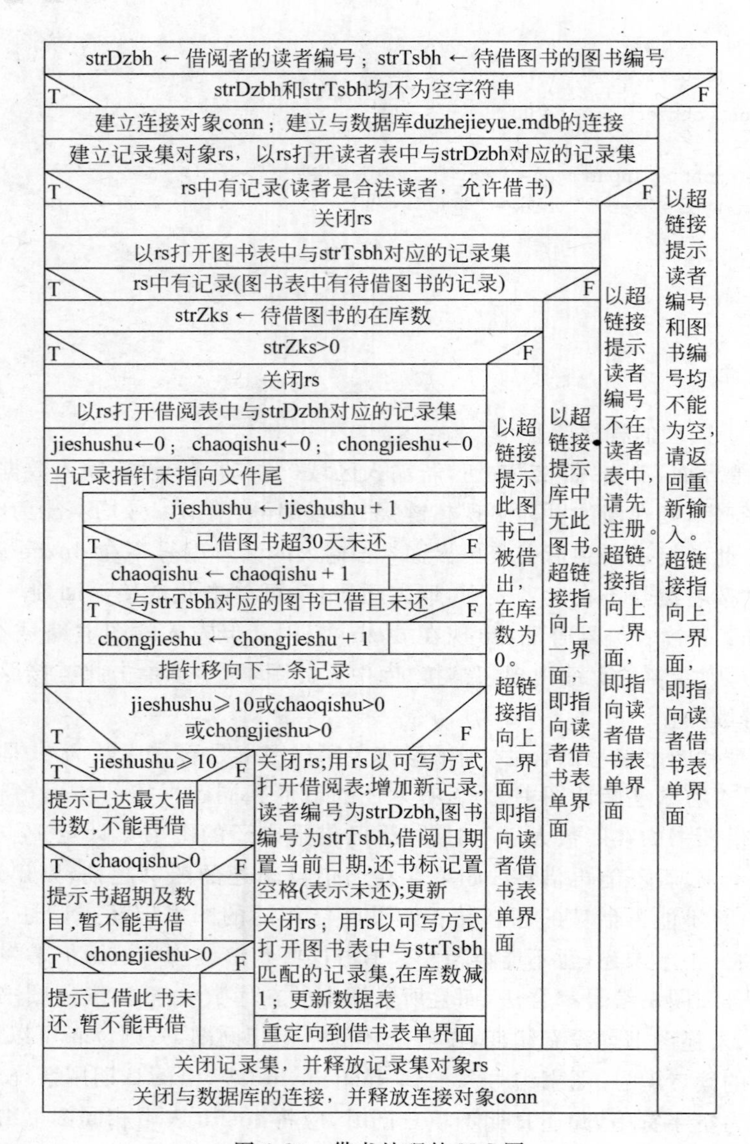

图 6-20　借书处理的 N-S 图

```
rs.open "select * from duzhe where dzbh = '"&strDzbh&"'",conn
If not rs.eof Then
  rs.close
  rs.open "select * from tushu where tsbh = '"&strTsbh&"'",conn
  If Not rs.eof Then
   strZks = rs("zks")
   If strZks > 0 Then
      rs.close
      rs.open "select * from jieyuetushu where dzbh = '"&strDzbh&"'",conn
      jieshushu = 0    '借书数变量初始化为 0
      chaoqishu = 0    '超期数变量初始化为 0
      chongjieshu = 0    '重借数变量初始化为 0
      Do While Not rs.eof
```

```
            jieshushu = jieshushu + 1    '记录指针每指向一条新记录,借书数加 1
            If Date() - rs("jyrq")> 30 And Trim(rs("hsbj")) = Space(0) Then
               chaoqishu = chaoqishu + 1   '借书超过 30 天未还,超期数加 1
            End If
            If Trim(rs("tsbh")) = strTsbh And Trim(rs("hsbj")) = Space(0) Then
               chongjieshu = chongjieshu + 1  '已借此书未还,重借数加 1
            End If
            rs.movenext
          loop
          If jieshushu > = 10 Or chaoqishu > 0 Or chongjieshu > 0 Then
            If jieshushu > = 10 Then
               response.write "< a href = javascript:history.back()>"&_
                           "您已借"&jieshushu&"本书,暂不能再借!</a>"
            End If
            If chaoqishu > 0 Then
               response.write "< br >< a href = javascript:history.back()>您有"&_
                           chaoqishu&"本书超期未还,暂不能再借!</a>"
            End If
            If chongjieshu > 0 Then
               response.write "< br >< a href = javascript:history.back()>"&_
                      "您已借相同的书"&chongjieshu&"本未还,暂不能再借!</a>"
            End If
          Else
            rs.close
            rs.open "select * from jieyuetushu",conn,3,3
            rs.addnew
            rs.fields.item("dzbh") = strDzbh
            rs.fields.item("tsbh") = strTsbh
            rs.fields.item("jyrq") = Date()
            rs.fields.item("hsbj") = Space(0)  '刚借的书的还书标记为 0 个空格
            rs.update
            rs.close
            rs.open "select * from tushu where tsbh = '"&strTsbh&"'",conn,3,3
            rs("zks") = rs("zks") - 1  'tushu 表中所借书的在库数自动减 1
            rs.update
            response.redirect "jieshu.htm"     '重定向到借书表单界面
          End If
       Else
          response.write "< a href = javascript:history.back()>"&_
                    "此图书已被借出,在库数为 0!</a>"
       End If
    Else
       response.write "< a href = javascript:history.back()>"&_
                    "库中无此图书!</a>"
    End If
Else
    response.write "< a href = javascript:history.back()>"&_
                "读者编号不在读者表中,请先注册!</a>"
End If
rs.close
set rs = nothing
```

```
    conn.close
    set conn = nothing
Else
    response.write "<a href = javascript:history.back()>"&_
    "读者编号、图书编号均不能为空,请返回重新输入!</a>"
End If
%>
```

6.4.3 还书信息管理

1. 还书操作简述

还书操作发生时,应当向反映借阅信息的数据库表中写入相应图书的归还日期和还书标记,并将在库数自动增加 1。

要实现还书处理功能,可先设计和建立还书表单(界面),再创建还书处理文件。

2. 还书表单界面及还书表单文件 huanshu.htm

为完成读者还书操作,可设计还书表单界面,如图 6-21 所示。单击“提交”按钮,由服务器执行还书处理(对应文件 huanshu. asp);单击“重填”按钮,则清空表单的输入区域。据此,创建还书表单文件 huanshu. htm,该表单文件中的网页代码如下。

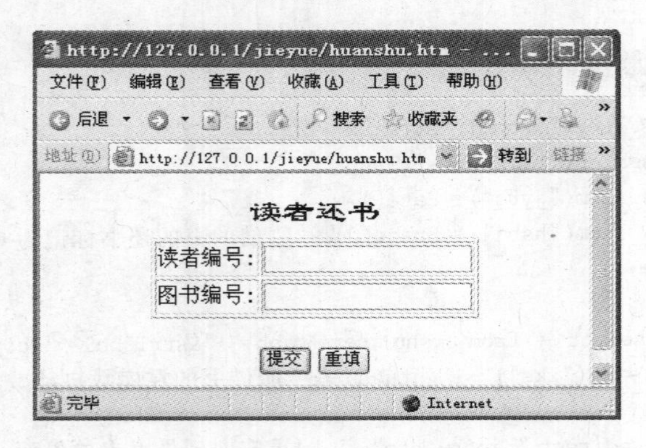

图 6-21 还书表单界面

```
<form action = "huanshu.asp" method = "post">
<table border = 1 align = center>
<caption><font face = "隶书" size = 5>读者还书</font></caption>
<tr><td align = right>读者编号:</td>
        <td><input type  = "text" name = "dzbh" maxlength = 5></td></tr>
<tr><td align = right>图书编号:</td>
        <td><input type  = "text" name = "tsbh" maxlength = 5></td></tr>
</table>
<br>
<table align = center border = 0>
<tr>
<td align = right><input type = "submit" value = "提交"></td>
<td><input type = "reset" value = "重填"></td>
```

```
</tr>
</table>
</form>
```

3. 还书处理

1）读者还书处理的程序流程

在还书表单界面，单击“提交”按钮，若表单上的读者编号和图书编号输入区域有空白值(没有输入字符或输入的是空格组成的字符串)，则在新页面出现超链接“读者编号、图书编号均不能为空，请返回重新输入！”，可单击该链接返回还书表单；若表单的读者编号和图书编号输入区域均输入了非空字符串所代表的数据，则有以下两种情况：①如果读者编号或图书编号不正确(在 jieyuetushu 表中不存在)，或编号都正确但读者没有借此书，或读者虽借过该书但已经归还，则在新的页面出现与提示信息“没有读者 D0002 借阅图书 T0003 且未还的信息，暂不能还书！”类似的超链接，可单击该链接返回还书表单；②如果 jieyuetushu 表中有表示读者借此书且未还的记录，则允许还书，同时 jieyuetushu 表中相应记录的归还日期置为系统的当前日期，还书标记置为字符“1”，而且需要将 tushu 表中该图书的在库数自动增加 1。还书处理完成后应重定向到还书表单，以便继续执行还书操作。读者还书处理流程如图 6-22 所示。

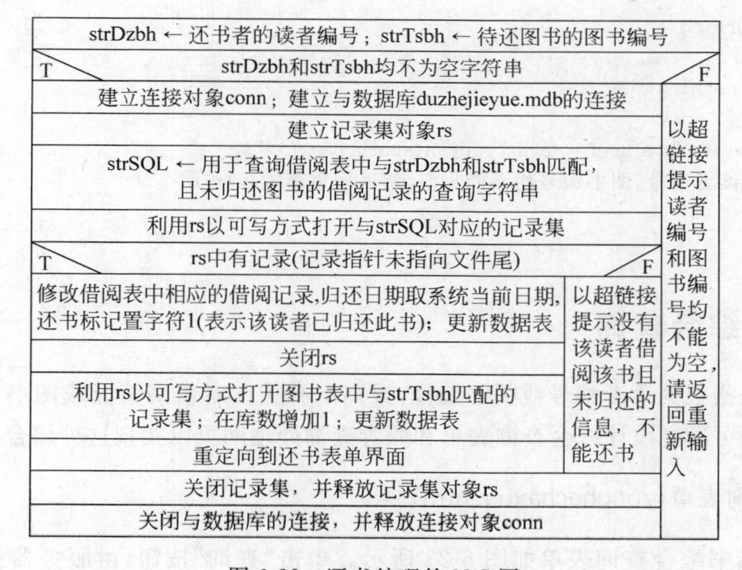

图 6-22 还书处理的 N-S 图

2）还书处理文件 huanshu.asp

根据读者还书处理的程序流程，创建还书处理文件 huanshu.asp，该文件中的网页代码如下。

```
<%
strDzbh = Trim(request.form("dzbh"))
strTsbh = Trim(request.form("tsbh"))
If Len(strDzbh)<> 0 And Len(strTsbh)<> 0 Then
```

```
set conn = server.createobject("adodb.connection")
conn.open "DRIVER = {Microsoft Access Driver ( * .MDB)};"&_
        "DBQ = "&server.mappath("duzhejieyue.mdb")
set rs = server.createobject("adodb.recordset")
strSQL = "select * from jieyuetushu where dzbh = '" + strDzbh + "'"
strSQL = strSQL + " and tsbh = '" + strTsbh + "' and trim(hsbj) = space(0)"
rs.open strSQL,conn,3,3
If not rs.eof Then
  rs.fields.item("ghrq") = Date()  '归还日期取还书时的系统当前日期
  rs.fields.item("hsbj") = "1"  '还书后还书标记为字符 1
  rs.update
  rs.close
  rs.open "select * from tushu where tsbh = '"&strTsbh&"'",conn,3,3
  rs("zks") = rs("zks") + 1  'tushu 表中所还图书的在库数自动加 1
  rs.update
  response.redirect "huanshu.htm"  '重定向到还书表单界面
Else
  response.write "<a href = javascript:history.back()>"&_
          "没有读者"&strDzbh&"借阅图书"&strTsbh&_
          "且未还的信息,暂不能还书!</a>"
End If
rs.close
set rs = nothing
conn.close
set conn = nothing
Else
  response.write "<a href = javascript:history.back()>"&_
        "读者编号、图书编号均不能为空,请返回重新输入!</a>"
End If
%>
```

6.4.4 综合查询

综合查询是指根据读者编号或图书编号,查询出有关读者借书情况或图书被读者借阅情况的综合信息。可通过设计综合查询表单和综合查询处理网页以实现这种综合查询的功能。

1. 综合查询表单(zonghechaxun.htm)

设计读者借书综合查询表单如图 6-23 所示。单击“查询”按钮,由服务器执行查询处理(对应于综合查询处理文件 zonghechaxun.asp);单击“重填”按钮清空表单的数据输入区域。据此,创建综合查询表单文件 zonghechaxun.htm,该文件中的网页代码如下。

```
<form action = "zonghechaxun.asp" method = "post">
<table border = 1 align = center >
<caption><font face = "隶书" size = 5 >读者借书综合查询</font></caption>
<tr><td align = right >读者编号:</td>
    <td><input type = "text" name = "dzbh"></td></tr>
<tr><td align = right >图书编号:</td>
    <td><input type = "text" name = "tsbh"></td></tr>
```

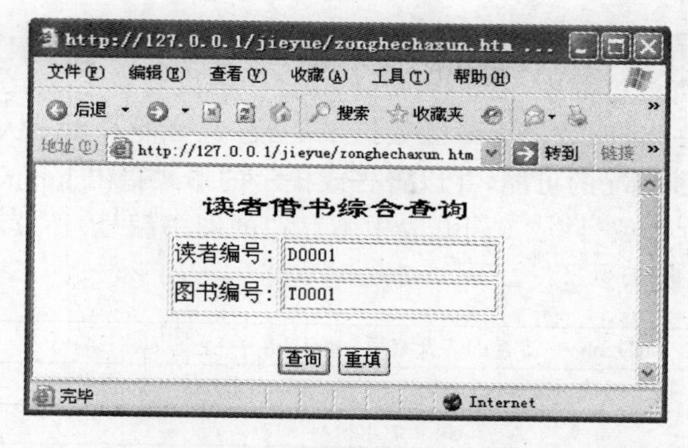

图 6-23　借书综合查询(按读者编号和/或图书编号)

```
</table>
<br>
<table align = center border = 0>
<tr>
<td align = right><input type = "submit" value = "查询"></td>
<td><input type = "reset" value = "重填"></td>
</tr>
</table>
</form>
```

2. 综合查询处理(zonghechaxun.asp)

1) 综合查询处理的程序流程

在读者借书综合查询表单,单击“查询”按钮,由服务器对表单的查询请求进行处理,处理完成后返回查询结果,如图 6-24 所示。查询功能的处理逻辑是:若表单中的读者编号和图书编号都为空字符串(即表单中没有输入任何数据或输入了仅由空格组成的字符串),则将所有读者的全部借书信息显示出来;若读者编号为非空字符串,而图书编号为空字符串,则将指定读者的借书信息全部显示出来;若没有输入读者编号或只输入若干空格,但输入了图书编号(不为空),则将指定图书的被借阅信息全部显示出来。若读者没有借书(或图书没有被借阅),则在新的页面提示“无找到相关记录!”和超链接“[请单击此链接返回]”,可单击此链接返回读者借书综合查询表单,继续执行查询操作。

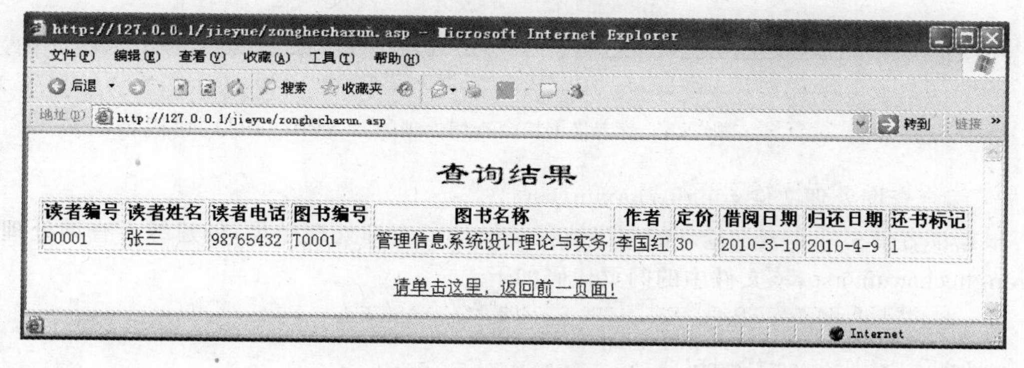

读者编号	读者姓名	读者电话	图书编号	图书名称	作者	定价	借阅日期	归还日期	还书标记
D0001	张三	98765432	T0001	管理信息系统设计理论与实务	李国红	30	2010-3-10	2010-4-9	1

图 6-24　借书综合查询结果

综合查询的处理结果涉及 duzhe、tushu、jieyuetushu 表中的数据，查询结果中的字段可根据实际需要确定。查询过程中，若 jieyuetushu 表中的读者编号（或图书编号）在 duzhe 表（或 tushu 表）中不存在，说明数据库中的数据不一致，这可能是由于人工增删数据造成的，程序中应考虑出现这种情况的可能，并以警告或提示的形式指出 jieyuetushu 表中所包含的 duzhe 表中不存在的读者编号（或 tushu 表中不存在的图书编号）。读者借书综合查询处理的程序流程如图 6-25 所示。

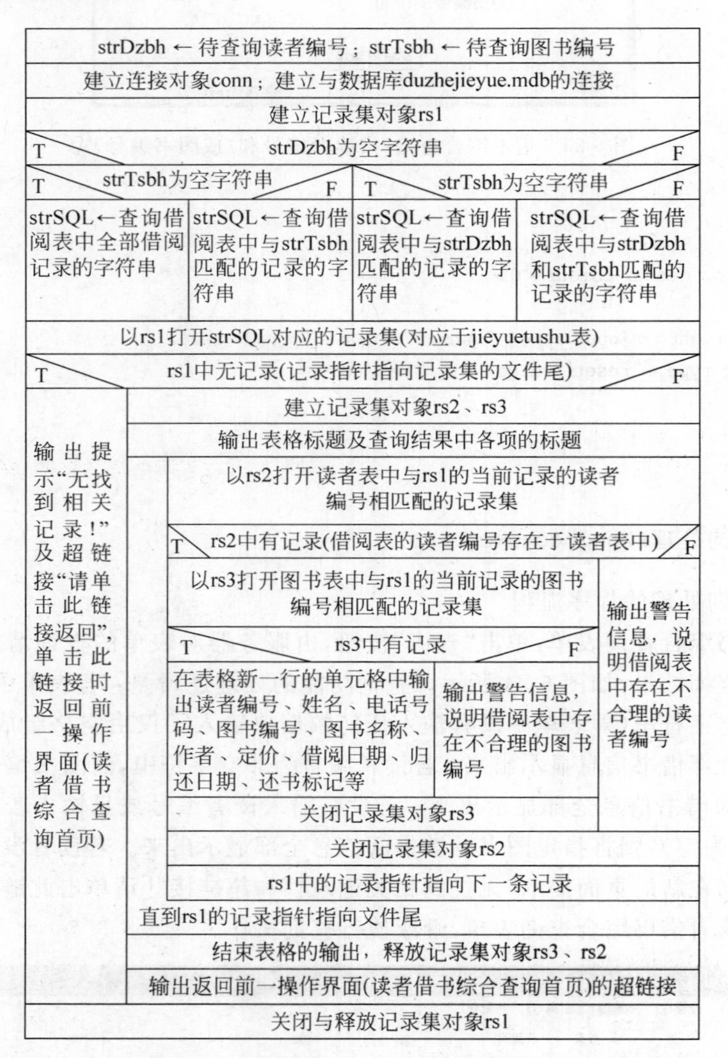

图 6-25　读者借书综合查询处理的 N-S 图

2）综合查询处理文件 zonghechaxun.asp

根据读者借书综合查询处理的程序流程及设计的查询处理结果，创建综合查询处理文件 zonghechaxun.asp，该文件中的网页代码如下。

```
<%
strDzbh = Trim(request("dzbh"))
```

```
strTsbh = Trim(request("tsbh"))
set conn = server.createobject("ADODB.Connection")
conn.open "Driver = {Microsoft Access Driver ( * .mdb)};DBQ = "&_
          server.mappath("duzhejieyue.mdb")
set rs1 = server.createobject("ADODB.Recordset")
If Len(strDzbh) = 0 Then
  If Len(strTsbh) = 0 Then
    strSQL = "select * from jieyuetushu"
  Else
    strSQL = "select * from jieyuetushu where tsbh = '"& strTsbh &"'"
  End If
Else  '输入的待查询读者编号不为空字符串
  If Len(strTsbh) = 0 Then
    strSQL = "select * from jieyuetushu where dzbh = '"& strDzbh &"'"
  Else
    strSQL = "select * from jieyuetushu where dzbh = '"
    strSQL = strSQL + strDzbh + "' and tsbh = '" + strTsbh + "'"
  End If
End If
rs1.open strSQL,conn
If rs1.eof Then
  response.write "无找到相关记录!<br>"
  response.write "<a href = 'javascript:history.back()'>[请单击此链接返回]</a>"
Else
  set rs2 = server.createobject("ADODB.Recordset")
  set rs3 = server.createobject("ADODB.Recordset")
  response.write "<table align = center border = 1>"
  response.write "<caption><font face = 隶书 size = 6>查询结果</font></caption>"
  response.write "<tr>"
  response.write "<th>读者编号</th><th>读者姓名</th><th>读者电话</th>"&_
                 "<th>图书编号</th><th>图书名称</th><th>作者</th>"&_
                 "<th>定价</th><th>借阅日期</th>"&_
                 "<th>归还日期</th><th>还书标记</th>"
  response.write "</tr>"
  Do
    rs2.open "select * from duzhe where dzbh = '" & rs1("dzbh") & "'",conn
    If Not rs2.eof Then
      rs3.open "select * from tushu where tsbh = '" & rs1("tsbh") & "'",conn
      If Not rs3.eof Then
        response.write "<tr>"
        response.write "<td>"&rs1("dzbh")&"</td>"
        response.write "<td>"&rs2("xm")&"</td>"
        response.write "<td>"&rs2("dhhm")&"</td>"
        response.write "<td>"&rs1("tsbh")&"</td>"
        response.write "<td>"&rs3("tsmc")&"</td>"
        response.write "<td>"&rs3("zz")&"</td>"
        response.write "<td>"&rs3("dj")&"</td>"
        response.write "<td>"&rs1("jyrq")&"</td>"
        response.write "<td>"&rs1("ghrq")&"</td>"
        response.write "<td>"&rs1("hsbj")&"</td>"
        response.write "</tr>"
```

```
      Else
        response.write "警告：jieyuetushu 表中存在不合理的图书编号"&_
                       rs1("tsbh") & "!<br>"
      End If
      rs3.close
    Else
      response.write "警告：jieyuetushu 表中存在不合理的读者编号"&_
                     rs1("dzbh") & "!<br>"
    End If
    rs2.close
    rs1.movenext
  Loop Until rs1.eof
  response.write "</table>"
  Set rs3 = Nothing
  Set rs2 = Nothing
  response.write "<p align = center><a href = javascript:history.back()>"&_
                 "请单击这里,返回前一页面!</a></p>"
End If
rs1.close
Set rs1 = Nothing
%>
```

3）相关说明

综合查询处理文件 zonghechaxun.asp 中，If Len(strDzbh)=0 Then … Else … End If 用于表示出与待查询读者编号和图书编号对应的不同情况下的查询字符串，这部分的代码也可替换成以下的 If … ElseIf … Else … End If 结构：

```
If Len(strDzbh) = 0 And Len(strTsbh) = 0 Then
  strSQL = "select * from jieyuetushu"
ElseIf Len(strDzbh)<> 0 And Len(strTsbh) = 0 Then
  strSQL = "select * from jieyuetushu where dzbh = '"& strDzbh &"'"
ElseIf Len(strDzbh) = 0 And Len(strTsbh)<> 0 Then
  strSQL = "select * from jieyuetushu where tsbh = '"& strTsbh &"'"
Else   '输入的待查询读者编号和图书编号均不为空字符串
  strSQL = "select * from jieyuetushu where dzbh = '"
  strSQL = strSQL + strDzbh + "' and tsbh = '" + strTsbh + "'"
End If
```

6.5 功能集成

1. 功能集成操作界面

各种具体功能实现以后，就可以通过一个用户界面将这些功能集成起来，以方便用户操作。当然，针对不同权限的用户，可以设计出不同的操作界面。例如，作为系统管理人员的超级用户具有全部操作权限，普通用户的权限只限于查询操作。将不同权限的操作功能绑定于相应的用户界面，具有特定权限的用户只能利用实现其特定功能的用户界面。不管是哪种权限的用户使用的界面，其设计与实现没有一个固定的模式，只要方便易用就行。这里以具有最高操作权限的超级用户操作界面设计为例，以 HTML 代码实现读者借书管理各种功能的集成，其操作界面如图 6-26 所示。

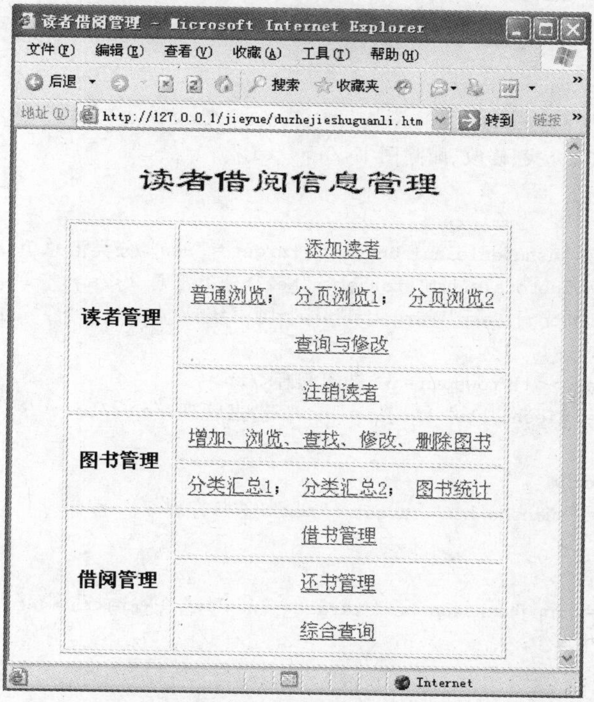

图 6-26　读者借书管理界面(适用于管理人员)

2. 读者借书管理界面文件 duzhejieshuguanli.htm

根据读者借书管理的操作界面，创建读者借书管理文件 duzhejieshuguanli.htm，该文件中的网页代码如下。

```
<html>
<head><title>读者借阅管理</title></head>
<body>
<table border = 1 align = "center" cellpadding = 10 >
<caption><font face = "隶书" size = 6 >读者借阅信息管理</font></caption>
<tr align = "center">
   <th rowspan = 4 >读者管理</th>
   <td><a href = "duzhezengjia.htm" target = "new">添加读者</a></td>
</tr>
<tr align = "center">
   <td><a href = "duzheliulan.asp" target = "new">普通浏览</a>;
   <a href = "duzhefenyeliulan1.asp" target = "new">分页浏览 1 </a>;
   <a href = "duzhefenyeliulan2.asp" target = "new">分页浏览 2 </a></td>
</tr>
<tr align = "center"><td><a href = "duzhechaxun.htm" target = "new">
   查询与修改</a></td>
```

```
</tr>
<tr align="center">
    <td><a href="duzheshanchu.htm" target="new">注销读者</a></td>
</tr>
<tr align="center">
    <th rowspan=2>图书管理</th>
    <td><a href="tushuguanlishouye.asp" target="new">
        增加、浏览、查找、修改、删除图书</a></td>
</tr>
<tr align="center">
    <td><a href="tushufenleihuizong.asp" target="new">分类汇总 1</a>;
    <a href="tushuSubtotals.htm" target="new">分类汇总 2</a>;
    <a href="tushutongji.asp" target="new">图书统计</a></td>
</tr>
<tr align="center"><th rowspan=3>借阅管理</th>
    <td><a href="jieshu.htm" target="new">借书管理</a></td>
</tr>
<tr align="center">
    <td><a href="huanshu.htm" target="new">还书管理</a></td>
</tr>
<tr align="center">
    <td><a href="zonghechaxun.htm" target="new">综合查询</a></td>
</tr>
</table>
</body>
</html>
```

3. 相关说明

可以用类似的方法设计适用于一般读者(或普通用户)的读者借书查询界面，并建立读者借书查询文件 duzhejieshuchaxun.htm，以方便这类用户执行相关查询功能。

6.6 用户登录

6.6.1 用户登录概述

用户登录是使用信息管理系统的必不可少的步骤。通过登录，可保证合法用户在被赋予的权限内正常使用系统，保证零权限的用户不得使用系统。使用读者借书信息系统前，也应该首先进行用户登录。

用户登录时，必须提供账号、口令及用户的类型。一般读者(或普通用户)的账号和口令可分别用 duzhe(读者)表中的姓名和读者编号表示，管理员(或超级用户)的账号和口令可专门保存在一个被称为 guanliyuan(管理员)的数据表中。这里，首先利用 Microsoft Office Access 在读者借阅数据库(duzhejieyue.mdb)中再创建一个 guanliyuan 数据表(或称为 guanliyuan 表)，假设该表的结构如表 6-4 所示。

表 6-4　guanliyuan 表的结构

字段名称	数据类型	备　注
zhanghao	文本	账号,主键
kouling	文本	口令
bumen	文本	部门
dianhua	文本	电话

可利用 Access 直接向 guanliyuan 表中添加各管理人员的相关记录数据,或利用前述方法设计用于记录添加的表单界面及用于记录添加处理的 ASP 文件,从而实现管理员信息的添加功能。

6.6.2　用户登录表单

1. 用户登录表单界面设计

设计读者借书信息系统(或读者借阅系统)的用户登录表单界面,如图 6-27 所示。用户输入账号和口令,并选择合适的用户类型,单击登录按钮时执行登录处理(对应于文件 denglu.asp),单击"重填"按钮时重置表单。

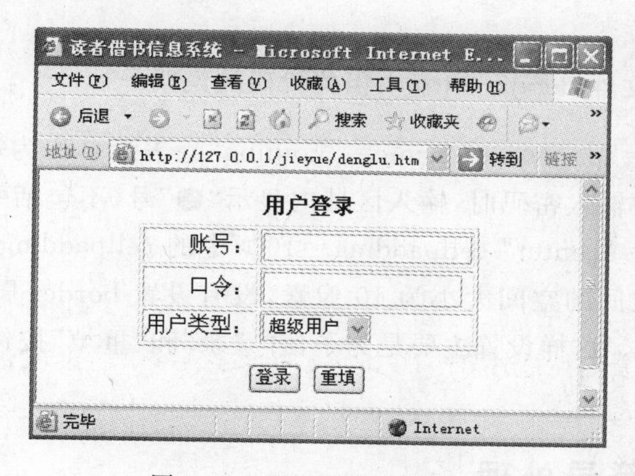

图 6-27　用户登录表单界面

2. 用户登录表单文件 denglu.htm

假定输入的口令字符显示为"●"(不包括引号),用户类型包含超级用户和普通用户两种类型,建立用户登录表单文件 denglu.htm,该文件中的网页代码如下。

```
<html>
<head><title>读者借书信息系统</title></head>
<body>
<form action = "denglu.asp" method = "POST">
<table align = "center" border = 1>
  <caption><b>用户登录</b></caption>
  <tr><td align = "right">账号: </td>
      <td><input type = "text" name = "zhanghao"></td></tr>
  <tr><td align = "right">口令: </td>
```

```
        <td><input type="password" name="kouling"></td></tr>
    <tr><td align="right">用户类型：</td>
        <td>
            <select name="yonghu" size=1>
                <option value="putong">普通用户
                <option value="chaoji" selected>超级用户
            </select>
        </td>
    </tr>
</table>
<table align="center" cellpadding=10>
    <tr><td align="center">
        <input type="submit" value="登录">
        <input type="reset" value="重填"></td>
    </tr>
</table>
</form>
</body>
</html>
```

3. 用户登录表单文件 denglu.htm 中相关代码的说明

(1) <input type="password" name="kouling">表示名称为 kouling 的密码输入区域，表单运行期间，用户输入密码时，输入区域内显示"●"号(不包括引号)。

(2) <table align="center" cellpadding=10>中的 cellpadding=10 表示表格的单元格边框与其内部内容之间的空间大小为 10 像素，没有设置 border 属性表示边框宽度为默认值 0(即不显示边框)。这样设置主要是为了使"登录"和"重填"按钮与其上边的表格之间保持恰当的间距。

6.6.3 用户登录处理

1. 用户登录处理流程

单击用户登录表单界面的"登录"按钮后，由服务器执行 denglu.asp 文件以完成登录处理。登录处理的大致流程是：

(1) 接收从用户登录表单传递来的账号、口令和用户类型，并建立与数据库的连接。

(2) 如果是超级用户类型，则打开 guanliyuan 数据表，检查此数据表中有无匹配的账号和口令。如果有，则打开具有全部操作权限的超级用户操作界面(对应于文件 duzhejieshuguanli.htm)，否则提示账号或口令不对，不能使用读者借书信息系统。

(3) 如果是普通用户，则打开 duzhe 数据表，检查此表中是否有读者姓名与账号匹配，同时读者编号与口令匹配的记录。如果有，则打开具有查询操作权限的普通用户操作界面(对应于文件 duzhejieshuchaxun.htm)，否则提示账号或口令不对，不能使用读者借书信息系统。

2. 用户登录处理文件 denglu.asp

创建用户登录处理文件 denglu.asp，该文件中的网页代码如下。

```
<%
strZhanghao = request.Form("zhanghao")
strKouling = request.Form("kouling")
strYonghu = request.Form("yonghu")
Set conn = server.CreateObject("adodb.connection")
conn.open "driver = {Microsoft Access Driver ( * .mdb)};dbq = " &_
        server.mappath("duzhejieyue.mdb")
Select Case strYonghu
  Case "chaoji"
    strSQL = "select * from guanliyuan where kouling = '" + strKouling
    strSQL = strSQL + "' and zhanghao = '" + strZhanghao + "'"
    Set rs = conn.execute(strSQL)
    If not rs.eof Then
      response.redirect("duzhejieshuguanli.htm")
    Else
      response.write "<a href = 'denglu.htm'>账号或口令不对,"
      response.write "不能使用读者借书信息系统</a>"
    End If
  Case "putong"
    strSQL = "select * from duzhe where dzbh = '" + strKouling
    strSQL = strSQL + "' and xm = '" + strZhanghao + "'"
    Set rs = conn.execute(strSQL)
    If not rs.eof Then
      server.transfer("duzhejieshuchaxun.htm")
    Else
      response.write "<a href = 'denglu.htm'>账号或口令不对,"
      response.write "不能使用读者借书信息系统</a>"
    End If
End Select
%>
```

3. 用户登录处理文件 denglu.asp 中相关代码的说明

用户登录处理文件 denglu.asp 中，response.redirect("duzhejieshuguanli.htm")的作用是重定向到 duzhejieshuguanli.htm 对应的网页。在重定向操作过程中，客户端与服务器端需要进行两次来回的通信，第一次通信是对原始页面的请求，得到一个目标已经改变的应答，第二次通信是请求 Response.Redirect 指向的新页面，得到重定向的页面(如重定向到读者借书管理界面，URL 地址栏显示的文件名是 duzhejieshuguanli.htm)。此语句可用 server.transfer("duzhejieshuguanli.htm")替换，Server.Transfer 方法把执行流程从当前的 ASP 文件转到同一服务器上的另一个网页(如转到读者借书管理界面，URL 地址栏显示的文件名是 denglu.asp)。与 Response.Redirect 方法相比，使用 Server.Transfer 方法时，客户端与服务器端只需进行一次通信，因而需要的网络通信量较小，可获得更好的性能和浏览效果。

思考题

1. 已知学生选课数据库 xsxk. mdb 中包含学生表 xuesheng、课程表 kecheng、选课表 xuanke,表的结构如表 1-23～表 1-25 所示(见第 1 章思考题第 10 题)。

① 试根据这些表的结构,用 E-R 模型表示出该学生选课系统的概念结构,并分析学生选课系统应实现哪些主要功能。

② 假设学生信息管理功能已按第 5 章思考题中第 1 题的要求进行了设计。试在此基础上完善学生信息删除功能,使得当 xuanke 表中存在某学号对应的选课记录时,不能在 xuesheng 表中对该学号所在的记录进行删除;设计代码,统计 xuesheng 表中各班男生人数、女生人数和总人数。

③ 设计课程信息查询与管理表单,并设计相关代码,使得通过该表单界面实现课程信息的添加、查询、修改、删除等功能;注意当 xuanke 表中存在某课程号对应的学生选课记录时,不能删除 kecheng 表中该课程号对应的记录。

④ 设计学生选课表单,并设计代码,使得各学生可通过该表单将自己的选课信息(包括学号、课程号)保存在 xuanke 表,从而实现学生选课功能;注意 xuanke 表中的学号必须已存在于 xuesheng 表中,课程号必须已存在于 kecheng 表中。

⑤ 设计学生成绩录入表单,并设计代码,使教师或管理员可以将学生的成绩保存至 xuanke 表。

⑥ 设计学生成绩查询表单,实现按学号查询该学号对应的相关课程的成绩,按课程号查询该课程号对应的全部学生的成绩,以及按学号、课程号查询指定学生特定课程的成绩。

⑦ 设计学生成绩修改表单,实现按学号和课程号查询特定记录,并修改相应成绩的功能。

⑧ 设计学生成绩删除表单,实现按学号和课程号查询特定记录,并删除相应记录的功能。

⑨ 分别设计供管理员、学生使用的学生选课功能集成界面,实现对学生选课及成绩的管理功能。

2. 在上述学生选课数据库 xsxk. mdb 中创建 guanliyuan(管理员)数据表,表的结构如第 6.6.1 节表 6-4 所示。

① 设计管理员注册表单,并设计代码,实现管理员信息录入功能。

② 设计用户登录表单,并设计代码,实现用户登录功能;注意按管理员和学生的权限不同,分别登录到各自对应的学生选课功能集成界面,但如果既不是管理员又不是学生用户,则不能使用学生选课系统。

第7章 ASP访问各类数据库

7.1 访问 SQL Server 数据库

7.1.1 SQL Server 数据库的建立与连接

1. 安装与启动 SQL Server

访问 SQL Server 数据库,必须确保 SQL Server 服务器处于运行状态。安装 Microsoft SQL Server 后在 Windows XP 桌面的"开始"菜单中选择 Microsoft SQL Server 下的"服务管理器",出现 SQL Server 的"服务管理器"界面,单击"开始/继续"左边的按钮,服务器即可进入运行状态,如图 7-1 所示。

图 7-1　SQL Server 服务管理器

2. 利用 Microsoft SQL Server 创建数据库和数据库表

从 Windows XP 桌面的"开始"菜单中选择 Microsoft SQL Server 下的"企业管理器",从而打开 Microsoft SQL Server 的"企业管理器"窗口,在控制台目录树区右击"数据库"节点,再在出现的快捷菜单中选择执行"新建数据库",可在 E:\studentSQL 文件夹下建立 dbSQL 数据库(数据库文件名为 dbSQL_Data.mdf,事务日志文件名为 dbSQL_Log.ldf)。然后,右击 dbSQL 节点下的"表",在出现的快捷菜单选择执行"新建表",建立名为"stu"的数据库表(以下简称 stu 表),stu 表的结构类似于前述各 stu 表,如图 7-2 和表 7-1 所示。

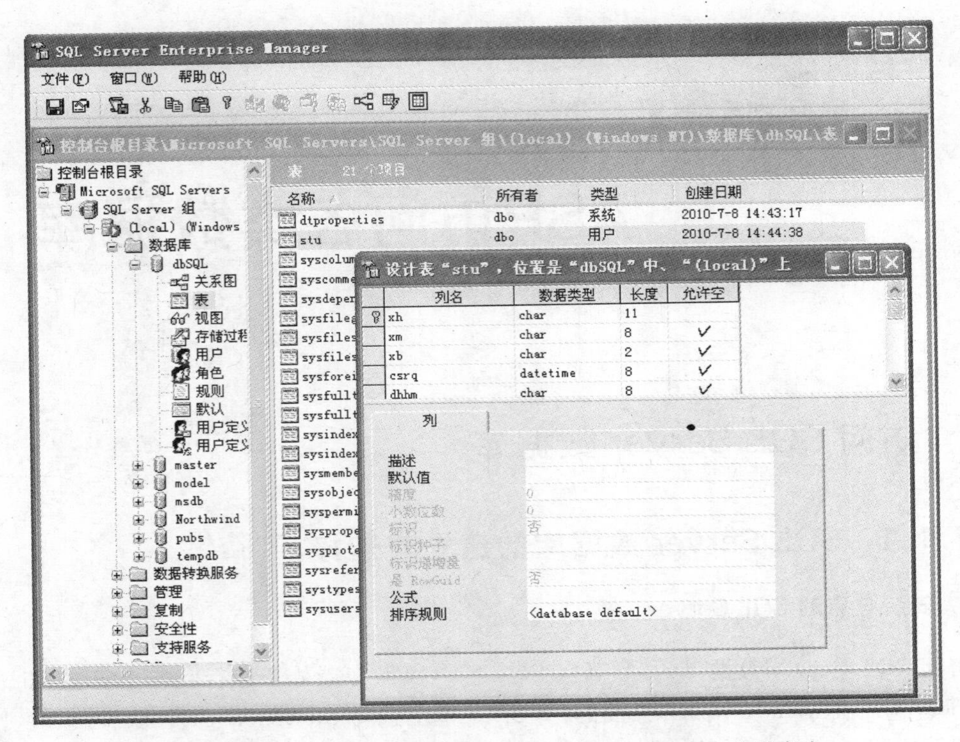

图 7-2 在 SQL Server 企业管理器中创建数据库 dbSQL 和数据库表 stu

表 7-1 stu 表的结构

字段名(列名)	数据类型	长度	字段含义
xh	char	11	学号，主键
xm	char	8	姓名
xb	char	2	性别
csrq	datetime	8	出生日期
dhhm	char	8	电话号码

注意，对于 char(字符)型数据，每个汉字的长度按 2 计算，这和 Microsoft Office Access 数据库中"文本"型数据是有区别的(其每个汉字的字段大小按 1 计算)。

3. 建立与数据库的连接

建立 Connection 对象 Conn 后，就可以用以下任一形式建立与数据库的连接。

(1) <% Conn.Open "Driver={SQL Server}; Database=dbSQL; Server=PC-200910131756; UID=sa;PWD=123456;" %>。

(2) <% Conn.Open "Provider=SQLOLEDB; Data Source=(local); User ID=sa; Password=123456; initial catalog=dbSQL" %>。

其中，dbSQL 是数据库的名称，PC-200910131756 是 SQL Server 服务器名，sa 是 SQL Server 身份验证时的登录名，123456 是 SQL Server 身份验证时的密码。另外，Conn.Open 语句中最后一项属性值后可以带有分号，也可以不带分号。

如果建立了名为 SQLxuesheng 的 ODBC 系统数据源，则建立 Connection 对象 conn 后，也可以用以下形式之一建立与数据库的连接。

(1) ＜％ conn.open "DSN＝SQLxuesheng;UID＝sa;PWD＝123456" ％＞。

(2) ＜％ conn.open "SQLxuesheng","sa","123456" ％＞。

4. 创建到 SQL Server 的 ODBC 系统数据源

利用 ODBC 数据源建立与数据库的连接，必须先建立 ODBC 系统数据源。假如要建立名为 SQLxuesheng 的 ODBC 系统数据源，其具体过程如下。

(1) 打开 Windows XP 控制面板中的“管理工具”，双击“数据源(ODBC)”快捷方式图标，打开“ODBC 数据源管理器”。

(2) 在 ODBC 数据源管理器界面，选择“系统 DSN”选项卡，单击“添加”按钮，则出现创建新数据源对话框，再在驱动程序名称列表中选择“SQL Server”，单击“完成”按钮，如图 7-3 所示。

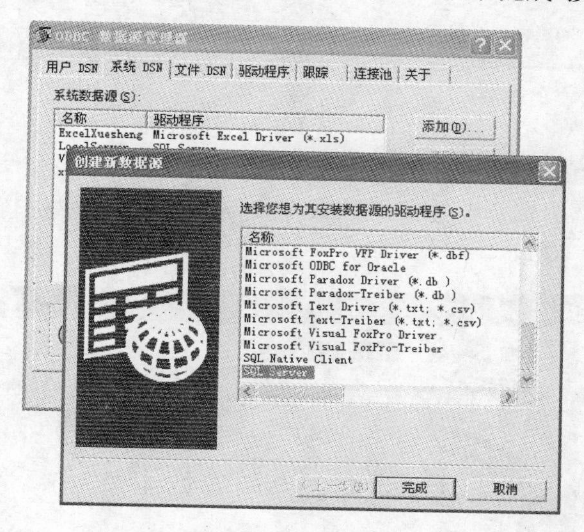

图 7-3 选择系统数据源的驱动程序

(3) 在出现的“创建到 SQL Server 的新数据源”对话框输入数据源名称 SQLxuesheng 和服务器名称(local)，单击“下一步”按钮，如图 7-4 所示。

图 7-4 输入数据源名和选择要连接的 SQL Server

(4) 在新出现的“创建到 SQL Server 的新数据源”对话框选择“使用用户输入登录 ID 和密码的 SQL Server 验证”，输入登录 ID(这里为 sa)和密码(这里为 123456)，再单击“下一步”按钮，如图 7-5 所示。

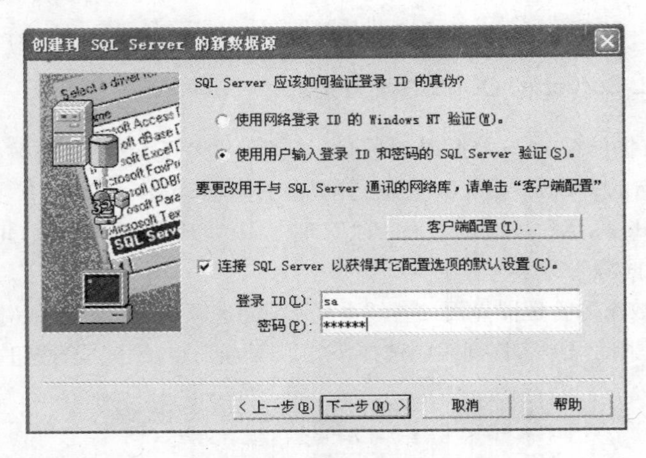

图 7-5 输入登录 ID 和密码

(5) 在新出现的“创建到 SQL Server 的新数据源”对话框，选择“更改默认的数据库为”复选框，在下拉列表框中选择要连接的数据库名称 dbSQL，其余项目使用默认选择，单击“下一步”按钮，如图 7-6 所示。

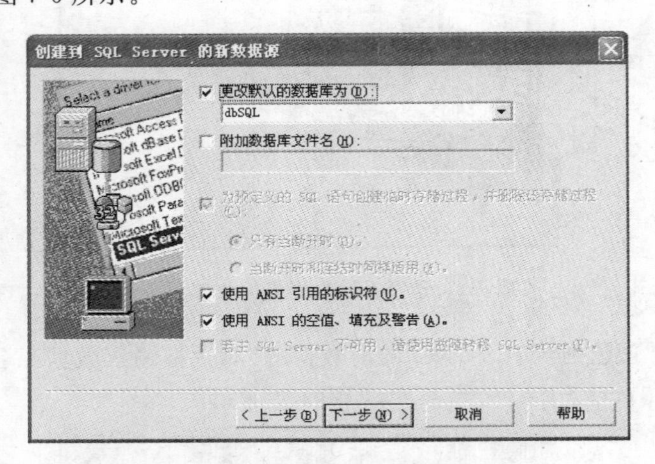

图 7-6 选择要连接的数据库名称

(6) 再在新出现的“创建到 SQL Server 的新数据源”对话框单击“完成”按钮，如图 7-7 所示。

(7) 在出现的“ODBC Microsoft SQL Server 安装”对话框单击“测试数据源”按钮，如图 7-8 所示。

(8) 如果在出现的“测试结果”对话框提示“测试成功”，说明 DSN 设置正确，以后依次在各对话框界面单击“确定”按钮，即可完成名为 SQLxuesheng 的系统 DSN 的建立。

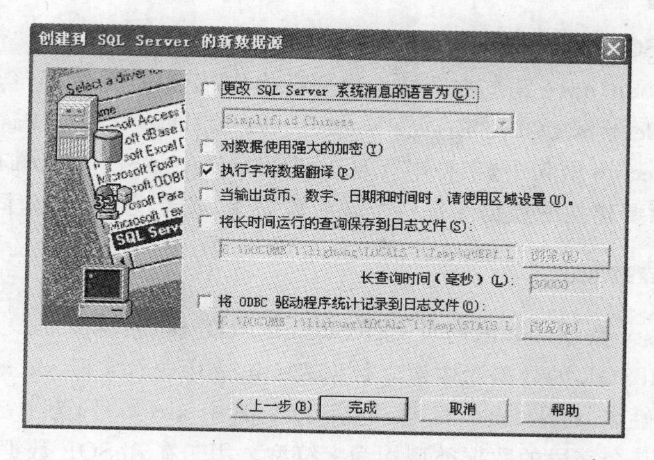

图 7-7 单击"完成"按钮

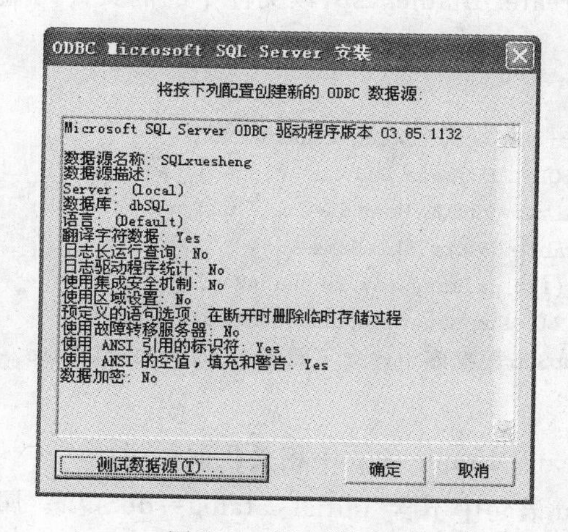

图 7-8 测试数据源

7.1.2 SQL Server 数据库及数据库表的操作

1. 建立数据库 dbSQL

1）用于建立 dbSQL 数据库的网页文件 SQLcreateDB.asp

除可以通过 Microsoft SQL Server 的"企业管理器"创建数据库和数据表外，还可以利用 ASP 文件来建立 SQL Server 数据库和数据表。假设要建立名为 dbSQL 的数据库，可建立用于创建该数据库的文件 SQLcreateDB.asp，该文件中的代码如下。

```
<%
strDatabaseName = "dbSQL"
Set Conn = Server.CreateObject("ADODB.Connection")
Conn.Open "Provider = SQLOLEDB;Data Source = (local);"&_
        "User ID = sa;Password = 123456;"
Conn.Execute "CREATE DATABASE " & strDatabaseName
response.write "已建立数据库" & strDatabaseName
%>
```

2）建库文件 SQLcreateDB. asp 中相关代码的说明

（1）代码中，conn. open 语句在形式上由两行构成，下划线为续行符，该语句行实际是：Conn. Open "Provider=SQLOLEDB;Data Source=(local);User ID=sa;Password=123456;"。

（2）Conn. Execute 语句中，字符串"CREATE DATABASE "的 DATABASE 后面至少留一个空格。确保要建立的数据库是一个新的数据库，或者说不能创建同名的数据库。

2. 建立数据库表 stu

1）用于建立 stu 数据库表的网页文件 SQLcreateDBtable. asp

假如在名为 dbSQL 的数据库中建立数据表 stu，表中包含字段 xh、xm、xb、csrq、dhhm，分别对应于学号、姓名、性别、出生日期、电话号码，其中 xh(学号)为主键，除出生日期为日期时间型数据外，其余字段的数据类型均为字符型。用于在 dbSQL 数据库中建立 stu 数据库表的网页文件为 SQLcreateDBtable. asp，该文件中的网页代码如下。

```
<%
strTableName = "stu"
Set Conn = Server.CreateObject("ADODB.Connection")
Conn.Open "Provider = SQLOLEDB;Data Source = (local);"&_
          "initial catalog = dbSQL;User ID = sa;Password = 123456;"
Conn.Execute "create table "& strTableName &_
             "(xh char(11) primary key,xm char(8),"&_
             "xb char(2),csrq datetime,dhhm char(8))"
response.write "已在 dbSQL 数据库中建立了数据表" & strTableName
%>
```

2）建表文件 SQLcreateDBtable. asp 中相关代码的说明

（1）如果 Conn. Open 语句中不含“initial catalog=dbSQL;”属性的设置，将会在默认的 master 数据库中建表。确保要建立的数据表对访问的数据库而言是一个新表，或者说在访问的数据库中暂不存在。

（2）Conn. Execute 语句中，字符串"create table "的 table 后面至少留一个空格。

3. 向数据库表 stu 中添加数据

1）利用 SQL 的 Insert into 语句添加数据

可以利用 SQL 的 Insert into 语句增加数据。向 stu 表中添加记录的 ASP 网页文件 SQLstuAdd. asp 中的代码如下。

```
<%
set conn = server.CreateObject("ADODB.Connection")
conn.open "Driver = {SQL Server}; Database = dbSQL;"&_
          "Server = PC - 200910131756; UID = sa;PWD = 123456;"
strSQL = "insert into stu(xh,xm,xb,csrq,dhhm)"
strSQL = strSQL + "Values('20090301003','李鹏','男','1991 - 8 - 8','01010101')"
conn.execute strSQL
response.write "已添加数据"
%>
```

2）利用 Recordset 对象的 Addnew 和 Update 方法添加数据

也可以利用 Recordset 对象的 Addnew 和 Update 方法增加数据。向 stu 表中添加记录的 ASP 网页文件 SQLstuAdd_rs.asp 中的代码如下。

```
<%
set conn = server.CreateObject("ADODB.Connection")
conn.open "Driver = {SQL Server}; Database = dbSQL;"&_
        "Server = PC - 200910131756; UID = sa;PWD = 123456;"
set rs = server.CreateObject("ADODB.Recordset")
sql = "select * from stu"
rs.open sql,conn,1,2
rs.addnew
rs("xh") = "20090301003"
rs("xm") = "李鹏"
rs("xb") = "男"
rs("csrq") = CDate("1991 - 8 - 8")
rs("dhhm") = "01010101"
rs.update
response.write "已添加数据"
rs.close
set rs = nothing
conn.close
set conn = nothing
%>
```

3）相关说明

(1) SQLstuAdd.asp、SQLstuAdd_rs.asp 文件中，conn.open 语句均由两行组成（由续行符连接），如写成一行，相当于 conn.open "Driver＝{SQL Server}; Database＝dbSQL; Server＝PC-200910131756; UID＝sa; PWD＝123456;"（程序中自然换行的命令行算一个命令行）。该命令也可替换成 Conn.Open "Provider＝SQLOLEDB; Data Source＝(local); User ID＝sa; Password＝123456; initial catalog＝dbSQL"。

(2) SQLstuAdd.asp 文件中，Values 括号中的日期数据只能是 '1991-8-8' 的形式，不能是 cdate('1991-8-8')、#1991-8-8# 等形式。

(3) 由于 xh(学号)字段设置为主键，所以向数据表中添加记录时，要求待添加记录的学号值暂无出现在 stu 表中。

4. 在数据库表 stu 中查询数据

查找并输出 stu 表中男性学生的记录，并按姓名降序排序，姓名相同按学号升序排序，其 ASP 文件 SQLstuSelect.asp 中的代码如下。

```
<%
Set Conn = Server.CreateObject("ADODB.Connection")
Conn.Open "Provider = SQLOLEDB; Data Source = (local);"&_
        "User ID = sa;Password = 123456;initial catalog = dbSQL"
Set Rs = Server.CreateObject("ADODB.Recordset")
Sql = "select * from stu where xb = '男' order by xm desc,xh asc"
Rs.Open Sql,conn
```

```
%>
<table border="1">
<tr bgcolor="lime">
    <td><%="学号"%></td><td><%="姓名"%></td>
    <td><%="性别"%></td><td><%="出生日期"%></td>
    <td><%="电话号码"%></td>
</tr>
<% do while Not Rs.EOF %>
    <tr>
        <td><%=Rs("xh")%></td><td><%=Rs("xm")%></td>
        <td><%=Rs("xb")%></td><td><%=Rs("csrq")%></td>
        <td><%=Rs("dhhm")%></td>
    </tr>
    <% Rs.MoveNext %>
<% Loop %>
<%
Rs.close
set Rs=nothing
Conn.close
set Conn=nothing
%>
</table>
```

5. 修改数据库表 stu 中的数据

修改 stu 表中学号为 20090301003 的记录的出生日期和电话号码，其 ASP 文件 SQLstuUpdate.asp 中的代码如下。

```
<%
set conn=server.createobject("adodb.connection")
Conn.Open "Driver={SQL Server}; Database=dbSQL;"&_
         "Server=PC-200910131756; UID=sa;PWD=123456"
strSQL="update stu set csrq='1990-1-2',dhhm='67781212'"
strSQL=strSQL+"where xh='20090301003'"
conn.execute strSQL,n
response.write "更新"&n&"条记录!"
%>
```

6. 删除数据库表 stu 中的数据

删除 stu 表中学号为 20090301003 的记录，其 ASP 文件 SQLstuDelete.asp 中的代码如下。

```
<%
set conn=server.createobject("adodb.connection")
Conn.Open "Provider=SQLOLEDB; Data Source=(local);"&_
         "User ID=sa;Password=123456;initial catalog=dbSQL"
strSQL="delete from stu where xh='20090301003'"
conn.execute strSQL,n
response.write "删除了"&n&"条记录!"
%>
```

7. 删除数据库表 stu

1) 用于删除 stu 数据库表的网页文件

假如删除 dbSQL 数据库中的 stu 数据表，用于实现该功能的网页文件 SQLdeleteTable.asp 中的代码如下。

```
<%
strTableName = "stu"
Set Conn = Server.CreateObject("ADODB.Connection")
Conn.Open "Provider=SQLOLEDB;Data Source=(local);"&_
          "initial catalog=dbSQL;User ID=sa;Password=123456;"
Conn.Execute "drop table "& strTableName
response.write "已在 dbSQL 数据库中删除了数据表" & strTableName
%>
```

2) 相关说明

(1) 如果 Conn.Open 语句中不含“initial catalog=dbSQL;”属性的设置，将会在默认的 master 数据库中删除表。要删除的数据表必须在访问的数据库中存在。

(2) Conn.Execute 语句中，字符串"drop table "的 table 后面至少留一个空格。

8. 删除数据库 dbSQL

1) 用于删除 dbSQL 数据库的网页文件

假如删除 dbSQL 数据库，用于实现该功能的网页文件 SQLdeleteDB.asp 中的代码如下。

```
<%
strDatabaseName = "dbSQL"
Set Conn = Server.CreateObject("ADODB.Connection")
Conn.Open "Provider=SQLOLEDB;Data Source=(local);"&_
          "User ID=sa;Password=123456;"
Conn.Execute "Drop Database " & strDatabaseName
response.write "已删除数据库" & strDatabaseName
%>
```

2) 相关说明

Conn.Execute 语句中，字符串"Drop Database "的 Database 后面至少留一个空格。

7.2 访问 VFP 数据库

7.2.1 VFP 数据库的建立与连接

1. 利用 VFP 建立数据库和数据表

利用 Microsoft Visual FoxPro 6.0(简称 VFP 6.0)在 E:\studentVFP 文件夹下建立 VFP 数据库(文件名为 dbc1.dbc)，在该数据库中建立数据表(文件名为 stu.dbf)，表的结构类似于第 7.1.1 节表 7-1 中关于 stu 表的结构，其 VFP 数据库设计器和表设计器如图 7-9 所示。

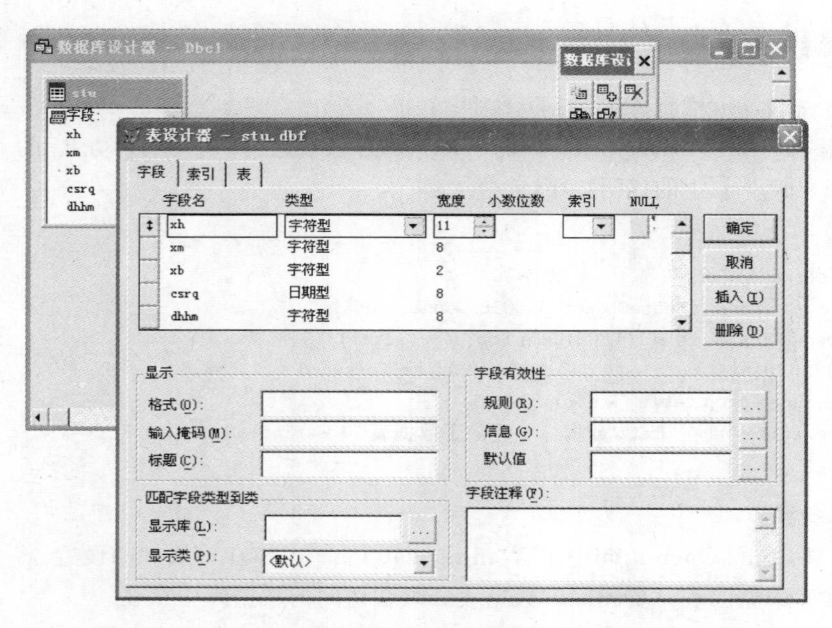

图 7-9　VFP 的数据库设计器和表设计器

2. 建立与 VFP 数据库的连接

建立 Connection 对象 conn 后，就可以用以下任一形式建立与 VFP 数据库的连接。

(1) ＜％ conn. open "Driver={Microsoft visual FoxPro Driver};" &_
"SourceType=DBC;SourceDb=e:\studentVFP\dbc1. dbc" ％＞。

(2) ＜％ conn. open "Driver={Microsoft visual FoxPro Driver};" &_
"SourceType =DBC;SourceDb="& server. mappath("dbc1. dbc") ％＞。

如果建立了名为 VfpXuesheng 的 ODBC 系统数据源(主要设置界面如图 7-10 所示)，则建立 Connection 对象 conn 后，也可以用以下形式之一建立与数据库的连接。

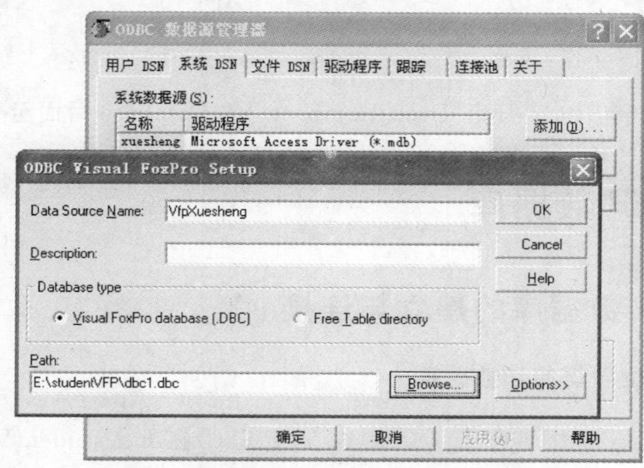

图 7-10　VFP 的 ODBC 系统数据源设置界面

(1) <% conn. open "VfpXuesheng" %>。

(2) <% conn. open "DSN=VfpXuesheng" %>。

在 VFP 的 ODBC 系统数据源设置界面，“Data Source Name”对应的文本框中输入的是系统数据源的名称，根据实际情况在“Database type”(数据库类型)区域选择“Visual FoxPro database[. DBC]”(VFP 数据库)或“Free Table directory”(自由表目录)，单击“Browse”按钮可选择数据库或数据表所在的路径。默认情况下，这样设置的系统数据源适用于对数据库或表执行查询及更新操作。

7.2.2 VFP 数据库及数据库表的操作

1. 向数据库表 stu. dbf 中添加一条记录

1) 添加一条具体的记录的文件 VFPstuAdd. asp

向 stu 表中添加一条具体记录，其 ASP 网页文件 VFPstuAdd. asp 中的代码如下。

```
<%
set conn = server.createobject("adodb.connection")
strConn = "Driver = {Microsoft visual FoxPro Driver};"
strConn = strConn + "SourceType = DBC;SourceDb = e:\studentVFP\dbc1.dbc"
conn.open strConn
strSQL = "insert into stu(xh,xm,xb,csrq,dhhm) values('20090301003','李鹏',"
strSQL = strSQL&"'男',{^1991 - 8 - 8},'01010101')"    '注意日期的表示方法
conn.execute(strSQL)
%>
```

2) VFPstuAdd. asp 中相关代码的说明

(1) 上述代码中，conn. open strConn 相当于 conn. open "Driver={Microsoft visual FoxPro Driver}; SourceType=DBC; SourceDb=e:\studentVFP\dbc1. dbc"，其作用是建立与 VFP 数据库(dbc1. dbc)的连接。与该数据库建立连接，还可写成以下形式：conn. open "Driver={Microsoft visual FoxPro Driver}; SourceType=DBC; SourceDb=" & server. mappath("dbc1. dbc")。

(2) VFP 中，日期型数据需表示成以下形式：{^四位年份-月-日}。例如，1991 年 8 月 8 日应表示成{^1991-8-8}。

(3) 请与前述 stuAdd. asp、stuAdd_cmd. asp 文件中的代码进行比较，以发现访问 VFP 数据库与访问 Access 数据库的本质区别，进一步掌握 ASP 访问数据库的方法。

2. 利用表单动态增加记录

1) 增加学生记录表单文件 xueshengzengjia. htm

将前述 xueshengzengjia. htm 文件(见第 5. 2. 1 节)中的<form action="xueshengzengjia. asp" method="post">修改为<form action="VFPxueshengzengjia. asp" method="post">，其余不变。

2) 增加学生记录的表单处理文件 VFPxueshengzengjia. asp

(1) 利用 Recordset 对象的 Addnew 和 Update 方法添加记录。

可以利用 Recordset 对象的 Addnew 和 Update 方法来完成数据的添加功能。实现该功能的 VFPxueshengzengjia. asp 文件中的代码如下(请与前述 xueshengzengjia. asp 中的代码比较,以找出不同之处)。

```
<%
If isdate(request("csrq")) Then
   If request.form("xb") = "男" Or request.form("xb") = "女" Then
      set conn = server.createobject("adodb.connection")
      conn.open "Driver = {Microsoft visual FoxPro Driver};" &_
               "SourceType = DBC;SourceDb = "& server.mappath("dbc1.dbc")
     set rs = server.createobject("adodb.recordset")
     strSQL = "select * from stu where xh = '" & request.form("xh") & "'"
     rs.open strSQL,conn,0,3
     If rs.eof Then
        rs.addnew
        rs("xh") = request.form("xh")
        rs("xm") = request.form("xm")
        rs("xb") = request.form("xb")
        rs("csrq") = CDate(request.form("csrq"))
        rs("dhhm") = request.form("dhhm")
        rs.update
        response.redirect "xueshengzengjia.htm"
     Else
       response.write "<a href = javascript:history.back()>"
       response.write "学号不能重号,请返回重新输入!</a>"
     End If
     rs.close
     Set rs = Nothing
     conn.close
     Set conn = nothing
   Else
     response.write "<a href = javascript:history.back()>"
     response.write "性别只能是'男'或'女',请返回重新输入!</a>"
   End If
Else
  response.write "<a href = javascript:history.back()>"
  response.write "日期不对,请返回重新输入!</a>"
End If
%>
```

(2) 使用 SQL 的 Insert into 语句结合 conn. execute 方法添加记录。

如果使用 SQL 的 Insert into 语句结合 conn. execute 方法实现同样的数据添加功能,则 VFPxueshengzengjia. asp 文件中的代码如下。

```
<%
If isdate(request("csrq")) Then
   If request.form("xb") = "男" Or request.form("xb") = "女" Then
      set conn = server.createobject("adodb.connection")
      conn.open "Driver = {Microsoft visual FoxPro Driver};" &_
               "SourceType = DBC;SourceDb = "& server.mappath("dbc1.dbc")
      strSQL = "select * from stu where xh = '" & request.form("xh") & "'"
```

```
        set rs = conn.execute(strSQL)
        If rs.eof Then
           strSQL = "insert into stu(xh,xm,xb,csrq,dhhm) values('"
           strSQL = strSQL + request.form("xh") + "','" + request.form("xm") + "','"
           strSQL = strSQL + request.form("xb") + "',{^"
           strSQL = strSQL + CStr(CDate(request.form("csrq"))) + "},'"
           strSQL = strSQL + request.form("dhhm") + "')"
           conn.execute(strSQL)
           response.redirect "xueshengzengjia.htm"
        Else
           response.write "<a href = javascript:history.back()>"
           response.write "学号不能重号,请返回重新输入!</a>"
        End If
        rs.close
        Set rs = Nothing
        conn.close
        Set conn = nothing
     Else
        response.write "<a href = javascript:history.back()>"
        response.write "性别只能是'男'或'女',请返回重新输入!</a>"
     End If
  Else
     response.write "<a href = javascript:history.back()>"
     response.write "日期不对,请返回重新输入!</a>"
  End If
  %>
```

3. 在数据库表 stu.dbf 中查询数据

假设查找并输出 stu 表中男性学生的记录,并按姓名降序排序,姓名相同按学号升序排序,其 ASP 文件 VFPstuSelect.asp 中的代码如下(请与前述 stuSelect.asp、stuSelect_rs.asp、stuSelect_cmd.asp 文件的代码进行比较)。

```
<%
set conn = server.createobject("adodb.connection")
conn.open "Driver = {Microsoft visual FoxPro Driver};" &_
         "SourceType = DBC;SourceDb = e:\studentVFP\dbc1.dbc"
strSQL = "Select * from stu where xb = '男' order by xm desc,xh asc"
Set rs = conn.execute(strSQL)
If rs.eof Then
  response.write "无符合条件的记录!"
Else
  Do While Not rs.eof
     response.write rs("xh")&","&rs("xm")&","&rs("xb")
     response.write ","&rs("csrq")&","&rs("dhhm")
     response.write "<BR>"
     rs.movenext
  Loop
End If
%>
```

4. 修改数据库表 stu.dbf 中的数据

1）数据修改文件 VFPstuUpdate.asp

修改 stu 表中学号为 20090301003 的记录的出生日期和电话号码，其 ASP 文件 VFPstuUpdate.asp 中的代码如下（请与前述 stuUpdate.asp、stuUpdate_rs.asp、stuUpdate_cmd.asp 文件的代码进行比较）。

```
<%
set conn = server.createobject("adodb.connection")
conn.open "Driver = {Microsoft visual FoxPro Driver};" &_
        "SourceType = DBC;SourceDb = e:\studentVFP\dbc1.dbc"
strSQL = "update stu set csrq = {^1990 - 1 - 2},dhhm = '67781212'"
strSQL = strSQL + "where xh = '20090301003'"
conn.execute strSQL,n
response.write "更新" & n & "条记录!"
%>
```

2）相关说明

语句“conn.execute strSQL,n”中的 n 用于返回更新操作所影响的记录条数，该语句不能写成“conn.execute(strSQL,n)”的形式。

5. 删除数据库表 stu.dbf 中的数据

删除 stu 表中学号为 20090301003 的记录，其 ASP 文件 VFPstuDelete.asp 中的代码如下（请与 stuDelete.asp、stuDelete_rs.asp、stuDelete_cmd.asp 的代码进行比较）。

```
<%
set conn = server.createobject("adodb.connection")
conn.open "Driver = {Microsoft visual FoxPro Driver};" &_
       "SourceType = DBC;SourceDb = "& server.mappath("dbc1.dbc")
strSQL = "delete from stu where xh = '20090301003'"
conn.execute strSQL,n
response.write "删除了"&n&"条记录!"
%>
```

7.3 访问 Excel 数据库

7.3.1 Excel 数据库的建立与连接

1. 利用 Microsoft Office Excel 建立数据库和数据库表

利用 Microsoft Office Excel 2003 在 E:\studentExcel 文件夹下建立工作簿（文件名为 dbExcel.xls），打开该文件后，可在工作簿中将工作表“Sheet1”重命名为“stu”（称为 stu 工作表，以下简称 stu 表）。将工作表“Sheet1”重命名为“stu”的方法是：在打开工作簿文件 dbExcel.xls 的情况下，双击工作簿左下方名为“Sheet1”的工作表（或者也可用鼠标右击

"Sheet1",在出现的快捷菜单选择执行"重命名"),然后将 Sheet1 工作表重命名为 stu 表。

这里将工作簿文件 dbExcel. xls 称为一个数据库文件,将 stu 表看成是该数据库中的一个表(即数据库表),表的结构如表 7-2 所示。

表 7-2 dbExcel 数据库中 stu 表的结构

字 段 名	分 类	备 注
学号	文本	
姓名	文本	
性别	文本	
出生日期	日期	类型: * 2001-3-14
电话号码	文本	

如前所述 Access 和 VFP 数据库中的 stu 表,此处的 stu 表中也包含学生的学号、姓名、性别、出生日期、电话号码等信息。在该 Excel 的 stu 表中,第一行的各列分别输入表示这些信息的字段名或相关词汇作为各列的标题,第二行及以后各行用于输入各条记录,如图 7-11 所示。

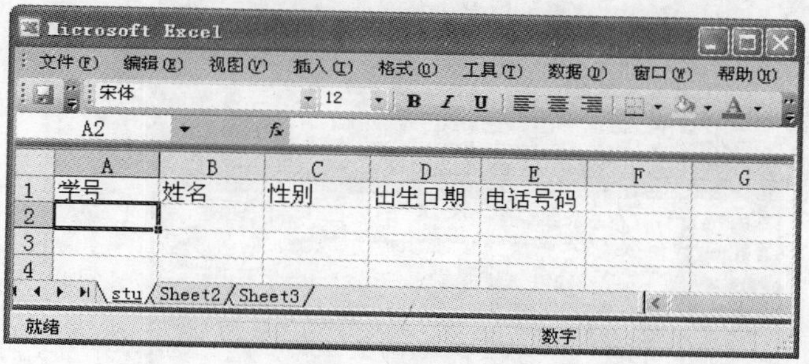

图 7-11 Microsoft Excel 2003 工作簿中的 stu 表

由于学号、姓名、性别、电话号码均为文本或字符型数据,而出生日期为日期型数据,所以应将 A、B、C、E 列的数据类型设置为"文本",将 D 列的数据设置为"日期"。将 D 列(对应于"出生日期")的数据类型设置为日期型的方法是:用鼠标右击列标按钮 D,可选择 D 列并出现快捷菜单,选择执行"设置单元格格式"后,在弹出的"单元格格式"对话框的"数字"选项卡,在分类区域选择"日期",在类型区域选择"* 2001-3-14",然后单击"确定"按钮即可完成设置。可仿照此方法将其余列的数据类型设置为"文本"。

说明:①这里将 Excel 生成的 XLS 文件(如 dbExcel. xls)看成一个数据库,其中的每一个工作表(sheet)看成是一个数据库表;②ADO 假设 Excel 中工作表第一行各列的标题均为字段名,所以表 7-2 中定义的字段名与图 7-11 所示的 stu 表中第一行的内容相同;③Excel 的工作表如果作为数据库表,则同一列的数据必须具有相同的数据类型或者为空值 Null,否则 Excel 的 ODBC 驱动将不能正常处理这一列的数据,因此,需事先定义各列的数据类型,以确保证该列的数据类型一致。

2. 建立与 Excel 数据库的连接

建立 Connection 对象 conn 后,就可以用以下任一形式建立与 Excel 数据库的连接。

(1) <% conn. Open "Driver = {Microsoft Excel Driver (*. xls)}; readonly = 0;

DBQ = e:\studentExcel\dbExcel. xls" %>。

(2) <% conn. Open "Driver = {Microsoft Excel Driver (*. xls)}; readonly = 0; DBQ =" & Server. MapPath("dbExcel. xls") %>。

(3) <% conn. Open "Provider = Microsoft. Jet. OLEDB. 4. 0; Data Source = e:\studentExcel\dbExcel. xls; Extended Properties = Excel 8. 0" %>。

(4) <% conn. Open "Provider = Microsoft. Jet. OLEDB. 4. 0; Data Source=" & Server. MapPath("dbExcel. xls") & "; Extended Properties = Excel 8. 0" %>。

其中,前两种形式中如果不含“readonly = 0;”,则只用于数据表的查询操作,对于数据增加、修改、删除等更新操作,必须包含“readonly = 0;”(不包括引号)。

如果建立了名为 ExcelXuesheng 的 ODBC 系统数据源(主要设置界面如图 7-12 所示),则建立 Connection 对象 conn 后,也可以用以下形式之一建立与数据库的连接。

(1) <% conn. open "ExcelXuesheng" %>。

(2) <% conn. open "DSN=ExcelXuesheng" %>。

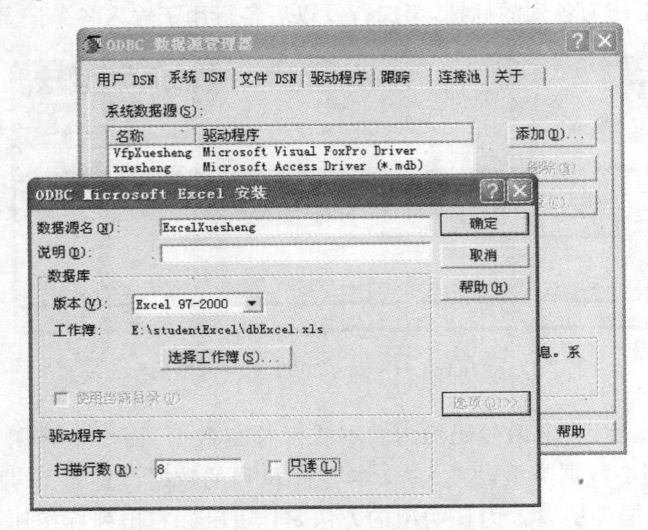

图 7-12 Excel 的 ODBC 系统数据源设置界面

在 Excel 的 ODBC 系统数据源设置界面,“数据源名”右边的文本框中输入的是系统数据源的名称,单击“选择工作簿”按钮可选择工作簿(或 Excel 数据库)文件,单击“选项”按钮后出现下方的“驱动程序”区域,如果允许应用程序执行记录的添加、修改、删除等更新操作,则不能选择“只读”复选框;如果选中“只读”复选框,则只能对工作表(或数据库表)进行浏览和查询操作。

7.3.2 Excel 数据库与数据库表的操作

1. 向 stu 表中添加数据

1) 利用 SQL 的 Insert into 语句

可以利用 SQL 的 Insert into 语句为 Excel 工作表添加数据。向 stu 表中添加记录的

ASP 网页文件 ExcelstuAdd.asp 中的代码如下。

```
<%
set conn = server.CreateObject("ADODB.Connection")
conn.Open "Driver = {Microsoft Excel Driver ( *.xls)}; readonly = 0; DBQ = " &_
        Server.MapPath("dbExcel.xls")
strSQL = "insert into [stu$](学号,姓名,性别,出生日期,电话号码)"
strSQL = strSQL + "Values('20090301003','李鹏','男',cdate('1991 - 8 - 8'),'01010101')"
conn.execute strSQL
response.write "已添加数据"
%>
```

2）利用 Recordset 对象的 Addnew 和 Update 方法

也可以利用 Recordset 对象的 Addnew 和 Update 方法为 Excel 工作表添加数据。向 stu 表中添加记录的 ASP 网页文件 ExcelstuAdd_rs.asp 中的代码如下。

```
<%
set conn = server.CreateObject("ADODB.Connection")
Driver = "Driver = {Microsoft Excel Driver ( *.xls)};readonly = 0;"
DBPath = "DBQ = "& Server.MapPath("dbExcel.xls")
conn.Open Driver&DBPath
set rs = server.CreateObject("ADODB.Recordset")
sql = "select * from [stu$]"
rs.open sql,conn,1,2
rs.addnew
rs("学号") = "20090301003"
rs("姓名") = "李鹏"
rs("性别") = "男"
rs("出生日期") = CDate("1991 - 8 - 8")
rs("电话号码") = "01010101"
rs.update
response.write "已添加数据"
rs.close
set rs = nothing
conn.close
set conn = nothing
%>
```

3）相关说明

对于 Microsoft Excel 而言，stu 数据表(或工作表)应表示成[stu$]，第一行中的标题“学号”被称为字段，rs("学号")可用于设置或返回当前行的“学号”字段的值，由于该字段对应于表格的第 1 列，rs("学号")也可用 rs(0)来表示。同理，第一行中的标题“姓名”、“性别”、“出生日期”、“电话号码”分别对应于表格的第 2、3、4、5 列，所以 rs("姓名")、rs("性别")、rs("出生日期")、rs("电话号码")也可分别用 rs(1)、rs(2)、rs(3)、rs(4)来表示。因此，在上述代码中，rs("学号")= "20090301003"也可表为 rs(0)= "20090301003"，其余类推。上述 ExcelstuAdd_rs.asp 文件中，rs.addnew 至 rs.update 之间的代码替换成以下形式也是正确的：

```
rs.addnew
rs(0) = "20090301003"
rs(1) = "李鹏"
rs(2) = "男"
rs(3) = CDate("1991 - 8 - 8")
rs(4) = "01010101"
rs.update
```

2. 在 stu 表中查询数据

1) 用于查询数据的文件 ExcelstuSelect.asp

查找并输出 stu 表中男性学生的记录，并按姓名降序排序，姓名相同按学号升序排序，其 ASP 文件 ExcelstuSelect.asp 中的代码如下，运行结果如图 7-13 所示。

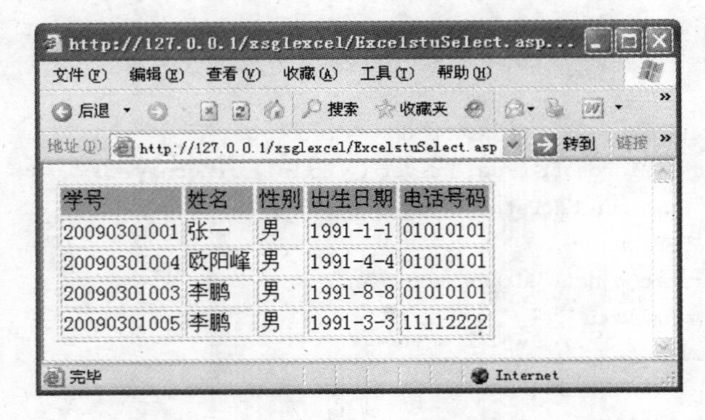

学号	姓名	性别	出生日期	电话号码
20090301001	张一	男	1991-1-1	01010101
20090301004	欧阳峰	男	1991-4-4	01010101
20090301003	李鹏	男	1991-8-8	01010101
20090301005	李鹏	男	1991-3-3	11112222

图 7-13　ExcelstuSelect.asp 的运行结果

```
<%
Dim Conn,Driver,DBPath,Rs
Set Conn = Server.CreateObject("ADODB.Connection")
Conn.Open "Driver = {Microsoft Excel Driver ( *.xls)};DBQ = " &_
        Server.MapPath("dbExcel.xls")
Set Rs = Server.CreateObject("ADODB.Recordset")
Sql = "select * from [stu $ ] where 性别 = '男' order by 姓名 desc,学号 asc"
Rs.Open Sql,conn
 %>
<table border = "1">
<tr bgcolor = "lime">
<% for i = 0 to Rs.Fields.Count - 1 %>
      <td><% response.write Rs(i).Name %></td>
<% next %>
</tr>
<% Do while Not Rs.EOF %>
    <tr>
      <% for i = 0 to Rs.Fields.Count - 1 %>
        <td><% response.write Rs(i) %></td>
      <% next %>
    </tr>
    <% Rs.MoveNext %>
```

```
<% Loop %>
<%
Rs.close
set Rs = nothing
Conn.close
set Conn = nothing
%>
</table>
```

2）文件 ExcelstuSelect.asp 中相关代码的说明

(1) 打开记录集对象 Rs 后，Rs.Fields.Count 属性可返回记录集对象 Rs 中字段(即 Fields 对象)的个数，Rs(i).Name 返回当前 Excel 工作表中第 i+1 列对应的字段名(此处也指第 i+1 列的标题)。例如，Rs(0).Name 表示字符串"学号"。

(2) <%response.write Rs(i).Name%>可写成<%=Rs(i).Name%>的形式，同样，<%response.write Rs(i)%>也可以被替换成<%=Rs(i)%>。

(3) ExcelstuSelect.asp 文件中，<table border="1">至</table>之间的程序段可替换成以下代码(其输出效果是一样的)。

```
<table border = "1">
<tr bgcolor = "lime">
    <td><% = "学号" %></td><td><% = "姓名" %></td>
    <td><% = "性别" %></td><td><% = "出生日期" %></td>
    <td><% = "电话号码" %></td>
</tr>
<% do while Not Rs.EOF %>
    <tr>
        <td><% = Rs("学号") %></td><td><% = Rs("姓名") %></td>
        <td><% = Rs("性别") %></td><td><% = Rs("出生日期") %></td>
        <td><% = Rs("电话号码") %></td>
    </tr>
    <% Rs.MoveNext %>
<% Loop %>
<%
Rs.close
set Rs = nothing
Conn.close
set Conn = nothing
%>
</table>
```

3. 修改 stu 表中的数据

修改 stu 表中学号为 20090301003 的记录的出生日期和电话号码，其 ASP 文件 ExcelStuUpdate.asp 中的代码如下。

```
<%
set conn = server.createobject("adodb.connection")
strDriver  =  "Driver = {Microsoft Excel Driver ( * .xls)};readonly = 0;"
strDBPath  =  "DBQ = "& Server.MapPath("dbExcel.xls")
```

```
conn.Open strDriver & strDBPath
strSQL = "update [stu$] set 出生日期 = #1990-1-2#,电话号码 = '67781212'"
strSQL = strSQL + "where 学号 = '20090301003'"
conn.execute strSQL,n
response.write "更新" & n & "条记录!"
%>
```

4. 删除 stu 表中的数据

1）用于删除记录的文件 ExcelstuDelete.asp

删除 stu 表中学号为 20090301003 的记录，其 ASP 文件 ExcelstuDelete.asp 中的代码如下：

```
<%
set conn = server.createobject("adodb.connection")
conn.Open "Driver = {Microsoft Excel Driver (*.xls)};readonly = 0;" &_
        "DBQ = "& Server.MapPath("dbExcel.xls")
Set rs = server.CreateObject("adodb.recordset")
rs.open "select * from [stu$]",conn,0,2
strSQL = "UPDATE [stu$] SET 学号 = null,姓名 = null,性别 = null," &_
        "出生日期 = null,电话号码 = null WHERE 学号 = '20090301003'"
conn.execute strSQL,n
response.write "更新了"&n&"条记录!"
rs.close
Set rs = Nothing
conn.close
Set conn = Nothing
%>
```

2）文件 ExcelstuDelete.asp 中相关代码的说明

（1）Excel 数据库中，数据表记录删除，实际上是将待删除记录的各字段的值设置为空值 NULL，所以 strSQL 命令串中使用的是更新命令 Update，将符合删除条件的记录的各字段赋值为 NULL。这样，删除后，表中将留有一些空行，如果要进行浏览操作，可在 select 语句中使用“where 学号 is not null”，以使那些空行不被显示出来。如果要彻底删除记录（而不是留出空行），则需要进行较为复杂的程序流程设计，这里不再介绍。

（2）如果将 strSQL 命令串表示为 strSQL＝"delete from [stu$] where 学号＝'20090301003'"，则会提示“该 ISAM 不支持在链接表中删除数据”。

7.4 导入各类数据源的数据

7.4.1 Access 数据导入 Excel 工作表

1. 数据导入流程

有时，需要向特定的数据表中导入其他类型数据库或相同数据库中满足条件的记录，或者将某种数据库中的数据复制到另一种数据库或同一数据库的其他数据表中，Web 数据库技术使得这种操作变得非常容易。

假设 A 与 E 是两个数据库，要将数据库 A 中的数据导入数据库 E，其基本操作过程和处理逻辑是：①建立数据库对象 conna，并以 conna 打开与数据库 A 的连接，再建立记录集对象 rsa，并以 rsa 打开与数据库 A 关联的记录集。②如果 rsa 中无记录，则提示"数据库 A 中无相关记录"；否则，就需要建立与数据库 E 关联的连接对象 conne 和记录集对象 rse，并以可更新方式打开 rse，然后将记录集 rsa 中的记录逐条添加到 rse 中，而且，每添加一条记录，就更新一次 rse(从而将添加的记录更新到数据库 E 的数据表中)，并使 rsa 中的记录指针移向下一条记录，直到记录集 rsa 的全部记录添加至数据库 E 的数据表中，最后提示数据已导入 E 数据库。

2. 将 Access 数据库中的相关数据导入 Excel 工作表

假设前述 Excel 工作簿(或数据库)中，Sheet2 工作表(或数据表)与 stu 表的结构相同，须事先将"学号"、"姓名"、"性别"、"出生日期"、"电话号码"(不包括引号)分别输入 Sheet2 工作表的 A1、B1、C1、D1、E1 单元格(参见图 7-11 所示的 stu 表)。已知前述 Access 数据库 db1.mdb 中已包含 stu 数据表(参见第 5.1 节表 5-1)，要将该表中男生的数据导入 Excel 的 Sheet2 表中，可建立从 Access 到 Excel 的转换文件 accesstoexcel.asp，该文件中的代码如下。

```
<%
set conna = server.createobject("adodb.connection")
conna.open "driver = {Microsoft Access Driver ( *.mdb)};"&_
        "dbq = e:\student\db1.mdb"
set rsa = server.createobject("adodb.recordset")
rsa.open "select * from stu where xb = '男'",conna
If rsa.bof and rsa.eof Then
  response.write "Access 数据库中无相关记录!"
Else
  set conne = server.createobject("adodb.connection")
  conne.open "Driver = {Microsoft Excel Driver ( *.xls)};"&_
        "readonly = 0; DBQ = e:\studentExcel\dbExcel.xls"
  set rse = server.createobject("adodb.recordset")
  rse.open "select * from [sheet2$]",conne,1,2
  do while not rsa.eof
    rse.addnew
    For i = 0 To rsa.fields.count - 1
      rse(i) = rsa(i)
    Next
    rse.update
    rsa.movenext
  loop
  response.write "Access 数据已导入 Excel 的 Sheet2 工作表!"
End If
%>
```

3. 转换文件 accesstoexcel.asp 中相关代码的说明

(1) 上述代码中，Access 数据库文件 db1.mdb 保存在 e:\student 文件夹下，Excel 数据库(或工作簿)文件 dbExcel.xls 保存在 e:\studentExcel 文件夹下。

(2) conna、rsa 是为 Access 数据库建立的连接对象和记录集对象，conne、rse 是为 Excel 数据库建立的连接对象和记录集对象。

(3) do … loop 循环用于向 Excel 添加数据，每执行一次循环体，可添加一条记录。内嵌的 For … Next 循环用于将记录集 rsa 中的当前记录各字段的值赋给 rse 中新添加记录的相应字段，每次执行 For 循环，都会为 rse 中当前记录的一个相应字段赋值。

(4) 不管 Excel 工作簿(或数据库)文件 dbExcel. xls 的 Sheet2 工作表(或数据表)中原先是否有数据，执行 accesstoexcel. asp 的程序代码后，都会将 Access 数据库文件 db1. mdb 的 stu 表中男生的记录追加到 Excel 的 Sheet2 表中。

(5) 在任何类型的数据库表中添加异种数据库表的相关数据，都可以借鉴这种方法。需要引起注意的是，在数据库表中追加记录时，要确保主键(如"学号")的值的唯一性，或者在向异种数据库导入数据的程序代码中考虑主键值不能重复这一因素。

7.4.2 相关数据源导入 Excel 和 Access 数据库

1. 数据导入界面及数据导入表单文件 databaseAtoE. htm

有时，需要向 Excel 或 Access 的数据库表中导入 Excel、Access、Visual FoxPro 或 SQL Server 等其他数据库中的数据，如果能将这些功能集成在一起实现就非常方便了。假如设计数据导入的界面如图 7-14 所示，相应的网页文件 databaseAtoE. htm 中的代码如下：

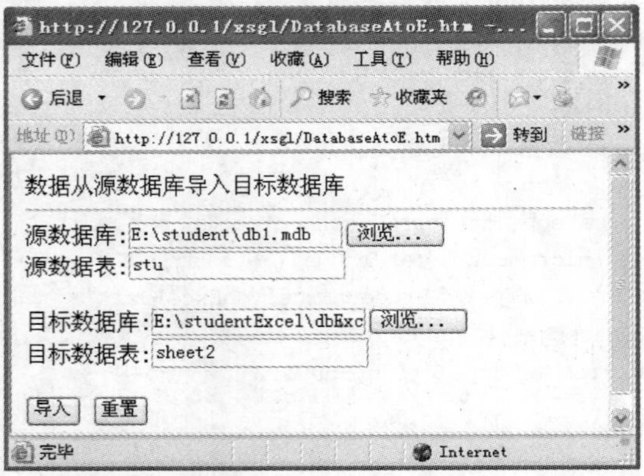

图 7-14 数据库的数据导入界面

```
<form action = "databaseAtoE.asp" method = "POST">
数据从源数据库导入目标数据库
<hr>
源数据库:<input type = "file" name = "databaseAA"><br>
源数据表:<input type = "text" name = "tableAA">
<p>
目标数据库:<input type = "file" name = "databaseEE"><br>
目标数据表:<input type = "text" name = "tableEE">
<p>
<input type = "submit" value = "导入">
<input type = "reset" value = "重置">
</form>
```

2. 数据导入处理文件 databaseAtoE.asp

在数据库的数据导入界面，单击“浏览”按钮选择源数据库和目标数据库的文件名，在源数据表和目标数据表对应的文本输入框中输入相应的数据表名(必须是对应的数据库中已建好的数据表的名称)，再单击“导入”按钮即可将源数据表中的数据导入目标数据表中。由上述表单的定义可知，一旦单击“导入”按钮，表单处理文件 databaseAtoE.asp 即被服务器执行，因此创建实现数据导入处理功能的文件 databaseAtoE.asp，该文件中的网页代码如下。

```
<%
dba = request("databaseAA")
dbtablea = request("tableAA")
dbe = request("databaseEE")
dbtablee = request("tableEE")
%>
<%
Select Case LCase(Right(dba,3))
  Case "mdb"
    strConna = "driver = {Microsoft Access Driver ( * .mdb)};dbq = "& dba
    strSQLa = "select * from "& dbtablea
  Case "xls"
    strConna = "Driver = {Microsoft Excel Driver ( * .xls)};DBQ = "& dba
    strSQLa = "select * from ["&dbtablea&"$]"
  Case "dbc"
    strConna = "Driver = {Microsoft visual FoxPro Driver};"&_
              "SourceType = DBC;SourceDb = "& dba
    strSQLa = "select * from "& dbtablea
  Case "mdf"
    strConna = "Driver = {SQL Server}; Database = dbSQL;"&_
              "Server = PC - 200910131756; UID = sa;PWD = 123456"
    strSQLa = "select * from "& dbtablea
  Case Else
    response.write "源数据库文件只能来自" &_
                   "Access、Excel、VFP 或 SQL Server 数据库!"
    response.write "<a href = javascript:history.back()>返回</a>"
    response.end
End Select
Select Case LCase(Right(dbe,3))
  Case "mdb"
    strConne = "driver = {Microsoft Access Driver ( * .mdb)};dbq = "&dbe
    strSQLe = "select * from "& dbtablee
  Case "xls"
    strConne = "Driver = {Microsoft Excel Driver ( * .xls)};"&_
              "readonly = 0; DBQ = "& dbe
    strSQLe = "select * from ["&dbtablee&"$]"
  Case Else
    response.write "目标数据库文件只能选择 Access 或 Excel 文件!"
    response.write "<a href = javascript:history.back()>返回</a>"
    response.end
End Select
```

```
%>
<%
set conna = server.createobject("adodb.connection")
conna.open strConna
set rsa = server.createobject("adodb.recordset")
rsa.open strSQLa,conna
If rsa.bof and rsa.eof Then
  response.write dbtablea&"数据库表中无相关记录!"
Else
  set conne = server.createobject("adodb.connection")
  conne.open strConne
  set rse = server.createobject("adodb.recordset")
  rse.open strSQLe,conne,0,3
  do while not rsa.eof
    rse.addnew
    For i = 0 To rsa.fields.count - 1
      rse(i) = rsa(i)
    Next
    rse.update
    rsa.movenext
  loop
  response.write dba&"中"&dbtablea&"表的数据已导入"&_
              dbe&"的"&dbtablee&"表!"
End If
%>
```

3. 数据导入处理文件 databaseAtoE.asp 中相关代码的说明

(1) LCase(Right(dba,3))的功能是返回字符串变量 dba 的值中最右边的三个字符形成的子字符串,并转化为小写字符串。dba 在此程序中对应于表单中输入的源数据库文件的路径,最右边三位是源数据库文件的扩展名,LCase()函数的作用是将大写字母转化为小写。同样,LCase(Right(dbe,3))对应于目标数据库文件的扩展名(小写形式的扩展名)。扩展名".mdb"、".xls"、".dbc"、".mdf"分别是 Access、Excel、VFP、SQL Server 数据库文件的扩展名。由于不同的数据库对应于不同的连接字符串和 SQL 命令字符串,因此,分别用 conna、rsa、strConna、strSQLa 表示源数据库连接对象、源数据库记录集对象、源数据库的连接字符串、源数据表的查询命令字符串,分别用 conne、rse、strConne、strSQLe 表示目标数据库连接对象、目标数据库记录集对象、目标数据库的连接字符串、目标数据表的查询命令字符串。

(2) 程序代码中,第一对"<%"和"%>"之间的代码用于接收来自表单的数据,第二对"<%"和"%>"之间的代码用于定义不同类型的源数据库及目标数据库所对应的连接字符串和 SQL 命令字符串,第三对"<%"和"%>"之间的代码用于将源数据库表中的数据导入至目标数据库表中。注意该代码的源数据库可以是 Access、Excel、VFP、SQL Server 数据库,目标数据库可以是 Access、Excel 数据库,选择其他类型数据库文件时会有相关提示。另外,执行导入功能时应确保源数据表存在于源数据库中,目标数据表存在于目标数据库中,而且源数据表与目标数据表的相应列的数据类型也必须相同。

(3) 如果目标数据库表设置有主键,还应保证导入的主键的值不能有重复,可在

databaseAtoE. asp 文件中增加主键值是否重复的判断与处理。

(4) 如果源数据库与目标数据库文件均为 Excel 文件，且源数据表与目标数据表都是同一个工作表，则运行时会将整个工作表填充满，直到提示出错信息“电子表格满”。为避免这种情况出现，可在 databaseAtoE. asp 文件中增加关于源数据库与目标数据库相同，且源数据表和目标数据表也相同时的判断处理。

思考题

1. 设计网页代码，实现以下 SQL Server 数据库及数据表的操作功能：①建立名为 dbXSXK 的数据库；②建立名为 kecheng 的数据库表，表中包含字段 kch、kcm、js、xf、xq，分别对应于课程号、课程名、任课教师、学分、学期，其中课程号为主键，学分和学期为数值型(numeric)或整型(int)数据，其余为字符型(char)；③向 kecheng 表中添加一条新记录，课程号、课程名、任课教师、学分、学期的值分别为 K3001、管理学、李四、2、3；④查找并输出 kecheng 表中第 3 学期的课程记录，并按课程名升序排序，课程名相同的按学分降序排序；⑤将 kecheng 表中课程号为 K3001 的记录的任课教师修改为“王小二”，学分修改为 3；⑥删除 kecheng 表中课程号为 K3001 的记录；⑦删除 dbXSXK 数据库中的 kecheng 表；⑧删除 dbXSXK 数据库。

2. 利用 VFP 6.0 在 E:\VFP 文件夹下建立文件名为 dbxsxk. dbc 的数据库，并在该数据库中建立文件名为 kecheng. dbf 的数据表(简称 kecheng 表)，表中包含字段 kch、kcm、js、xf、xq，分别对应于课程号、课程名、任课教师、学分、学期，其中课程号为主键，学分和学期为数值型数据，其余为字符型。试设计网页代码，实现以下功能：①向 kecheng 表中添加一条记录，课程号、课程名、任课教师、学分、学期的值分别为 K4001、电子商务、西门吹雪、3、4；②查找并输出 kecheng 表中学分多于 2 的课程记录，并按课程名降序排序；③将 kecheng 表中课程名为“电子商务”的记录的任课教师修改为“陆小凤”，学期修改为 3；④删除 kecheng 表中课程名为“电子商务”的记录。

3. 利用 Microsoft Office Excel 2003 在 E:\Excel 文件夹下建立文件名为 dbxsxk. xls 的工作簿，打开该文件后，将工作表 Sheet1、Sheet2、Sheet3 分别重命名为 xuesheng、kecheng、xuanke。然后，在 kecheng 工作表的 A1、B1、C1、D1、E1 单元格分别输入“课程号”、“课程名”、“任课教师”、“学分”、“学期”，如图 7-15 所示。设计网页代码，实现以下功能：①向 kecheng 工作表中添加一条记录，课程号、课程名、任课教师、学分、学期的值分别

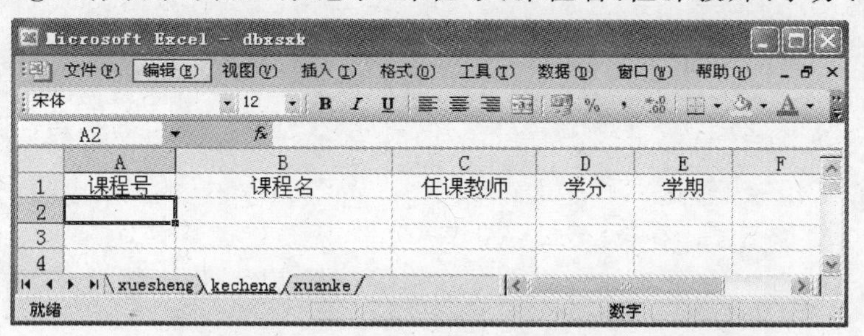

图 7-15 Excel 工作簿中有关课程信息的工作表

为 K5001、管理学基础、诸葛亮、3、1；②查找并输出 kecheng 工作表中第 1 学期的课程记录，并按课程号升序排序；③将 kecheng 表中任课教师为“诸葛亮”的记录的学分修改为 2；④删除 kecheng 工作表中任课教师为“诸葛亮”的记录。

4. 设计数据导入表单，并设计代码，将前述 SQL Server、VFP 数据库及 Access 数据库(第 1、3、4 章思考题)中有关 kecheng 表的数据导入上述 Excel 工作簿(文件 dbxsxk.xls)的 kecheng 工作表中，从而实现数据导入功能。

参考文献

[1] 陈建伟等. ASP动态网站开发教程(第二版)[M]. 北京：清华大学出版社，2005.

[2] 李国红. 管理信息系统设计理论与实务[M]. 北京：经济科学出版社，2009.

[3] ASP教程[EB/OL]. W3school网站. http://www.w3school.com.cn/asp/index.asp.

[4] 萨师煊，王珊. 数据库系统概论[M]. 北京：高等教育出版社，1983.

[5] 陈洛资，陈昭平. 数据库系统及应用基础(第二版)[M]. 北京：清华大学出版社，2005.

[6] 丁志云. 新编Visual FoxPro数据库与程序设计教程[M]. 北京：中国电力出版社，2005.

[7] 宋振会. SQL Server 2000中文版基础教程[M]. 北京：清华大学出版社，2005.

[8] 秦鸿霞. 基于Web的信息输入模块的设计与实现[J]. 情报探索，2008，(7)：65～66.

[9] 李国红. 基于ASP的数据导入功能的设计与实现[J]. 电脑知识与技术，2010，6(25)：6914～6916.

[10] 秦鸿霞. 基于Web的信息查询处理的设计与实现[J]. 中国管理信息化，2009，(16)：8～11.

21世纪高等学校数字媒体专业规划教材

ISBN	书　名	定价(元)
9787302224877	数字动画编导制作	29.50
9787302222651	数字图像处理技术	35.00
9787302218562	动态网页设计与制作	35.00
9787302222644	J2ME手机游戏开发技术与实践	36.00
9787302217343	Flash多媒体课件制作教程	29.50
9787302208037	Photoshop CS4中文版上机必做练习	99.00
9787302210399	数字音视频资源的设计与制作	25.00
9787302201076	Flash动画设计与制作	29.50
9787302174530	网页设计与制作	29.50
9787302185406	网页设计与制作实践教程	35.00
9787302180319	非线性编辑原理与技术	25.00
9787302168119	数字媒体技术导论	32.00
9787302155188	多媒体技术与应用	25.00
9787302235118	虚拟现实技术	35.00
9787302234111	多媒体CAI课件制作技术及应用	35.00
9787302238133	影视技术导论	29.00
9787302224921	网络视频技术	35.00
9787302232865	计算机动画制作与技术	39.50

以上教材样书可以免费赠送给授课教师，如果需要，请发电子邮件与我们联系。

教学资源支持

敬爱的教师：

感谢您一直以来对清华版计算机教材的支持和爱护。为了配合本课程的教学需要，本教材配有配套的电子教案（素材），有需求的教师可以与我们联系，我们将向使用本教材进行教学的教师免费赠送电子教案（素材），希望有助于教学活动的开展。

相关信息请拨打电话010-62776969或发送电子邮件至weijj@tup.tsinghua.edu.cn咨询，也可以到清华大学出版社主页（http://www.tup.com.cn或http://www.tup.tsinghua.edu.cn）上查询和下载。

如果您在使用本教材的过程中遇到了什么问题，或者有相关教材出版计划，也请您发邮件或来信告诉我们，以便我们更好地为您服务。

地址：北京市海淀区双清路学研大厦A座707　　计算机与信息分社魏江江　收

邮编：100084　　电子邮件：weijj@tup.tsinghua.edu.cn

电话：010-62770175-4604　　邮购电话：010-62786544

《网页设计与制作(第2版)》目录

ISBN 978-7-302-25413-3　　梁　芳　主编

图书简介：

Dreamweaver CS3、Fireworks CS3和Flash CS3是Macromedia公司为网页制作人员研制的新一代网页设计软件，被称为网页制作“三剑客”。它们在专业网页制作、网页图形处理、矢量动画以及Web编程等领域中占有十分重要的地位。

本书共11章，从基础网络知识出发，从网站规划开始，重点介绍了使用“网页三剑客”制作网页的方法。内容包括了网页设计基础、HTML语言基础、使用Dreamweaver CS3管理站点和制作网页、使用Fireworks CS3处理网页图像、使用Flash CS3制作动画和动态交互式网页，以及网站制作的综合应用。

本书遵循循序渐进的原则，通过实例结合基础知识讲解的方法介绍了网页设计与制作的基础知识和基本操作技能，在每章的后面都提供了配套的习题。

为了方便教学和读者上机操作练习，作者还编写了《网页设计与制作实践教程》一书，作为与本书配套的实验教材。另外，还有与本书配套的电子课件，供教师教学参考。

本书可作为高等院校本、专科网页设计课程的教材，也可作为高职高专院校相关课程的教材或培训教材。

目　　录：